Riedel · Janiak

Übungsbuch
Allgemeine und Anorganische Chemie

2. Auflage

Erwin Riedel · Christoph Janiak

Übungsbuch

Allgemeine und Anorganische Chemie

2. Auflage

DE GRUYTER

Autoren

Professor (em.) Dr. Erwin Riedel
Institut für Anorganische und
Analytische Chemie
Technische Universität Berlin
Straße des 17. Juni 135
10632 Berlin
dr.e.riedel@t-online.de

Professor Dr. Christoph Janiak
Institut für Anorganische Chemie
und Strukturchemie
Universität Düsseldorf
Universitätsstraße 1
40225 Düsseldorf
janiak@uni-duesseldorf.de

ISBN 978-3-11-022964-6
e-ISBN 978-3-11-022965-3

Library of Congress Cataloging-in-Publication Data

Riedel, Erwin, 1930–
  Übungsbuch : allgemeine und anorganische Chemie / by Erwin Riedel, Christoph Janiak. – 2. Aufl.
      p. cm.
  ISBN 978-3-11-022964-6
  1. Chemistry – Problems, exercises, etc.   I. Janiak, Christoph.   II. Title.
  QD42.R575   2011
  540.76–dc22
                                                                        2010052655

Bibliografische Information der Deutschen Nationalbibliothek

Die Deutsche Nationalbibliothek verzeichnet diese Publikation in der Deutschen Nationalbibliografie; detaillierte bibliografische Daten sind im Internet über http://dnb.d-nb.de abrufbar.

© Copyright 2011 by Walter de Gruyter GmbH & Co. KG, 10785 Berlin

Satz: Meta Systems Fotosatzsysteme GmbH, Wustermark
Druck und Bindung: Hubert & Co., Göttingen

Printed in Germany

www.degruyter.com

Vorwort zur 2. Auflage

Dieses Übungsbuch soll die Lehrbücher von Riedel/Janiak *Anorganische Chemie* und von Riedel *Allgemeine und Anorganische Chemie* ergänzen. Zur Erarbeitung eines Stoffes aus Lehrbüchern ist es sicher oft notwendig, diesen durch Üben zu vertiefen und zu festigen. Erst das selbständige Lösen von Problemen gibt dem Lernenden die Sicherheit, den Stoff verstanden und ein Lernziel erreicht zu haben.

In vielen Lehrbüchern werden zusammen mit den Aufgaben nur die Ergebnisse angegeben. In diesem Übungsbuch wird nicht nur das richtige Ergebnis einer Aufgabe, sondern auch der ausführliche Lösungsweg beschrieben.

Die Aufgaben umfassen fünf Kapitel: Atombau, chemische Bindung, chemische Reaktion, Elementchemie und Koordinationschemie. Die meisten der über 500 Aufgaben behandeln theoretische Grundlagen der allgemeinen und anorganischen Chemie. In Bereichen, die für manche Studiengänge nicht erforderlich sind, können sowohl einzelne Fragen als auch Abschnitte übersprungen werden.

Anders als in unseren Lehrbüchern haben wir die physikalische Größen nicht kursiv gesetzt und für Konzentrationen eines Stoffes die eckigen Klammern [...] anstatt *c* verwendet. Die eckigen Klammern sind auch Symbole für Komplexe und haben dann in der Koordinationschemie eine doppelte Bedeutung.

Das Lernen soll mit Hilfe von Aufgaben und Lösungen erfolgen. Diese Lernform regt zur aktiven Arbeit auch in großen Gruppen an und ermöglicht ein individuelles Lerntempo bei Seminararbeit. Sie können feststellen, ob Probleme erkannt worden sind und schließlich selbständig gelöst werden können.

Es ist versucht worden, den Stoff in den umfangreichen ersten drei Kapiteln der allgemeinen Chemie systematisch aufzubauen. Daher sollten zumindest die einzelnen Unterkapitel in „Atombau", „chemischer Bindung" und „chemischer Reaktion" im Zusammenhang durchgearbeitet werden.

Eine Grauunterlegung kennzeichnet für das Verständnis wichtige Sachverhalte.

Gegenüber der 1. Auflage wurden vor allem Fragen im Kapitel 4, Elementchemie vor allem zu Umweltaspekten und im Kapitel 5, Koordinationschemie ergänzt. Letzteres wurde zudem neu strukturiert.

Berlin, Januar 2011   Erwin Riedel
Düsseldorf   Christoph Janiak

Inhalt

Fragen

1. Atombau 3

    Atomkern und Atomeigenschaften 3

        Atombausteine · Ordnungszahl · Elementbegriff · Isotope · Atommasse   3
        Kernreaktionen 4

    Struktur der Elektronenhülle 6

        Energiezustände im Wasserstoffatom · Spektren 6
        Quantenzahlen · Orbitale 8
        Aufbauprinzip · Periodensystem der Elemente (PSE) ·
        Elektronenkonfigurationen 10
        Ionisierungsenergie · Elektronenaffinität 13
        Wellencharakter der Elektronen · Eigenfunktionen des Wasserstoffatoms ... 14

2. Die chemische Bindung 15

    Ionenbindung 15

        Ionengitter · Koordinationszahl 15
        Ionenradien · Radienquotienten 16
        Gitterenergie 17
        Ionenleitung · Fehlordnung 19

    Atombindung 19

        Elektronenpaarbindung · Lewis-Formeln 19
        Angeregter Zustand · Bindigkeit · Formale Ladung 20
        Valenzschalen-Elektronenpaar-Abstoßungs-(VSEPR-)Modell 21
        Elektronegativität · Polare Atombindungen 22
        Oxidationszahl 23
        σ-Bindung · π-Bindung · Hybridisierung 23
        Mesomerie 29
        Molekülorbitaltheorie 30
        Koordinationsgitter mit Atombindungen · Molekülgitter 37

    Der metallische Zustand 38

        Kristallstrukturen der Metalle 38
        Physikalische Eigenschaften von Metallen · Elektronengas 39
        Energiebandschema von Metallen 40
        Metalle · Isolatoren · Halbleiter · Leuchtdioden 41

Supraleitung	44
Schmelzdiagramme von Zweistoffsystemen	44
Van-der-Waals-Kräfte	53
Molekülsymmetrie	54

3. Die chemische Reaktion ... 55

Mengenangaben bei chemischen Reaktionen	55
Mol · Avogadro-Konstante · Stoffmenge	55
Zustandsänderungen, Gleichgewichte und Kinetik	56
Gasgesetz · Partialdruck	56
Phasendiagramm · Dampfdruck · Kritischer Punkt	57
Reaktionsenthalpie · Satz von Heß · Standardbildungsenthalpie	59
Chemisches Gleichgewicht · Massenwirkungsgesetz (MWG) · Prinzip von Le Chatelier	61
Reaktionsgeschwindigkeit · Aktivierungsenergie · Katalyse	64
Gleichgewichte bei Säuren, Basen und Salzen	68
Elektrolyte · Konzentration	68
Säuren · Basen	69
Stärke von Säuren und Basen · pK_S-Wert · pH-Wert	70
Berechnung von pH-Werten	72
Pufferlösungen · Indikatoren	73
Löslichkeitsprodukt · Aktivität	75
Redoxvorgänge	77
Oxidation · Reduktion · Redoxgleichungen	77
Spannungsreihe · Nernst'sche Gleichung	79
Galvanische Elemente	81
Elektrolyse · Äquivalent · Überspannung	83

4. Elementchemie ... 89

5. Koordinationschemie ... 95

Aufbau und Eigenschaften von Komplexen	95
Nomenklatur von Komplexverbindungen	96
Stabilität und Reaktivität von Komplexen	97
Bindung, Kristall- und Ligandenfeldtheorie	98

Inhalt IX

Lösungen

1. Atombau ... 103

Atomkern und Atomeigenschaften ... 103

Atombausteine · Ordnungszahl · Elementbegriff · Isotope · Atommasse .. 103
Kernreaktionen ... 105

Struktur der Elektronenhülle ... 106

Energiezustände im Wasserstoffatom · Spektren ... 106
Quantenzahlen · Orbitale ... 109
Aufbauprinzip · Periodensystem der Elemente (PSE) ·
Elektronenkonfigurationen ... 113
Ionisierungsenergie · Elektronenaffinität ... 117
Wellencharakter der Elektronen · Eigenfunktionen des Wasserstoffatoms ... 118

2. Die chemische Bindung ... 121

Ionenbindung ... 121

Ionengitter · Koordinationszahl ... 121
Ionenradien · Radienquotienten ... 123
Gitterenergie ... 125
Ionenleitung · Fehlordnung ... 126

Atombindung ... 126

Elektronenpaarbindung · Lewis-Formeln ... 126
Angeregter Zustand · Bindigkeit · Formale Ladung ... 128
Valenzschalen-Elektronenpaar-Abstoßungs-(VSEPR-)Modell ... 131
Elektronegativität · Polare Atombindungen ... 132
Oxidationszahl ... 134
σ-Bindung · π-Bindung · Hybridisierung ... 135
Mesomerie ... 146
Molekülorbitaltheorie ... 147
Koordinationsgitter mit Atombindungen · Molekülgitter ... 156

Der metallische Zustand ... 158

Kristallstrukturen der Metalle ... 158
Physikalische Eigenschaften von Metallen · Elektronengas ... 159
Energiebandschema von Metallen ... 161
Metalle · Isolatoren · Halbleiter ... 162
Supraleitung ... 167
Schmelzdiagramme von Zweistoffsystemen ... 167

Van-der-Waals-Kräfte ... 175

Molekülsymmetrie ... 176

3. Die chemische Reaktion 181

Mengenangaben bei chemischen Reaktionen 181
    Mol · Avogadro-Konstante · Stoffmenge 181

Zustandsänderungen, Gleichgewichte und Kinetik 183
    Gasgesetz · Partialdruck 183
    Phasendiagramm · Dampfdruck · Kritischer Punkt 185
    Reaktionsenthalpie · Satz von Heß · Standardbildungsenthalpie 187
    Chemisches Gleichgewicht · Massenwirkungsgesetz (MWG) · Prinzip von Le Chatelier 190
    Reaktionsgeschwindigkeit · Aktivierungsenergie · Katalyse 198

Gleichgewichte bei Säuren, Basen und Salzen 202
    Elektrolyte · Konzentration 202
    Säuren · Basen 203
    Stärke von Säuren und Basen · pK_S-Wert · pH-Wert 206
    Berechnung von pH-Werten 209
    Pufferlösungen · Indikatoren 213
    Löslichkeitsprodukt · Aktivität 216

Redoxvorgänge 218
    Oxidation · Reduktion · Redoxgleichungen 218
    Spannungsreihe · Nernst'sche Gleichung 222
    Galvanische Elemente 226
    Elektrolyse · Äquivalent · Überspannung 230

4. Elementchemie 235

5. Koordinationschemie 245

Aufbau und Eigenschaften von Komplexen 245
Nomenklatur von Komplexverbindungen 247
Stabilität und Reaktivität von Komplexen 248
Bindung, Kristall- und Ligandenfeldtheorie 253

Anhang 1   Einheiten · Konstanten · Umrechnungsfaktoren 257
Anhang 2   Tabellen 262

Fragen

1. Atombau

Atomkern und Atomeigenschaften

Atombausteine · Ordnungszahl · Elementbegriff · Isotope · Atommasse

1.1 Atomgröße: Geben Sie die Größenordnung der Atomdurchmesser in m an.

1.2 Aus welchen Elementarteilchen sind Atome aufgebaut?

1.3 Was bedeutet der Begriff elektrisches Elementarquantum?

1.4 Welche elektrische Ladung besitzen die Atombausteine?

Elementarteilchen	Proton	Neutron	Elektron
Elektrische Ladung			

1.5 In welchem ungefähren Verhältnis stehen die Massen von Protonen, Neutronen und Elektronen zueinander?

1.6 Ein Atom besteht aus einem sehr kleinen Atomkern und einer voluminösen Hülle.
a) Aus welchen Elementarteilchen bestehen Kern und Hülle?
b) Hätte ein Atom einen Durchmesser von 1 m, wie groß wäre dann der Atomkern?

1.7 Wie ermittelt man aus der Protonenzahl und der Neutronenzahl eines Atoms
a) die Ordnungszahl Z, b) die Nukleonenzahl?

1.8 Wie viele Protonen, Neutronen und Elektronen besitzt ein Atom mit der Ordnungszahl $Z = 3$ und der Nukleonenzahl 7?

1.9 Haben alle Atome des Elements Wasserstoff dieselbe
a) Elektronenzahl, b) Nukleonenzahl,
c) Neutronenzahl, d) Kernladungszahl,
e) Protonenzahl?

1.10 Definieren Sie den Elementbegriff unter Berücksichtigung des Atombaus.

1.11 Wie viele Elemente kennt man zur Zeit?

1.12 Was versteht man unter einem Nuklid?

1.13 a) Wie viele Neutronen, Protonen und welche Nukleonenzahl hat das Nuklid $^{13}_{6}C$?
b) Wie viele Neutronen, Protonen und welche Nukleonenzahl hat das Nuklid $^{238}_{92}U$?

1.14 a) Was sind Isotope?
b) Was sind Reinelemente?

1.15 Können Atome verschiedener Elemente dieselbe Nukleonenzahl haben?

1.16 Suchen Sie aus den folgenden Nukliden Isotope und Isobare heraus:
$^{12}_{6}C$, $^{13}_{6}C$, $^{14}_{7}N$, $^{14}_{6}C$, $^{3}_{1}H$, $^{3}_{2}He$, $^{1}_{1}H$

1.17 Wie ist die Atommasseneinheit definiert?

1.18 Sind Nukleonenzahl und Masse in der Einheit u eines Nuklids identische Zahlen?

1.19 Berechnen Sie aus den Isotopenmassen die mittlere Atommasse von Brom.

Isotop	Häufigkeit	Isotopenmasse
^{79}Br	50,5%	78,92 u
^{81}Br	49,5%	80,92 u

Kernreaktionen

1.20 Wie entsteht Radioaktivität?

1.21 a) Woraus bestehen α-Strahlung, β-Strahlung und γ-Strahlung?
b) Welche Strahlung hat die größte und welche die kleinste Durchdringungsfähigkeit?

1.22 Ab welcher Ordnungszahl sind die schweren Kerne α-Strahler?

1.23 Formulieren Sie den Kernprozess, bei dem β-Strahlung entsteht.

1.24 a) Erklären Sie den Begriff Halbwertszeit beim radioaktiven Zerfall.
b) In welchem Zeitbereich liegen die Halbwertszeiten?

Atomkern und Atomeigenschaften

1.25 Eine ^{57}Co-Probe hat eine Aktivität von 925 MBq ($t_{1/2}$ = 207 d).
a) Was bedeuten die Zahlenangaben?
b) Wie hoch ist die Aktivität der Probe nach 2 Jahren?

1.26 Ergänzen Sie die Kernreaktionsgleichungen.

$^{226}_{88}\text{Ra} \rightarrow {}^{222}_{86}\text{Rn} + \square$

$^{40}_{19}\text{K} \rightarrow {}^{0}_{-1}\text{e} + \square$

$^{14}_{7}\text{N} + {}^{4}_{2}\text{He} \rightarrow {}^{1}_{1}\text{H} + \square$

$^{14}_{7}\text{N} + {}^{\square}_{0}\square \rightarrow {}^{\square}_{\square}\text{C} + {}^{1}_{\square}\square$

1.27 a) Wieso kann man mit radioaktiven Nukliden Altersbestimmungen durchführen?
b) Welche Methoden kennen Sie?

1.28 Masse und Energie sind äquivalent. Dies beschreibt das berühmte Gesetz von Einstein. Schreiben Sie es auf.

1.29 Was ist der Massendefekt?

1.30 Bei der Kernspaltung von ^{235}U mit Neutronen

$^{235}_{\square}\text{U} + {}^{1}_{0}\text{n} \rightarrow {}^{92}_{\square}\text{Kr} + {}^{\square}_{56}\text{Ba} + 2{}^{1}_{0}\text{n}$

wird eine riesige Energie frei, etwa 200 MeV. Was ist dafür die Ursache?
Ergänzen Sie die Leerfelder in der Kernreaktionsgleichung.

1.31 Mit welchen in der Natur vorkommenden Nukliden erfolgt mit langsamen Neutronen eine Kernspaltung?

1.32 a) Wie entsteht bei der Uranspaltung eine ungesteuerte Kettenreaktion?
b) Was ist ihre mögliche „Verwendung"?

1.33 Kernenergie kann auch durch Verschmelzung sehr leichter Kerne erzeugt werden. Wo findet die Fusion von Protonen zu Heliumkernen statt?

Struktur der Elektronenhülle

Energiezustände im Wasserstoffatom · Spektren

1.34 Die Energiezustände des Elektrons im Wasserstoffatom sind im SI durch die Beziehung

$$E = -\frac{1}{n^2} \frac{m\, e^4}{8\, \varepsilon_o^2\, h^2}$$

gegeben. m, e, ε_o und h sind Konstanten: m = Masse des Elektrons, e = Elementarladung, ε_o = Feldkonstante des Vakuums, h = Planck'sches Wirkungsquantum.

a) Welche Zahlenwerte kann die in der Beziehung

$$E = -\frac{1}{n^2} \text{ const.}$$

auftretende dimensionslose Zahl n annehmen?
b) Wie nennt man n?
c) Was drückt das negative Vorzeichen aus?

1.35 Was versteht man unter Grundzustand?

1.36 Was versteht man unter angeregtem Zustand?

1.37 Geben Sie mögliche Hauptquantenzahlen für einen angeregten Elektronenzustand des Wasserstoffatoms an.

1.38 Zeichnen Sie in das gegebene Diagramm die Folge der möglichen Energiezustände im Wasserstoffatom ein. E_1 ist die Energie im Grundzustand.

1.39 Einem Wasserstoffatom im Grundzustand wird
a) der Energiebetrag E',
b) der Energiebetrag E" zugeführt.

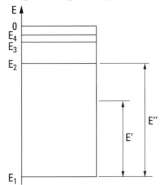

Warum wird das Wasserstoffatom nur im Fall b) angeregt?

1.40 Was geschieht mit dem Elektron des Wasserstoffatoms, wenn man eine Energie größer als E_1 zuführt?

1.41 Was versteht man unter einem Lichtquant (Photon)?

1.42 Die Abhängigkeit der Energie der Photonen von der Wellenlänge der elektromagnetischen Strahlung wird durch die Planck-Einstein'sche Gleichung beschrieben. Wie lautet diese Gleichung?

1.43 Im Wasserstoffatom gehe das Elektron vom Energiezustand E_3 in den Energiezustand E_2 über. Dabei wird die Energie als Photon abgegeben. Berechnen Sie mit Hilfe der Planck-Einstein'schen Gleichung die Wellenlänge des ausgestrahlten Lichts.
$E_1 = -13{,}6$ eV $h = 6{,}6 \cdot 10^{-34}$ Js $c = 3 \cdot 10^8$ ms^{-1}
1 eV $= 1{,}6 \cdot 10^{-19}$ J

1.44 Beim Übergang eines Elektrons von einem angeregten Zustand in den Grundzustand wird Licht der Wellenlänge $\lambda = 121$ nm ausgestrahlt. Wie groß ist die Energiedifferenz der beiden Zustände?

1.45 a) Warum liefern lichtaussendende Atome ein Linienspektrum und nicht ein kontinuierliches Spektrum?
b) Warum ist das Linienspektrum für ein chemisches Element charakteristisch?

Quantenzahlen · Orbitale

1.46 Der Zustand eines Elektrons im Atom wird nicht allein durch die Quantenzahl n beschrieben.
Welche Quantenzahlen sind insgesamt zur Beschreibung des Zustands eines Elektrons im Atom notwendig?

1.47 Was versteht man unter der Elektronenschale eines Atoms?

1.48 Wie groß ist die Hauptquantenzahl für die Elektronen der N-Schale?

1.49 a) Welche Werte kann die Nebenquantenzahl l annehmen, wenn die Hauptquantenzahl n = 4 ist?
b) Welche Werte kann n annehmen, wenn $l = 2$ ist?

1.50 Welche Buchstaben benutzt man zur Beschreibung von Elektronenzuständen mit der Nebenquantenzahl?
a) $l = 0$
b) $l = 2$

1.51 Die Elektronenzustände einer Schale mit gleicher Nebenquantenzahl bezeichnet man als Unterschale.
a) Geben Sie Haupt- und Nebenquantenzahl für die p-Unterschale der M-Schale an.
b) Bei welchen Schalen gibt es keine d-Unterschale?

1.52 Die Zahl der Elektronenzustände einer Unterschale ist durch die magnetische Quantenzahl m_l und die Spinquantenzahl m_s festgelegt.
Welche Werte kann m_l annehmen, wenn $l = 2$ ist?

1.53 Bei welchen Haupt- und Nebenquantenzahlen kann ein Elektronenzustand mit $m_l = +3$ nicht auftreten?

1.54 Welche Werte kann die Spinquantenzahl m_s annehmen?

1.55 Wie viele Elektronenzustände besitzt eine p-Unterschale?

1.56 Welche Unterschalen besitzen genau 10 Quantenzustände? Geben Sie dafür die l-, m_l- und m_s-Werte an.

1.57 Was versteht man unter einem Atomorbital?

Struktur der Elektronenhülle

1.58 Leiten Sie mit Hilfe des folgenden Schemas ab, wie viele s-, p- und d-Orbitale es für die M-Schale eines Atoms gibt.

n	l	m_l	Anzahl und Typ der Orbitale	Unterschale

1.59 Was bedeutet die Bezeichnung
a) 3p-Orbital,
b) 5s-Orbital?

1.60 Ergänzen Sie das folgende Schema. Tragen Sie für jede Schale die vorhandenen Unterschalen ein und geben Sie die Anzahl der Unterschalen und der Quantenzustände an.

Schale	n							Zahl der Unterschalen	Zahl der Quantenzustände
P	6								
O	5								
N	4								
M	3	3s	3p	3d					
L	2								
K	1								
		0	1	2	3	4	5	l	
		s	p	d	f	g	h	Orbitaltyp	

1.61 Durch welche der drei Abbildungen wird ein s-Orbital richtig dargestellt?

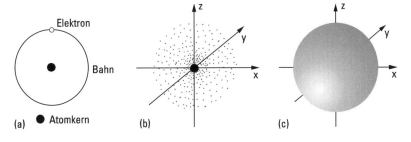

1.62 Wodurch unterscheiden sich die Darstellungen b) und c) der Aufg. 1.61?

1.63 Warum ist das Bohr'sche Bild eines Atoms, in dem die Elektronen den Kern auf festgelegten Bahnen umkreisen – so wie der Mond die Erde umkreist –, falsch?

1.64 Wie bezeichnet man die in den Bildern a), b), c) dargestellten Orbitale?

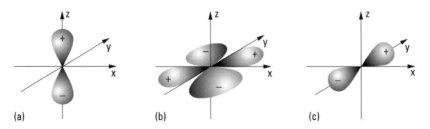

1.65 Zeichnen Sie schematisch in die Koordinatensysteme ein p_x-Orbital und ein d_{xz}-Orbital ein.

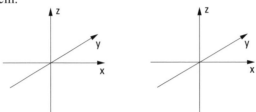

1.66 Ordnen Sie die folgenden Buchstaben, Zahlen und Wörter in das Schema ein: d, 1 (eins), hantelförmig, kugelförmig, 0 (null), p, rosettenförmig, s, 2.

Nebenquantenzahl	Orbitaltyp	Gestalt der Ladungswolke

1.67 Ordnen Sie die folgenden Orbitale des Kaliumatoms nach wachsender Energie: 1s, 2s, 3s, 2p, 3p, 3d.

1.68 Welche der folgenden Orbitale eines Kaliumatoms haben dasselbe Energieniveau (sind entartet)?

$2p_x$, $3p_y$, $2p_z$, $3d_{z^2}$, $3p_z$, $3p_x$, $3d_{xy}$

Aufbauprinzip · Periodensystem der Elemente (PSE) · Elektronenkonfigurationen

1.69 Warum befinden sich im Li-Atom nicht alle 3 Elektronen im energieärmsten 1s-Zustand?

Struktur der Elektronenhülle

1.70 In welcher Quantenzahl unterscheiden sich die beiden Elektronen eines Orbitals?

1.71 In welchen Orbitalen befinden sich die drei Elektronen des Lithiumatoms im Grundzustand?

1.72 Welche Elektronenkonfiguration hat das Boratom im Grundzustand (Z = 5)?

1.73 Geben Sie die Elektronenkonfiguration des Kohlenstoffatoms im Grundzustand an (Kästchenschreibweise).

1.74 Welches ist die Elektronenkonfiguration des Stickstoffatoms im Grundzustand?

a) ↑↓ ↑↓ ↑↓ ↑
    1s   2s   2p

b) ↑↓ ↑↓ ↑ ↑ ↑
    1s   2s   2p

1.75 Warum ist für das Sauerstoffatom die Elektronenkonfiguration

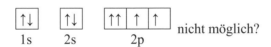 nicht möglich?

1.76 Warum gibt es die Elektronenkonfiguration $1s^2\,2s^2\,2p^7$ nicht?

1.77 Welcher wesentliche Unterschied besteht zwischen den Hauptgruppenelementen und den Nebengruppenelementen in der Elektronenkonfiguration?

1.78 Geben Sie die Elektronenkonfiguration von Kalium (Z = 19) an.

1.79 Eisen ist ein 3d-Element (Z = 26). Geben Sie die Elektronenkonfiguration an.

1.80 Geben Sie die Elektronenkonfiguration von Mangan (Z = 25) an.

1.81 Formulieren Sie die Elektronenkonfiguration für Zink (Z = 30).

1.82 In dem vereinfachten Schema des Periodensystems (s. nächste Seite) soll in die Kästchen Folgendes eingetragen werden: Bezeichnung der Unterschale, die gerade aufgefüllt wird; Ordnungszahlen der Elemente, bei denen diese Unterschalen aufgefüllt werden. Nebengruppenelemente sind im Unterschied zu Hauptgruppenelementen zu schraffieren.

Periode			
1			
2			
3			
4			
5			

1.83 a) Tragen Sie die Elementsymbole der Elemente bis zur Ordnungszahl Z = 20 in das Schema des PSE ein.

b) Warum wird das zweite Element in die rechte obere Ecke des PSE geschrieben?

c) Tragen Sie in das Schema die Symbole der 3d-Elemente ein.

d) Zeichnen Sie das Schema des PSE (ohne Elemente) aus dem Gedächtnis auf.

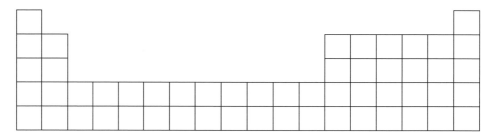

1.84 Welche Gemeinsamkeit in der Elektronenkonfiguration besitzen

a) die Elemente der 7. Hauptgruppe (17. Gruppe),

b) die Elemente der 2. Hauptgruppe (2. Gruppe)?

1.85 a) Formulieren Sie für die Elemente Germanium und Titan die Elektronenbesetzung in den angegebenen Unterschalen.

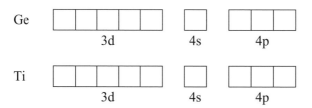

b) Wie viele Valenzelektronen besitzen die Elemente Germanium und Titan?

1.86 Formulieren Sie die Konfiguration der Valenzelektronen für folgende Atome (beide Schreibweisen):

a) N   b) Sn   c) Mn   d) P   e) I   f) V

1.87 Nennen Sie Beispiele für Elemente mit den angegebenen Valenzelektronenkonfigurationen und geben Sie jeweils an, in welcher Haupt- oder Nebengruppe sie stehen.

a) $s^2 p^4$ b) $d^4 s^2$ c) $s^2 p^2$

1.88 Welche Elektronenkonfigurationen haben die Ionen?

a) Ca^{2+} b) Fe^{3+} c) Zn^{2+}

1.89 Welche der folgenden Ionen haben Edelgaskonfiguration?

Al^{3+}, Mn^{2+}, O^{2-}, Pb^{2+}, Cl^-, Ti^{4+}, Ag^+

Ionisierungsenergie · Elektronenaffinität

1.90 Die Abbildung zeigt den Verlauf der 1. Ionisierungsenergie für die Elemente der 2. Periode. Warum treten bei den Elementen Beryllium und Stickstoff Maxima auf?

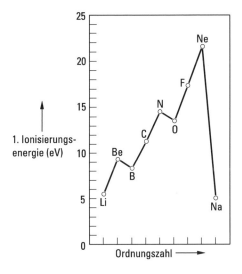

1.91 Warum ändert sich die Ionisierungsenergie mit steigender Ordnungszahl periodisch?

1.92 Vergleichen Sie die 1. Ionisierungsenergie I_1 folgender Elementpaare durch Verwendung der Zeichen „>" (größer als) oder „<" (kleiner als).

Beispiel: I_1 (Li) < I_1 (Be)

a) Na   K

b) P   S

c) Mg   Al
d) Mg   Ca
e) Ne   Na
f) F   Cl

1.93 Besitzt Natrium oder Magnesium die höhere 2. Ionisierungsenergie?

1.94 Was versteht man unter Elektronenaffinität?

1.95 In welcher Gruppe des PSE stehen die Elemente mit der größten exothermen Elektronenaffinität? Warum ist das so?

Wellencharakter der Elektronen · Eigenfunktionen des Wasserstoffatoms

1.96 Bewegte Elektronen besitzen nicht nur Teilcheneigenschaften, sondern auch Wellennatur. Welche Beziehung besteht zwischen Geschwindigkeit und Wellenlänge eines Elektrons?

1.97 Da Elektronen Welleneigenschaften besitzen, kann man die Elektronenzustände mit einer Wellenfunktion $\psi(x,y,z)$ beschreiben. Die möglichen ψ-Funktionen des Wasserstoffatoms werden Orbitale genannt. ψ hat keine anschauliche Bedeutung, jedoch das Quadrat des Absolutwertes der Wellenfunktion. Welches ist diese Bedeutung?

1.98 Tragen Sie in einem Diagramm auf
a) für die Orbitale 1s und 2s den Verlauf der Wellenfunktion $\psi(r)$ gegen den Abstand r vom Atomkern und für das Orbital 3p den Verlauf der Radialfunktion $R(r)$ gegen r,
b) für die Orbitale 1s, 2s und 3p die radiale Dichte gegen r.

2. Die chemische Bindung

Ionenbindung

Ionengitter · Koordinationszahl

2.1 Was versteht man unter einem Kristallgitter?

2.2 Wie sind unterschiedlich zu Kristallen die Bausteine in Gläsern angeordnet?

2.3 Aus welchen Bausteinen kann ein Kristallgitter aufgebaut sein?

2.4 a) Welche Bindungskräfte treten in Ionenkristallen auf?
b) Sind diese Bindungskräfte gerichtet oder ungerichtet?

2.5 Was versteht man unter der Gitterenergie eines Ionenkristalls?

2.6 Die Bildung eines NaCl-Kristalls aus Na- und Cl-Atomen lässt sich gedanklich in drei Teilschritte zerlegen.
a) Formulieren Sie die Teilschritte.
b) Welche Energie wird dabei jeweils umgesetzt?

2.7 Bei welchen Elementkombinationen wird die Bildung von Ionenkristallen energetisch günstig sein?

2.8 Welche Paare der folgenden Elemente bilden miteinander typische Ionenverbindungen? C, O, F, Na, Si, Cl, Ca

2.9 a) Welche Ionen treten in den Ionenverbindungen auf, die sich aus den Elementen Na, Ca, F, O und Cl bilden? Welche Elektronenkonfigurationen haben diese Ionen?
b) Welche Elemente haben dieselben Elektronenkonfigurationen wie diese Ionen?
c) Geben Sie die Formeln der Verbindungen an, die sich aus den genannten Ionen bilden.

2.10 Wie hängt die maximale   a) positive   b) negative
Ionenladung von Hauptgruppenelementen mit der Gruppennummer zusammen?

2.11 Kann man die Verbindung CaO durch die Formel Ca=O wiedergeben?

2.12 Was bedeutet in einem Ionengitter die Koordinationszahl?

2.13 In den Zeichnungen sind drei Gittertypen von AB-Ionenkristallen dargestellt.

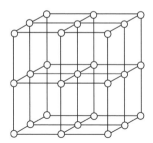 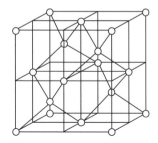 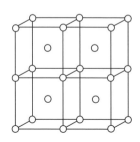

a) Markieren Sie in jedem Gitter die Anionen durch Ausfüllen der Kreise.
b) Welche Koordinationszahlen haben die Ionen in den Gittern?
c) Welche Koordinationspolyeder treten auf?
d) Um welche Gittertypen handelt es sich?

2.14 Warum ist es nicht sinnvoll, die Formeleinheit einer Ionenverbindung, z. B. CsCl, als Molekül zu bezeichnen?

2.15 a) Welche Koordinationszahlen und welche Koordinationspolyeder treten in den beiden dargestellten Gittertypen auf?

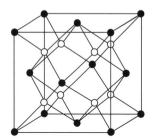 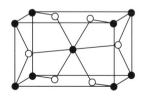

b) Welche Teilchen in den Gittern sind Kationen bzw. Anionen?

2.16 In SiO_2 ist die Koordinationszahl der Sauerstoffionen zwei.
Wie groß ist die Koordinationszahl von Silicium?

Ionenradien · Radienquotienten

2.17 Vergleichen Sie die Ionenradien folgender Ionenpaare unter Verwendung der Zeichen größer „>" oder kleiner „<":

Be^{2+} Ca^{2+} Co^{2+} Co^{3+}
Mg^{2+} Al^{3+} F^- Br^-

Ionenbindung

Li^+	Na^+		Cl^-	K^+
Ca^{2+}	Mg^{2+}		K^+	Al^{3+}
Fe^{2+}	Fe^{3+}		Na^+	Mg^{2+}
Cl^-	I^-		Al^{3+}	O^{2-}
F^-	Na^+		Na^+	Cl^-

2.18 a) Begründen Sie die in der Antwort zu Aufg. 2.17 unter 1) angegebene Regel.
b) Begründen Sie die in der Antwort zu Aufg. 2.17 unter 3) angegebene Regel.

2.19 Warum sind die Radien von Li^+ und Mg^{2+} etwa gleich groß?

2.20 Die folgenden Ionen haben alle Neonkonfiguration:

Ion	O^{2-}	F^-	Na^+	Mg^{2+}
r für KZ = 6	140 pm	133 pm	102 pm	72 pm
Ordnungszahl	8	9	11	12

Der Ionenradius nimmt von O^{2-} zu F^- nur wenig, von Na^+ zu Mg^{2+} dagegen relativ stark ab. Warum ist das so?

2.21 Ist bei abnehmendem Radienquotienten $\frac{r_K}{r_A}$ eine größere oder eine kleinere Koordinationszahl für das Kation zu erwarten? Geben Sie eine Begründung.

2.22 MgF_2 kristallisiert in einem Ionengitter. Welche Koordinationszahlen haben die Ionen? Welchen Gittertyp erwarten Sie?
$r_{Mg^{2+}} = 72$ pm, $r_{F^-} = 133$ pm

2.23 Welche Koordinationszahlen haben die Ionen Pb^{2+} und F^- in dem Ionenkristall PbF_2? In welchem Gittertyp kristallisiert PbF_2?
$r_{Pb^{2+}} = 119$ pm, $r_{F^-} = 133$ pm

Gitterenergie

2.24 Im gegebenen Diagramm ist für einen Ionenkristall die Coulomb-Energie und die von den Elektronenhüllen herrührende Abstoßungsenergie in Abhängigkeit vom Ionenabstand r dargestellt.

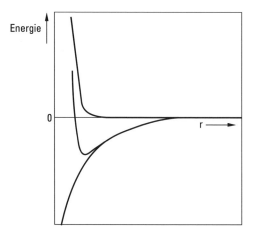

Welche Kurve beschreibt die Coulomb-Energie, welche die Abstoßungsenergie?
Welches ist die resultierende Gesamtenergie (Summenkurve)?

Aus der Summenkurve erhält man den Gleichgewichtsabstand der Ionen r_0 und die Gitterenergie U. Zeichnen Sie die beiden Größen in das Diagramm ein.

Durch welchen der beiden Energiebeiträge wird die Gesamtenergie im Wesentlichen bestimmt?

2.25 Wie hängt die Gitterenergie

a) vom gegenseitigen Abstand der Ionen und

b) von der Ladung der Ionen ab?

2.26 Vergleichen Sie die Beträge der Gitterenergien folgender Paare von Ionenverbindungen unter Verwendung der Zeichen „>" oder „<".

CaO   BaO

NaI   NaCl

LiF   MgO

2.27 NaF und CaO kristallisieren im gleichen Gittertyp. Der Gleichgewichtsabstand r_0 der Ionen ist annähernd gleich. In welchem ungefähren Verhältnis stehen die Gitterenergien zueinander?

2.28 Ordnen Sie die folgenden Ionenverbindungen NaCl, NaI, MgO, BaO

a) nach steigender Härte,

b) nach steigendem Schmelzpunkt.

Ionenleitung · Fehlordnung

2.29 Bei hohen Temperaturen entsteht Ionenleitung durch Punktfehlordnung in Kristallen.
Welcher Materietransport erfolgt bei der a) Frenkel-Fehlordnung, b) Schottky-Fehlordnung?

2.30 Bei welchen Ionenverbindungen ist a) Frenkel-Fehlordnung, b) Schottky-Fehlordnung vorhanden?

2.31 Festelektrolyte sind Verbindungen mit einer strukturellen Fehlordnung, durch die die Ionenbeweglichkeit (schnelle Ionenleiter) entsteht. Ein Beispiel sind ZrO_2-Y_2O_3-Mischkristalle.
a) Wie entsteht bei diesen Anionenleitung?
b) Formulieren Sie die Mischkristallbildung mit einer Einbaugleichung unter Benutzung der folgenden Symbole: Zr_{Zr} Zr auf Zr-Platz, O_O O auf O-Platz, Y'_{Zr} Y auf Zr-Platz (negativ geladen), $V_O^{\bullet\bullet}$ O-Leerstelle (zweifach positiv geladen).

Atombindung

Elektronenpaarbindung · Lewis-Formeln

2.32 In welchen der folgenden Stoffe tritt überwiegend
a) Ionenbindung,
b) Atombindung
auf? LiF, C(Diamant), C_2H_6, CO_2, NH_3, Al_2O_3, SiH_4, SO_2, Cl_2, BaO, KBr, CsCl

2.33 a) Was bedeuten die mit 1 bis 4 nummerierten Striche in der Lewis-Formel von H_2O?

$$H \overset{24}{\underset{13}{O}} H$$

b) Wie viele Elektronenpaarbindungen liegen im Molekül H_2O vor?

2.34 Was bedeuten die mit 1 bis 5 nummerierten Striche in der Lewis-Formel von N_2?

$$1\,|\,N\overset{2}{\underset{4}{\equiv\!\!\!3\!\!\!\equiv}}N\,|\,5$$

2.35 Setzen Sie in die leeren Kästchen die Summenformeln und Lewis-Formeln der Moleküle ein, die Sie für die jeweiligen Elementkombinationen erwarten. In den

Lewis-Formeln sind alle bei den Atomen angegebenen Elektronen zu berücksichtigen (sowie die räumliche Struktur).

	H·	·C̈·	|Ö·|	|C̄l̄·|
H·			H₂O H–Ö–H	
·C̈·				
|Ö·|				
|C̄l̄·|				

2.36 Was versteht man bei den Hauptgruppenelementen unter Valenzelektronen?

2.37 Wie viele Valenzelektronen haben jeweils die Atome der Elemente Bor, Stickstoff, Kohlenstoff und Chlor?

2.38 a) Geben Sie die Lewis-Formeln für folgende Verbindungen an:
NH_3, CF_4, CS_2, PCl_3, ClF, OF_2.
Bei der Aufstellung der Formeln sollen alle Elektronen der äußeren Schale berücksichtigt werden (sowie die räumliche Struktur).
b) Welche Beziehung zwischen der Zahl der Atombindungen, die ein Element bildet, und seiner Stellung im Periodensystem lässt sich aus obigen Formeln ableiten?

Angeregter Zustand · Bindigkeit · Formale Ladung

2.39 Das Kohlenstoffatom hat im Grundzustand die Valenzelektronenkonfiguration:

C [↑↓] [↑|↑| |]
     2s   2p

Warum kann das Kohlenstoffatom vier Atombindungen bilden?

2.40 a) Ein angeregtes Stickstoffatom (N*) mit fünf ungepaarten Elektronen kann bei chemischer Verbindungsbildung nicht auftreten. Warum?
b) Warum gibt es die Verbindung H_4O nicht?

Atombindung

2.41 Warum ist die Formel

$$\text{|}\overline{\underline{O}}\text{-N}\begin{smallmatrix}\overline{\underline{O}}\text{|}\\ \\ \underline{\underline{O}}\text{|}\end{smallmatrix}$$
$$\quad\;\;\text{H}$$

falsch?

2.42 a) Formulieren Sie die Lewis-Formel für die Verbindung Kohlenstoffmonooxid CO. Verteilen Sie die Elektronen der Atome $\cdot\dot{\text{C}}\cdot$ und $|\overline{\text{O}}\cdot$ so auf bindende und nichtbindende Elektronenpaare, dass jedes Atom insgesamt acht Elektronen besitzt. Denken Sie daran, dass bindende Elektronen zu beiden Atomen gehören.

b) Welche formale Ladung haben die Atome C und O im CO?

> Die formale Ladung erhält man in folgender Weise: Die bindenden Elektronenpaare werden zwischen den Bindungspartnern gleichmäßig aufgeteilt. Vergleicht man die Zahl der Elektronen, die dann zu einem Atom gehören, mit der Zahl der Elektronen im neutralen Atom, so erhält man die formale Ladung.

2.43 Ergänzen Sie folgende Lewis-Formeln durch Angabe der formalen Ladungen.

$$\begin{bmatrix}\text{H}\\ \text{H-N-H}\\ \text{H}\end{bmatrix}^{+}\quad\begin{bmatrix}|\overline{\underline{\text{O}}}\text{-N}\begin{smallmatrix}|\overline{\underline{\text{O}}}|\\ \\ \underline{\underline{\text{O}}}|\end{smallmatrix}\end{bmatrix}^{-}\quad[|\text{C}\equiv\text{N}|]^{-}\quad\begin{bmatrix}\text{H-}\overline{\underline{\text{O}}}\text{-H}\\ \text{H}\end{bmatrix}^{+}\quad|\overline{\underline{\text{O}}}\text{-N}\begin{smallmatrix}|\overline{\underline{\text{O}}}|\\ \\ \underline{\underline{\text{O}}}|\end{smallmatrix}\quad\langle\text{N=N=O}\rangle\quad\begin{smallmatrix}|\overline{\underline{\text{F}}}|\;\;\text{H}\\ \text{F-B-N}\\ |\underline{\underline{\text{F}}}|\;\;\text{H}\end{smallmatrix}$$

2.44 a) Zeichnen Sie sinnvolle Lewis-Formeln für H_3PO_4.

b) Wie groß ist die Bindigkeit des Phosphoratoms in der Orthophosphorsäure H_3PO_4?

c) Welche Elektronenkonfiguration der Valenzelektronen benutzt Phosphor zur Bindung (Kästchenform)?

2.45 a) Geben Sie sinnvolle Lewis-Formeln für SF_6 an.

b) Formulieren Sie sinnvolle Lewis-Formeln des Ions SiF_6^{2-}.

2.46 Im Gegensatz zu SF_6 oder PF_5 gibt es die Verbindungen OF_6 oder NF_5 nicht. Warum?

Valenzschalen-Elektronenpaar-Abstoßungs-(VSEPR-)Modell

2.47 Machen Sie auf der Basis des VSEPR-Modells einen nachvollziehbaren Strukturvorschlag (mit eindeutiger Skizze zur räumlichen Atomanordnung) für folgende Moleküle:

$XeOF_2$ $XeOF_4$ ClO_3^- XeO_3

2.48 Erklären Sie die Stellung der Cl- und F-Atome in PF$_2$Cl$_3$ und die Strukturen und qualitativ die Bindungswinkel in XeF$_3^+$ und SF$_4$.

Elektronegativität · Polare Atombindungen

2.49 Was versteht man unter Elektronegativität?

2.50 Chloratome sind elektronegativer als Wasserstoffatome. Wie wirkt sich die unterschiedliche Elektronegativität auf die Bindung im Molekül HCl aus?

2.51 Ist die Elektronegativität eine direkt messbare Größe?

2.52 Wie kann man anschaulich erklären, warum die Elektronegativität eines Atoms umso größer ist, je größer die Ionisierungsenergie und die Elektronenaffinität dieses Atoms sind?

2.53 Wie ändert sich die Elektronegativität

a) innerhalb einer Gruppe,

b) innerhalb einer Periode des Periodensystems?

2.54 Ordnen Sie die Elemente nach steigender Elektronegativität:

a) C, N, O, Na, Al

b) F, Si, S, Cl, K

Die Reihenfolge lässt sich aus den in der Antwort zu Aufg. 2.53 angegebenen Regeln ableiten, wenn man die Stellung dieser Elemente im PSE kennt.

2.55 a) Ordnen Sie die folgenden Verbindungen nach abnehmender Elektronegativitätsdifferenz der Bindungspartner: H$_2$O, CH$_4$, MgO, NaF

b) Ordnen Sie diese Verbindungen nach abnehmender Bindungspolarität.

Die Beispiele sind so gewählt, dass man ohne Elektronegativitätstabelle auskommen kann. Man muss nur die Stellung der Elemente im PSE beachten.

2.56 Ordnen Sie die Verbindungen HCl, KCl, MgCl$_2$, H$_2$S nach abnehmender Elektronegativitätsdifferenz.

2.57 Geben Sie für die folgenden Bindungen durch Verwendung der Symbole δ+ und δ– die Polaritätsrichtung der Bindung an:

F–Cl, O–S, H–S, O–F, H–N, O–Si, P–Cl, Cl–I

Atombindung

Oxidationszahl

2.58 Geben Sie die Oxidationszahlen aller Elemente in folgenden Stoffen an:

MgO, CaH$_2$, PCl$_5$, H$_3$PO$_4$, ClF, O$_3$, NH$_3$, HNO$_3$, H$_2$S, OF$_2$, CO$_2$, H$_3$O$^+$, SO$_3^{2-}$

Beispiel: $\overset{+1}{H_2}\overset{+6}{S}\overset{-2}{O_4}$

2.59 a) Geben Sie für die Elemente in der Tabelle die maximale positive und maximale negative Oxidationszahl an und nennen Sie dafür je eine Verbindung als Beispiel.

Element	maximale negative Oxidationszahl	Verbindungen	maximale positive Oxidationszahl	Verbindungen
S				
F				
Al				
N				
H				

b) Welche Beziehung zwischen den maximalen Oxidationszahlen der Elemente und ihrer Stellung im Periodensystem stellen Sie fest?

2.60 Wie groß sind Oxidationszahlen, Bindigkeiten und formale Ladungen der Elemente N, C, O und Si in den angegebenen Verbindungen?

	Lewis-Formel	Oxidationszahl	Bindigkeit	formale Ladung
N in HNO$_3$				
C in CO				
O in H$_3$O$^+$				
N in NH$_4^+$				
C in CN$^-$				
Si in SiF$_6^{2-}$				

σ-Bindung · π-Bindung · Hybridisierung

2.61 Die Bindung im Wasserstoffmolekül H : H kommt durch die Überlappung der 1s-Orbitale der beiden Wasserstoffatome zustande.

a) Zeichnen Sie die Orbitale mit Überlappung.

b) In welchem Bereich des Moleküls erhöht sich die Elektronendichte bei der Molekülbildung besonders stark?

2.62 Durch welche Abbildung wird der Aufenthaltsbereich des vom Wasserstoffatom H_A stammenden Elektrons im Wasserstoffmolekül richtig dargestellt?

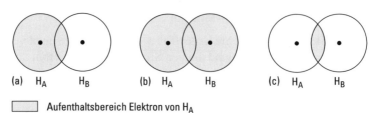

2.63 Warum müssen die beiden Elektronen im Wasserstoffmolekül antiparallelen Spin haben?

2.64 Zeichnen Sie die vier verschiedenen Überlappungsmöglichkeiten zwischen s- und p-Orbitalen, die zu Atombindungen führen.

2.65 Welche der in Aufg. 2.64 dargestellten Überlappungen ergeben σ-Bindungen und welche π-Bindungen?

2.66 Skizzieren Sie die Form der Ladungsverteilung a) für eine σ-Bindung und b) für eine π-Bindung, wenn Ihre Blickrichtung die Verbindungslinie der Atome ist.

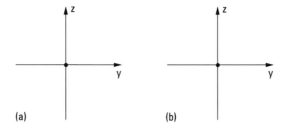

Die Atomkerne liegen in Blickrichtung hintereinander.

2.67 Bei welchen der unter a) bis d) genannten Bedingungen kann sich zwischen den Atomen A und B keine Atombindung bilden?

	A	B
a)	leeres Orbital	leeres Orbital
b)	volles Orbital	leeres Orbital
c)	volles Orbital	volles Orbital
d)	halbbesetztes Orbital	halbbesetztes Orbital

Atombindung

2.68 Warum gibt es kein Molekül He$_2$?

2.69 Zeichnen Sie schematisch die Änderung der Elektronendichte
a) zwischen Na$^+$ und Cl$^-$ in einem NaCl-Kristall,
b) zwischen Cl$^-$ und Cl$^-$ in einem NaCl-Kristall,
c) zwischen Cl und Cl im Cl$_2$-Molekül.

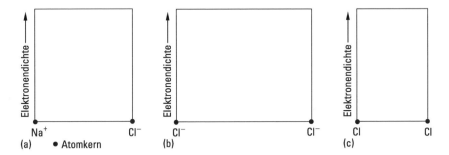

2.70 a) Geben Sie die Lewis-Formel für Schwefelwasserstoff unter Berücksichtigung aller Valenzelektronen an.
b) Welche Elektronenkonfiguration benutzt Schwefel zur Bindung im H$_2$S?
c) Skizzieren Sie das H$_2$S-Molekül unter Berücksichtigung der räumlichen Anordnung der Orbitale der Atome.
d) Welcher Bindungswinkel ist bei Beachtung der räumlichen Anordnung der Orbitale zu erwarten?

2.71 Beantworten Sie die analogen Fragen für das Molekül PH$_3$. (Lassen Sie in der Skizze das s-Orbital von P unberücksichtigt.)

2.72 a) Wie viele Hybridorbitale entstehen durch Hybridisierung eines s- und eines p-Orbitals?
b) Wie bezeichnet man die entstehenden Hybridorbitale?
c) Zeichnen Sie die Hybridorbitale.

2.73 Vergleichen Sie die Elektronendichteverteilung eines sp-Hybridorbitals mit der des p-Orbitals, das an der Hybridisierung beteiligt ist.

2.74 Die Bindung im Molekül HF kann man unterschiedlich beschreiben:

a) durch Überlappung des 1s-Orbitals des H-Atoms mit einem p-Orbital des F-Atoms (s. Skizze (a)).

b) durch Überlappung des 1s-Orbitals des H-Atoms mit einem sp-Hybridorbital von F (s. Skizze (b)).

In welchem Fall ist die Überlappung größer? Geben Sie eine Begründung.

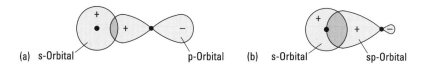

2.75 a) Wie nennt man die in der Zeichnung dargestellten Hybridorbitale?

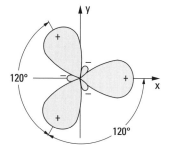

b) Geben Sie eine Erklärung für die Bezeichnung der Hybridorbitale.

c) Welche der Orbitale s, p_x, p_y, p_z bilden diese Hybridorbitale?

2.76 Das Molekül BF_3 ist planar gebaut. Die Bindungsabstände sind gleich lang, die Bindungswinkel betragen 120°.

a) Zeichnen Sie für das Molekül BF_3 die Lewis-Formel.

b) Zeichnen Sie alle an der Bindung beteiligten Orbitale mit Überlappung. Bezeichnen Sie die Orbitale (s, p, sp, sp^2 oder sp^3).

c) Geben Sie die Art der Bindung (σ oder π) an.

2.77 Die Bindungen im NH_3-Molekül lassen sich auf zweierlei Arten beschreiben:

I) Drei σ-Bindungen werden von den drei p-Orbitalen des N-Atoms gebildet.

II) Drei σ-Bindungen werden von drei sp^3-Hybridorbitalen des N-Atoms gebildet.

Atombindung

Der experimentell festgestellte Bindungswinkel im NH$_3$ beträgt 107°.

a) Welche der beiden Darstellungen beschreibt das Molekül besser?

b) In welchem Orbital befindet sich jeweils das nichtbindende Elektronenpaar?

2.78 Im NH$_4^+$-Ion gibt es vier gleichartige tetraedrisch angeordnete N–H-Bindungen.

a) Welche Elektronenkonfiguration benutzt das Stickstoffatom zur Bindung? Welche Hybridisierung liegt vor?

b) In welcher anderen Verbindung liegt dieselbe Elektronenstruktur vor?

2.79 Das Molekül N$_2$ lässt sich mit der Lewis-Formel |N≡N| beschreiben.

Zeichnen Sie getrennt in a) bis c) die Atomorbitale, die bei Annäherung durch Überlappung zu Atombindungen führen.

Geben Sie an, welche Überlappungen zu σ- bzw. π-Bindungen führen.

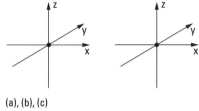

(a), (b), (c)

• Kern des Stickstoffatoms

2.80 Die Bindungen im CO können mit der Lewis-Formel |C≡O| beschrieben werden.

a) Welche formale Ladung haben Kohlenstoff und Sauerstoff im Molekül CO?

b) Welche Elektronenkonfiguration und welche Bindigkeit haben Kohlenstoff und Sauerstoff unter Berücksichtigung dieser formalen Ladung?

c) Skizzieren Sie die an der Bindung beteiligten Orbitale und die Überlappungen, die zu Atombindungen führen. Welche der Überlappungen führen zu σ- bzw. π-Bindungen?

2.81 Zeichnen Sie für CN$^-$ die Lewis-Formel mit Angabe der formalen Ladung der Atome.

Wie viele σ- und π-Bindungen liegen in diesem Ion vor?

2.82 Das Molekül

$$\begin{array}{c} H \\ \diagdown_1 \\ C \overset{3}{=\!=} O \\ \diagup_2 ^4 \\ H \end{array}$$

(Formaldehyd) ist eben gebaut, die Bindungswinkel betragen annähernd 120°.
Geben Sie für jede Bindung (1 bis 4) erstens die Art der Bindung (σ oder π) und zweitens die an der Bindung beteiligten Orbitale an (bei Hybridorbitalen mit Bezeichnung der Hybridisierung).

Bindung	Bindungstyp	Beteiligte Orbitale

2.83 Geben Sie für die Bindungen im Ethenmolekül

$$\begin{array}{c} H H \\ \diagdown_1 ^5\diagup \\ C \overset{3}{=\!=} C \\ \diagup_2 ^4 ^6\diagdown \\ H H \end{array}$$

den Bindungstyp und die an der Bindung beteiligten Orbitale an. Das Ethenmolekül ist eben gebaut, die Bindungswinkel betragen 120°.

2.84 Wie sind die folgenden Moleküle und Ionen räumlich gebaut?

a) CO_2 b) SiO_4^{4-} c) $COCl_2$ d) NO_3^-

Formulieren Sie zunächst die Lewis-Formel. Überlegen Sie dann wie viele σ-Bindungen gebildet werden und welche Hybridisierung des zentralen Atoms dafür in Frage kommt.

Lewis-Formel	Zahl der σ-Bindungen und daran beteiligte Hybridorbitale	Räumlicher Bau	Zahl der π-Bindungen

2.85 Wie sind die folgenden Moleküle und Ionen räumlich gebaut?

a) CO_3^{2-} b) CF_4 c) $SiCl_4$

Lewis Formel	Zahl der σ-Bindungen und daran beteiligte Hybridorbitale	Räumlicher Bau

Atombindung

2.86 Wie sind a) in dem Molekül NF_3 und b) in dem Ion NO_2^- die Atome räumlich angeordnet?

Lewis-Formel	Zahl der σ-Bindungen und daran beteiligte Hybridorbitale	Räumlicher Bau

2.87 Welche der folgenden Moleküle sind Dipole?
CO_2, SO_2, C_2H_4, BF_3, H_2O, NH_3, CH_2O, $SiCl_4$, HCl, SF_6

2.88 a) Formulieren Sie für das Ion SO_4^{2-} die Lewis-Formel.

b) Welche Elektronenkonfiguration benutzt das S-Atom zur Bindung? (Kästchenform)

c) Wie viele σ-Bindungen gibt es? Von welchen Hybridorbitalen des S-Atoms werden die σ-Bindungen gebildet?

d) Welchen räumlichen Bau hat das Ion?

e) Was für π-Bindungen gibt es? Welche Orbitale des S-Atoms sind an π-Bindungen beteiligt?

2.89 Beantworten Sie die Fragen a) bis e) der Aufg. 2.88 für das Ion SO_3^{2-}.

Mesomerie

2.90 Was bedeutet der Doppelpfeil ↔ bei der folgenden Formulierung?

$$\begin{array}{c} |\overline{O}|^\ominus \\ |\overline{O}-N^\oplus \\ H \quad \overline{O}| \end{array} \quad \leftrightarrow \quad \begin{array}{c} \overline{O}| \\ |\overline{O}-N^\oplus \\ H \quad |\overline{O}|_\ominus \end{array}$$

Welche Antwort ist richtig?

a) Es gibt zwei Molekülsorten, die miteinander im Gleichgewicht stehen.

b) Der wahre Zustand des Moleküls wird durch keine der beiden Formeln ausreichend beschrieben, sondern ist ein Zwischenzustand, den man sich am besten durch Überlagerung beider Formeln vorstellen kann.

c) Es sind zwei Molekülsorten, die sich ineinander umwandeln lassen.

2.91 Bei welchen der unter a) bis d) dargestellten Fälle handelt es sich *nicht* um Mesomerie?

a) $|\overset{\oplus}{O}\equiv C-\overline{\underline{O}}|^\ominus \leftrightarrow \langle O=C=O\rangle \leftrightarrow {}^\ominus|\overline{\underline{O}}-C\equiv \overset{\oplus}{O}|$

b) $H-C\equiv N| \leftrightarrow H-\overset{\oplus}{N}\overset{\ominus}{\equiv C}|$

c) $|\overset{\ominus}{\underline{\overline{O}}}-\overset{\overline{N}}{\underset{}{}}\!\!\!{\scriptstyle\approx}\underline{O}| \leftrightarrow |\underline{O}{\scriptstyle\approx}\!\!\overset{\overline{N}}{\underset{}{}}-\underline{\overline{O}}|^{\ominus}$

d)

$$\begin{array}{c}|\overline{\underline{Cl}}|\quad|\overline{\underline{Cl}}|\\ \diagdown\;C=C\;\diagup\\ H\qquad H\end{array} \leftrightarrow \begin{array}{c}|\overline{\underline{Cl}}|\quad H\\ \diagdown\;C=C\;\diagup\\ H\qquad|\overline{\underline{Cl}}|\end{array}$$

2.92 Im Nitration NO_3^- sind alle N–O-Bindungen gleich. Die Lewis-Formel

$$\begin{array}{c}^{\ominus}|\overline{\underline{O}}|\\ \diagdown\\ ^{\oplus}N=O\\ _{\ominus}|\underline{O}|\diagup\end{array}$$

ist offenbar zur Beschreibung der Bindungsverhältnisse nicht ausreichend. Wie lassen sich die Bindungsverhältnisse im NO_3^--Ion besser darstellen?

2.93 a) Formulieren Sie die mesomeren Grenzstrukturen für das Ion ClO_3^-.

b) In BF_3 bildet das sp^2-hybridisierte B-Atom mit den F-Atomen σ-Bindungen (vgl. Aufg. 2.76). Zusätzlich bildet das freie p-Orbital des B-Atoms mit den p-Orbitalen der F-Atome eine delokalisierte p-p-π-Bindung. Formulieren Sie die mesomeren Grenzstrukturen.

2.94 Formulieren Sie die mesomeren Grenzstrukturen für das Ion PO_4^{3-}.

2.95 Für das Molekül O_3 sind drei Grenzstrukturen angegeben.

$$\underset{A}{|\underline{O}-\overset{\overline{\oplus}}{O}=\underline{O}|^{\ominus}} \leftrightarrow \underset{B}{|\underline{O}=\overline{O}=\underline{O}|} \leftrightarrow \underset{C}{^{\ominus}|\underline{O}-\overset{\overline{\oplus}}{O}=\underline{O}|}$$

Welche Formel ist falsch? Begründen Sie Ihre Antwort.

Molekülorbitaltheorie

Die MO-Theorie ist eines der umfassendsten Konzepte für die Darstellung der Bindung und elektronischen Struktur in Molekülen. Quantitative MO-Berechnungen sind mit leistungsfähigen Computern in verschiedenen Genauigkeiten möglich. Eine vollständige Darstellung der Bindung nach der MO-Theorie ist allerdings bildlich nicht so leicht zu erfassen. Lewis-Formeln, unter Umständen mit mesomeren Grenz-(Resonanz-)Strukturen, Valenzbindungs-Hybridorbitale oder das VSEPR-Konzept sind je nach Erklärungsziel eventuell besser geeignet.

An dieser Stelle kann keine lange Darstellung der MO-Theorie gegeben werden. Es sollen aber einige Punkte für ein besseres Verständnis der MO-Diagramme aufgezeigt werden. Ziel ist es, das qualitative Skizzieren einfacher Wechselwirkungsdiagramme zu erreichen. Dafür wird keine mathematische Abhandlung vorgenommen, sondern eine anschauliche Betrachtungsweise gewählt. Es wird lediglich vorausgesetzt, dass die übliche Form der s- und p-Orbitale (siehe Aufg. 1.61 und 1.64) und

Atombindung

die verschiedenen Überlappungsmöglichkeiten zwischen s- und p-Orbitalen, die zu Atombindungen führen, bekannt sind (siehe Antwort zu Aufg. 2.64).

Die Molekülorbitale werden durch Linearkombination der Atomorbitale erhalten. Man bezeichnet dies auch als LCAO-Beschreibung (LCAO = linear combination of atomic orbitals). Die Orbitalbasis der Hauptgruppenelemente wird aus dem einen ns und den drei np-Orbitalen gebildet (n ist die Hauptquantenzahl der Valenzschale, d. h. die Periode, in der das Element steht). Bei Übergangsmetallen kommen noch die (n–1)d-Orbitale hinzu.

Im Anschluss an die Antwort zu Aufg. 1.98 wurden die unterschiedlichen Vorzeichen (die Phasen) der Orbitallappen von p- (und d-)Orbitalen erläutert. In den bisherigen Aufgaben mit Orbitaldarstellungen (Aufg. 1.64, 1.65, 2.64, 2.70–2.75) wurden die Vorzeichen mit „+" und „–" gekennzeichnet. Eine weitere in der Literatur übliche Darstellung der unterschiedlichen Phasen der Orbitale ist die Verwendung von schwarzen und weißen, schraffierten und nicht schraffierten Orbitalen und Orbitallappen:

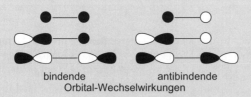

Es ist dabei unerheblich, ob schwarz für „+" oder „–" steht. Wichtig ist die relative Phase zweier Atomorbitale, die miteinander wechselwirken. Für eine bindende Wechselwirkung müssen die Orbitale mit gleicher Phase überlappen. Eine antibindende Wechselwirkung drückt sich durch entgegengesetzte Phasen aus:

bindende   antibindende
Orbital-Wechselwirkungen

Für die Kombination der Orbitale gelten die folgenden Regeln:

(1) Es sind nur Wechselwirkungen solcher Orbitale möglich, die die gleiche Symmetrie haben.

Beispiel: Es werden die Wechselwirkungen von Orbitalen in einem zweiatomigen Molekül (AB) bezüglich ihrer Symmetrie betrachtet:

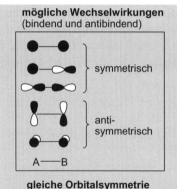
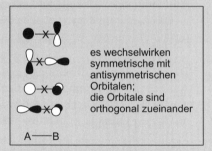

hier vereinfacht: symmetrisch oder antisymmetrisch bezüglich der Rotation um die Bindungsachse

Zur Molekül-(Punktgruppen-)Symmetrie siehe ab Aufg. 2.182.

(2) Für eine gute Orbitalwechselwirkung dürfen die Energien der beteiligten Atomorbitale nicht zu unterschiedlich sein.

Eine gute Orbitalwechselwirkung äußert sich in einer großen Aufspaltung zwischen bindender und antibindender Kombination bei gleichzeitiger starker Änderung der Energien der resultierenden Molekülorbitale relativ zu den Atomorbitalen:

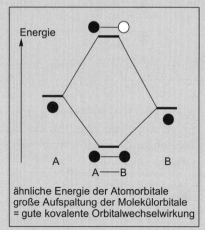
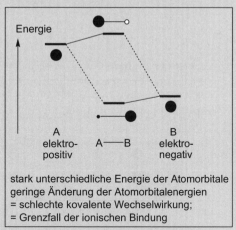

Bei deutlich unterschiedlichen Orbitalenergien, wie es zwischen einem stark elektropositiven und einem stark elektronegativen Bindungspartner der Fall ist, kommt man im Rahmen des MO-Modells zum Grenzfall der Ionenbindung. Die Energien der „Molekülorbitale" ändern sich gegenüber den beteiligten Atomorbitalen nur wenig. Der Orbitalbeitrag der Bindungspartner ist gering, was im darüberstehenden rechten Diagramm durch die unterschiedliche Größe der Orbitale und durch gestrichelte Linien illustriert wird.

Atombindung

> Allgemein gilt: Je elektronegativer ein Element, desto energetisch tiefer liegen seine Atomorbitale. Man kann auch sagen: Der elektronegative Charakter eines Elements ist durch eine tiefe energetische Lage seiner Atomorbitale gekennzeichnet. Elektropositive Elemente weisen sich durch energetisch hoch liegende Orbitale aus.

2.96 Die nachfolgende Abbildung zeigt Fragment-Orbitalkombinationen von zwei B-Atomen um ein Hauptgruppenelement-Zentralatom A in einer linearen und einer gewinkelten AB_2-Verbindung. Welche Orbitale des Zentralatoms A können jeweils mit der B_2-Orbitalkombination wechselwirken, d. h. haben die gleiche Symmetrie?

Ergänzen Sie jeweils die Orbitale an A mit der korrekten Phase für eine bindende und für eine antibindende Wechselwirkung.

Was ist der Effekt der Abwinklung für die A–B_2-Orbitalwechselwirkungen beim Vergleich zwischen linearer und gewinkelter Anordnung?

Welche AB_2-Orbitale haben jeweils im linearen und gewinkelten Fall dieselbe Symmetrie?

2.97 Gezeigt sind alle 12 Symmetrie-adaptierten Linearkombinationen (Fragment-Orbitale) der drei B-Atome (mit je einem s- und drei p-Orbitalen) um ein Hauptgruppenelement-Zentralatom A in einer planaren AB_3-Verbindung.

Ergänzen Sie jeweils die Orbitale an A mit der korrekten Phase für eine bindende und für eine antibindende Wechselwirkung mit den B_3-Fragmentorbitalen.

Welche AB_3-Molekülorbitale haben dieselbe Symmetrie?

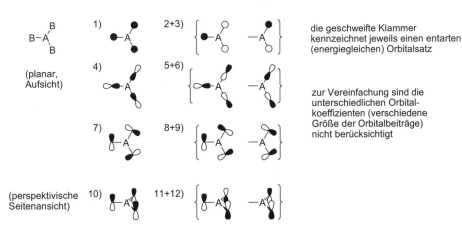

2.98 Gezeigt in 1) und 2) sind unterschiedliche relative Orbitalenergien von je einem p_σ-Orbital an den beiden Atomen A und B.

Skizzieren Sie die A–B-Orbitalwechselwirkungen mit dem bindenden und antibindenden Molekülorbital unter Berücksichtigung der relativen Orbitalenergien. Machen Sie dabei jeweils die relativen Beiträge der A- und B-Atomorbitale zu dem bindenden und dem antibindenden Molekülorbital mit einer Skizze der MOs deutlich.

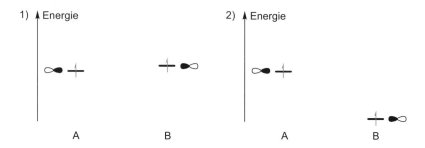

Beschreiben und interpretieren Sie die Unterschiede der A–B-Orbitalwechselwirkung in 1) und 2).

Was steckt hinter der unterschiedlichen Orbitalenergie des A- und B-Atoms?

2.99 Skizzieren Sie aus den angegebenen Orbitalen für das O-Atom und das H···H-Fragment das MO-Diagramm mit den Orbitalen des H_2O-Moleküls.

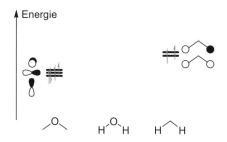

Interpretieren Sie das MO-Diagramm.

Was ändert sich, wenn am O-Atom das s-Orbital hinzukommt?

Worin liegt ein wesentlicher Unterschied bei der Beschreibung des H_2O-Moleküls mit sp^3-Hybridorbitalen und nach der MO-Theorie?

2.100 Skizzieren Sie aus den angegebenen Orbitalen des N-Atoms und des H_3-Fragments das MO-Diagramm mit den Orbitalen des NH_3-Moleküls. Ergänzen Sie die zweite Orbitalkombination des entarteten Satzes beim H_3-Fragment (sie muss wie die bereits gezeichnete Kombination eine Knotenebene aufweisen).

Atombindung

Interpretieren Sie das MO-Diagramm.

Worin liegt ein wesentlicher Unterschied bei der Beschreibung des NH_3-Moleküls mit sp^3-Hybridorbitalen und nach der MO-Theorie?

2.101 Skizzieren Sie aus den angegebenen Orbitalen des C-Atoms und des H_4-Fragments das MO-Diagramm mit den Orbitalen des CH_4-Moleküls. Ergänzen Sie die fehlenden beiden Orbitalkombinationen des H_4-Fragments (= leere Kästen).

Interpretieren Sie das MO-Diagramm.

Worin liegt ein wesentlicher Unterschied bei der Beschreibung des CH_4-Moleküls mit sp^3-Hybridorbitalen und nach der MO-Theorie?

Die perfekte Tetraedergeometrie des CH_4-Moleküls scheint mit der MO-Theorie aus der Überlappung der C- und H-Atomorbitale zunächst nicht so leicht nachvollziehbar, insbesondere wenn man an die 90°-Winkel der p-Orbitale am C-Atom denkt. Schaut man sich aber die Wechselwirkung der H-Atome mit den p-Orbitalen am C-Atom genau an, dann kann man auch aus der MO-Theorie die perfekte Tetraedergeometrie des CH_4-Moleküls plausibel machen. Wie? Versuchen Sie ein Bild zu skizzieren, was die perfekte Tetraedergeometrie aus der Wechselwirkung der C-p- mit den H-s-Atomorbitalen, d. h. ohne eine Hybridisierung am C-Atom plausibel macht (vgl. dazu den Hinweis auf S. 153 zu Abb. 2.70c in Riedel/Janiak, Anorganische Chemie, 8. Aufl.).

2.102 Skizzieren Sie aus den angegebenen Orbitalen des Xe-Atoms und des F⋯F-Fragments das partielle MO-Diagramm mit den Orbitalen des XeF$_2$-Moleküls.

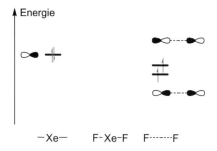

Interpretieren Sie das MO-Diagramm.

Was ändert sich, wenn Sie am Xe-Atom und an den F-Atomen die anderen p-Orbitale und die s-Orbitale hinzunehmen?

Vergleichen Sie die Bindungsbeschreibung für XeF$_2$ nach dem MO-Modell und einer Lewis-Formel unter Beachtung der Oktettregel.

Welche anderen Moleküle haben ein ähnliches qualitatives MO-Diagramm?

2.103 Skizzieren Sie aus den angegebenen Orbitalen des N-Atoms und des N⋯N-Fragments das MO-Diagramm mit den Orbitalen des N$_3^-$-, Azidions.

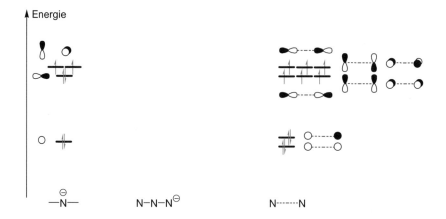

Interpretieren Sie das MO-Diagramm.

Vergleichen Sie die Bindungsbeschreibung für N$_3^-$ nach dem MO-Modell und einer Lewis-Formel.

Welche anderen Moleküle haben ein ähnliches MO-Diagramm?

Atombindung

Koordinationsgitter mit Atombindungen · Molekülgitter

2.104 Die Verbindung SiC kristallisiert in einem Atomgitter. Die Koordinationszahl beider Atomsorten ist vier.

a) Wovon hängt die Koordinationszahl der Atome in Atomgittern ab?

b) Wie kommen die Bindungen in SiC zustande?

c) Welche Eigenschaften hinsichtlich der Härte und des Schmelzpunktes erwarten Sie für SiC?

Härte	hart	weich
Schmelzpunkt	bis 100 °C	über 500 °C

2.105 Germanium steht in der 4. Hauptgruppe des PSE. Es kristallisiert in einem Atomgitter.

a) Wie kommen die Bindungen im Germaniumkristall zustande?
Welche Koordinationszahl haben die Germaniumatome?

b) Welche Eigenschaften hinsichtlich der Härte und des Schmelzpunktes (s. nächste Seite) erwarten Sie für Germanium?

Härte	hart	weich
Schmelzpunkt	bis 100 °C	über 500 °C

2.106 Welche Verwandtschaft besteht hinsichtlich der Anordnung der Atome zwischen dem Zinkblendegitter und dem Diamantgitter?

2.107 Welche allgemeine Regel gilt für Elementpaare, die im Zinkblendegitter kristallisieren, hinsichtlich der Valenzelektronen?

2.108 Worin besteht der wesentliche Unterschied zwischen einem Atomgitter und einem Molekülgitter?

2.109 Ordnen Sie die folgenden Begriffe und Stoffe in das Schema ein: Atombindung, Coulomb-Anziehung, van-der-Waals-Bindung, Ionen, Moleküle, Atome, stark, schwach, fest, gasförmig, CO, BaO, Si.

Kristallbausteine	Art der Bindung zwischen den Gitterbausteinen	Stärke der Bindung	Aggregatzustand unter normalen Bedingungen	Stoffe

2.110 Welche der folgenden Stoffe sind bei Raumtemperatur (20 °C) und 1 bar Druck
a) gasförmig,
b) fest?
CaO, SO_2, Al_2O_3, NH_3, C_2H_6, ClF, AlP, KBr, HCl, H_2S, MgO, Fe_2O_3, BN

2.111 Vergleichen Sie die Höhe der Siedepunkte (Sdp.) der angegebenen Stoffpaare unter Verwendung der Zeichen „>" oder „<".
a) Cl_2 I_2
b) C_3H_8 (Propan) C_4H_{10} (Butan)
c) CCl_4 CF_4

Der metallische Zustand

Kristallstrukturen der Metalle

2.112 Etwa 80 % der Metalle kristallisieren in einer der folgenden drei Gitterstrukturen:
Kubisch-dichteste Packung (kdp),
Kubisch-raumzentriertes Gitter (krz),
Hexagonal-dichteste Packung (hdp).

a) Ordnen Sie die fünf dargestellten Atomanordnungen den drei Strukturen zu und geben Sie die Koordinationszahlen an.

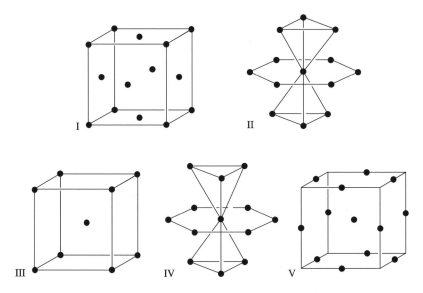

b) Liegt bei den Strukturen mit kdp und hdp gleiche oder unterschiedliche Raumerfüllung vor?

Der metallische Zustand

2.113 Geben Sie für die kdp-Struktur die Richtungen im Würfel der flächenzentrierten Elementarzelle an, die senkrecht zu den Ebenen dichtester Packung stehen.

2.114 Aus welchem Grunde sind die Metalle mit kubisch-dichtester Packung besser plastisch verformbar (z. B. beim Ziehen, Walzen, Schmieden) als Metalle mit hexagonal-dichtester Packung?

2.115 Was bedeutet Polymorphie bei einem Metall?
Nennen Sie ein Beispiel.

2.116 Beim Hochofenprozess zur Herstellung von Eisen erhält man Roheisen. Daraus erzeugt man Stahl. Wodurch unterscheiden sich reines Eisen, Roheisen und Stahl?

Physikalische Eigenschaften von Metallen · Elektronengas

2.117 Nennen Sie einige physikalische Eigenschaften, die für Metalle typisch sind.

2.118 Wie lässt sich die gute elektrische Leitfähigkeit der Metalle erklären?

2.119 Warum sind Metalle im Unterschied zu Ionenkristallen und Kristallen mit Atombindungen duktil?

2.120 Bei welchen Gittern sind die Valenzelektronen lokalisiert bzw. delokalisiert und die Bindungen gerichtet bzw. ungerichtet?

	Valenzelektronen	Bindungen
Metallgitter		
Ionengitter		
Atomgitter		

2.121 Skizzieren Sie die Änderung der Elektronendichte zwischen zwei benachbarten Gitterbausteinen
a) für einen Diamantkristall,
b) für einen Natriumkristall.

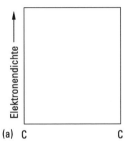
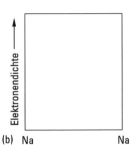

2.122 Warum findet man bei Ionenverbindungen viele verschiedene Gittertypen, während bei Metallen im Wesentlichen nur drei Typen auftreten.

2.123 Warum gibt es keine dichteste Kugelpackung in Molekülen mit kovalenter Bindung?

Energiebandschema von Metallen

2.124 Wenn sich aus den Atomen eines Metalldampfes ein Metallkristall bildet, dann entsteht aus den Atomorbitalen gleicher Energie der isolierten Atome im Metallkristall ein Energieband mit Zuständen unterschiedlicher Energie. Das folgende Diagramm zeigt schematisch diese Aufspaltung für die 2p- und die 3s-Orbitale.

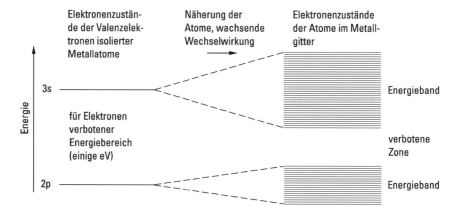

a) Wie viele Energiezustände,

b) Wie viele Quantenzustände

gibt es im s-Band eines Metallkristalls, der aus N Atomen besteht?

2.125 Wie viele Quantenzustände gibt es im p-Band?

2.126 In welcher Größenordnung liegen die Abstände der Energieniveaus innerhalb eines Bandes, wenn der Metallkristall 10^{20} Atome enthält?

2.127 Was verstehen Sie unter dem Begriff verbotene Zone? Welche Antwort ist richtig?

a) In diesem Bereich gilt das Pauli-Verbot.

b) In diesem Energiebereich gibt es keine Quantenzustände.

c) Dieser Energiebereich kann von einem Elektron nie überschritten werden.

d) In der verbotenen Zone gibt es Quantenzustände, die nicht besetzt werden.

e) Im Kristall treten Elektronen mit Energien, die in diesem Bereich liegen, nicht auf.

Der metallische Zustand

2.128 Von wie vielen Elektronen kann das p-Band eines Kristalls mit N Atomen maximal besetzt sein?

a) von beliebig vielen   b) 6 N   c) N   d) 3 N

2.129 Skizzieren Sie die Besetzung des 3s-Bandes eines Natriumkristalls.

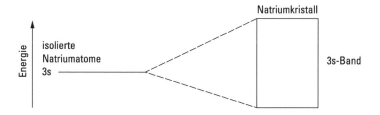

2.130 Erklären Sie mit Hilfe des in der vorhergehenden Aufgabe dargestellten Bandschemas die Bindung im Natriumkristall.

Metalle · Isolatoren · Halbleiter · Leuchtdioden

2.131 Die folgenden Bänderschemata sollen den drei Stoffklassen Metall, Isolator und Eigenhalbleiter zugeordnet werden.

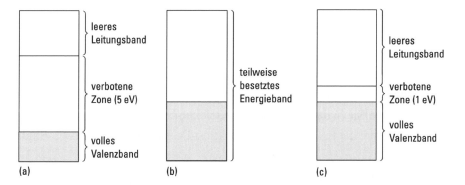

2.132 Wie groß ist bei Substanzen, für die die Bänderschemata a), b) und c) gelten, jeweils der Energiebetrag, der notwendig ist, um ein Elektron aus dem obersten besetzten Energieniveau in das nächsthöhere Energieniveau zu bringen?

2.133 Wie kann man die Isolatoreigenschaften mit dem gegebenen Bänderschema (Aufg. 2.131) erklären?

2.134 Wie kann man die Leitfähigkeit eines Metalls mit Hilfe des Bänderschemas (Aufg. 2.131) erklären?

2.135 Im Gegensatz zu Natrium (vgl. Aufg. 2.129) sollte in einem Magnesiumkristall das 3s-Band voll besetzt sein, da Magnesiumatome zwei s-Elektronen besitzen. Warum ist Magnesium trotzdem ein metallischer Leiter?

2.136 Bei Eigenhalbleitern ist bei T = 0 K das Valenzband wie bei Isolatoren voll besetzt.

a) Wie kann man die Leitfähigkeit bei Zimmertemperatur erklären?

b) Warum nimmt im Gegensatz zu Metallen die Leitfähigkeit mit steigender Temperatur zu?

2.137 Was versteht man unter dem Begriff „Defektelektron"?

2.138 Silicium ist ein Eigenhalbleiter mit einer verbotenen Zone von 1,1 eV. Skizzieren Sie das Bänderschema für Silicium. Zeichnen Sie die auftretenden Ladungsträger ein.

2.139 In der folgenden Skizze ist ein Ausschnitt des Siliciumgitters dargestellt (Si kristallisiert im Diamantgitter, vgl. Antwort zu Aufg. 2.106).

a) Welche Rolle spielen die Elektronen des Valenzbandes bei der chemischen Bindung?

b) Zeichnen Sie in das Gitter ein Defektelektron und ein Leitungselektron ein.

Was bedeutet die Erzeugung eines Elektron-Defektelektron-Paares im Bindungsbild?

2.140 Bei den folgenden Elementen der 4. Hauptgruppe, die in der Diamantstruktur kristallisieren, nimmt die Bindungsfestigkeit mit wachsender Ordnungszahl ab. Dies zeigen sehr eindrucksvoll die Schmelzpunkte.

	Schmelzpunkte
C (Diamant)	oberhalb 3000 °C
Si	1410 °C
Ge	947 °C
Sn (grau)	Umwandlung in eine metallische Modifikation oberhalb 13 °C

Wie ändert sich bei den angegebenen Elementen die Breite der verbotenen Zone?

2.141 Verbindungen, wie z. B. GaAs, bezeichnet man als III-V-Verbindungen, da sie von Elementen der 3. und 5. Hauptgruppe gebildet werden. Sie kristallisieren in der Zinkblende-Struktur, die mit der Diamant-Struktur verwandt ist (vgl. Aufg. 2.13 und Aufg. 2.106).

Welchen Leitungstyp (Metall, Isolator, Halbleiter) erwarten Sie bei III-V-Verbindungen?

2.142 Substituiert man in einem Siliciumkristall einige Si-Atome durch As-Atome, nimmt die Leitfähigkeit zu.

a) Wie kann man die gegenüber reinem Silicium erhöhte Leitfähigkeit erklären?

b) Zeichnen Sie das Energiebänderschema des mit Arsen dotierten Siliciums. Zeichnen Sie wie in Aufg. 2.138 die auftretenden Ladungsträger ein.

c) Welcher Leitungstyp (n-Leiter oder p-Leiter) entsteht?

2.143 Beantworten Sie die Fragen a) bis c) der Aufg. 2.142 für einen mit Indium dotierten Siliciumkristall.

Zeichnen Sie unter a) ein entsprechendes Gitter wie in der Antwort der Aufg. 2.142a.

2.144 Warum muss das in der Halbleitertechnik verwendete Silicium extrem rein sein?

2.145 Die elektrische Leitfähigkeit von Elektrolyten liegt in derselben Größenordnung wie die der Halbleiter und nimmt ebenso mit steigender Temperatur zu.

Welche der folgenden Aussagen ist richtig?

a) Es gibt keinen prinzipiellen Unterschied zwischen Elektrolyten und Halbleitern.

b) Der wesentliche Unterschied ist der Leitungsmechanismus.

c) Der wesentliche Unterschied ist der Aggregatzustand.

2.146 a) Welche Halbleiter bezeichnet man als Hopping-Halbleiter?

b) Welche Beispiele kennen Sie?

2.147 Was ist bei einer Leuchtdiode (LED) das Prinzip der Entstehung von Licht?

Schätzen Sie wie viel Prozent der elektrischen Energie weltweit für Beleuchtungszwecke mit konventionellen Lichtquellen wie Glüh-, Halogen- und Fluoreszenzlampen (Leuchtstofflampen, „Neonröhren") verbraucht wird.

Supraleitung

2.148 Was bedeutet Supraleitung?

2.149 Was sind Hochtemperatursupraleiter?

Schmelzdiagramme von Zweistoffsystemen

2.150 Welche Aussagen treffen für einen Mischkristall zu?

a) Er besteht aus einem innigen Gemisch zweier Kristallsorten.

b) Eine Atomsorte in einem Kristall wird teilweise statistisch durch eine andere ersetzt, wobei das Kristallgitter erhalten bleibt.

c) In die Lücken eines Kristallgitters ist eine andere Atomsorte eingelagert.

d) Es handelt sich um eine Mischung zweier Teilchensorten auf den gleichen Gitterplätzen eines Kristallgitters.

2.151 Die Gitter a) und b) bestehen aus der durch Kreise ○ symbolisierten Atomsorte. Mit der Atomsorte ● bilden sich Mischkristalle.

Zeichnen Sie die Anordnung der Atome

a) in einem Substitutionsmischkristall,

b) in einem Einlagerungsmischkristall.

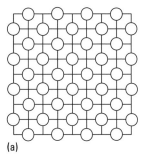
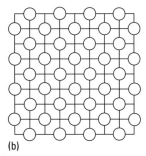

2.152 Was bedeutet unbegrenzte Mischbarkeit im festen Zustand?

2.153 Welche der folgenden Bedingungen müssen erfüllt sein, damit zwei Metalle unbegrenzt mischbar sind?

a) Sie müssen in derselben Gruppe des PSE stehen.

b) Sie müssen in demselben Gittertyp kristallisieren.

c) Die Atomradien dürfen sich nicht um mehr als etwa 15% unterscheiden.

d) Sie müssen Substitutionsmischkristalle bilden.

2.154 Schmelzdiagramme sind Phasendiagramme bei konstantem Druck. Lösen Sie für das dargestellte Schmelzdiagramm folgende Aufgaben:

a) Zeichnen Sie die Schmelzpunkte der Stoffe A und B ein.

b) Kennzeichnen Sie die Liquidus- und die Soliduskurve.

c) Was bedeutet die zwischen der Liquidus- und der Soliduskurve eingezeichnete waagerechte Linie?

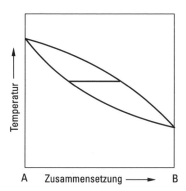

2.155

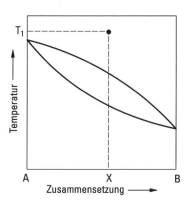

Eine Schmelze mit der Zusammensetzung X und der Temperatur T_1 wird abgekühlt.

a) Kennzeichnen Sie auf der A-B-Achse des Schmelzdiagramms die Zusammensetzung der Mischkristalle, die sich zu Beginn der Kristallisation ausscheiden.

b) Beim raschen Abkühlen der Schmelze kristallisieren inhomogen zusammengesetzte Mischkristalle aus. Nimmt in einem Mischkristall nach innen die Konzentration an A oder die Konzentration an B zu?

c) Welche Zusammensetzung hat beim schnellen Abkühlen der Schmelze der letzte Flüssigkeitstropfen?

d) Die Schmelze wird extrem langsam abgekühlt. Welche Zusammensetzung haben die Mischkristalle?

2.156 Ein Mischkristall der Zusammensetzung Y wird in einem Thermostaten auf die Temperatur T_2 gebracht. Welche Phasen liegen nach Einstellung des Gleichgewichts vor?

(Angabe der Zusammensetzung auf der A-B-Achse)

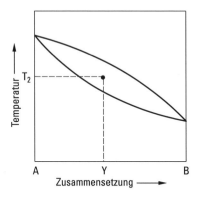

2.157 Für die Metalle Cadmium und Bismut gilt das folgende Schmelzdiagramm.

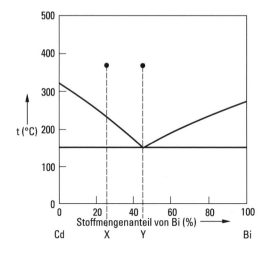

a) Welche Kristalle scheiden sich beim Abkühlen einer Schmelze der Zusammensetzung X aus?

b) Welche Kristalle scheiden sich beim Abkühlen einer Schmelze der Zusammensetzung Y am eutektischen Punkt E aus?

c) Wodurch ist der eutektische Punkt ausgezeichnet?

d) Warum kann sich aus einer Schmelze der Zusammensetzung X im Verlauf der Kristallisation niemals reines Bismut ausscheiden?

2.158 Kristalle des Stoffes A und des Stoffes B werden bei der Temperatur T_1 im Gewichtsverhältnis 1 : 3 innig vermischt. Was bildet sich aus dem Kristallgemisch?

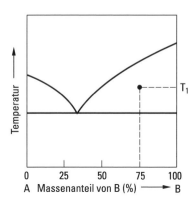

2.159

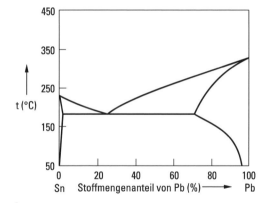

Lösen Sie für das System Sn-Pb folgende Aufgaben:

a) Kennzeichnen Sie im Schmelzdiagramm die Zusammensetzung der Kristalle, die am eutektischen Punkt auskristallisieren.

b) Zeichnen Sie die Breite der Mischungslücke bei 150 °C ein.

c) Wie ändert sich die Löslichkeit von Sn in Pb unterhalb der eutektischen Temperatur?

d) Gibt es Mischkristalle mit 10% Pb und 90% Sn?

e) Gibt es Mischkristalle mit 10% Sn und 90% Pb?

2.160 a) Kennzeichnen Sie im Schmelzdiagramm Ag-Cu die Zusammensetzung der Mischkristalle, die sich aus einer Schmelze mit 20% Cu bei beginnender Kristallisation ausscheiden.

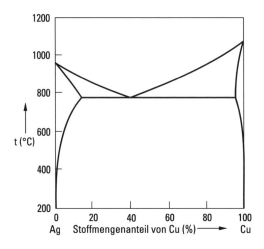

b) Diese Mischkristalle werden der Schmelze entnommen und bei 600 °C getempert. Welcher Prozess findet statt?

c) Was geschieht, wenn man diese Mischkristalle schnell auf Zimmertemperatur abkühlt (abschreckt)?

2.161

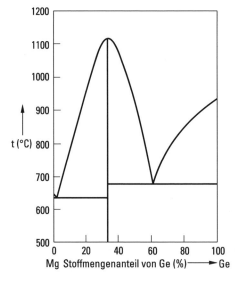

a) Kennzeichnen Sie im Schmelzdiagramm Mg-Ge die eutektischen Punkte und das Schmelzpunktmaximum.

b) Wodurch entsteht das Schmelzpunktmaximum?

c) Treten in diesem System Mischkristalle auf?

2.162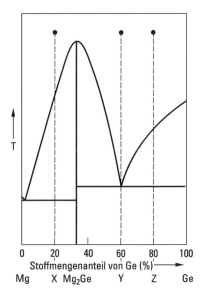

Welche Stoffe scheiden sich beim Abkühlen von Schmelzen der Zusammensetzungen X, Y und Z aus?

2.163 Was versteht man unter a) inkongruentem, b) kongruentem Schmelzen einer intermetallischen Phase?

2.164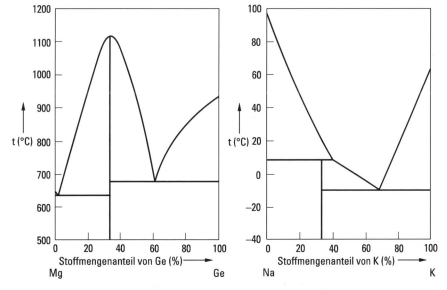

a) Nennen Sie die beiden wesentlichen Merkmale, die sowohl für das System Mg-Ge als auch für das System Na-K gelten.

b) In welchen beiden wichtigen Eigenschaften unterscheiden sich die Systeme?

2.165

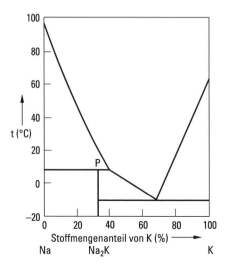

a) Die Phase Na$_2$K wird erwärmt. Was geschieht am peritektischen Punkt P?

b) Kennzeichnen Sie den Bereich der Zusammensetzung der Schmelze, aus der Na$_2$K auskristallisiert.

2.166 Eine Schmelze, die genau die Zusammensetzung der Phase Na$_2$K hat, wird abgekühlt. Welche Vorgänge laufen nacheinander ab? (vgl. Aufg. 2.165)

2.167

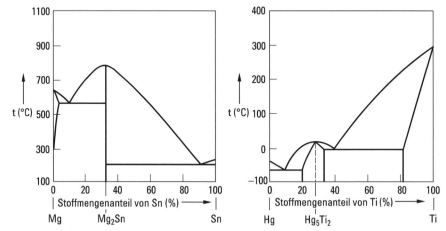

Sowohl im System Mg-Sn als auch im System Hg-Tl tritt eine intermetallische Phase mit Schmelzpunktmaximum auf. Worin unterscheiden sich die beiden Systeme aber?

2.168

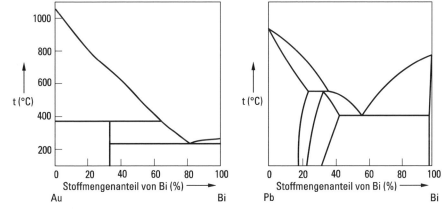

Vergleichen Sie die Schmelzdiagramme Au-Bi und Pb-Bi.
a) Was ist beiden Systemen gemeinsam?
b) Was sind die wesentlichen Unterschiede?

2.169 Welche grundlegenden Unterschiede bestehen hinsichtlich der Stöchiometrie zwischen Ionenverbindungen und kovalenten Verbindungen einerseits und intermetallischen Verbindungen andererseits?

2.170 Kennzeichnen Sie in den gegebenen Schmelzdiagrammen

Liquiduskurven (L),   Soliduskurven (S),

Mischungslücken,   Mischkristallbereiche.

Geben Sie an, ob die Stoffe A und B im festen Zustand unbegrenzt, begrenzt oder nicht mischbar sind.

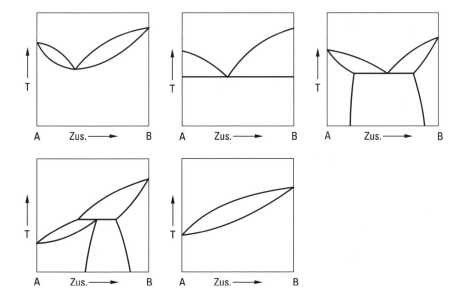

2.171 Kennzeichnen Sie bei den folgenden Typen von Schmelzdiagrammen die Phasenbereiche.

Benutzen Sie die Symbole: S = Schmelze, M = Mischkristall, M_A = A-reicher Mischkristall, M_B = B-reicher Mischkristall.

Beispiel:

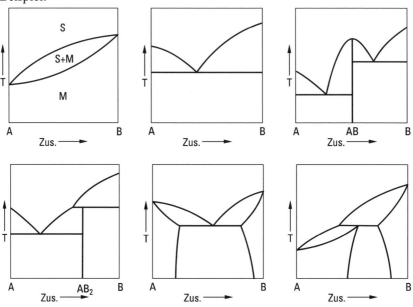

2.172

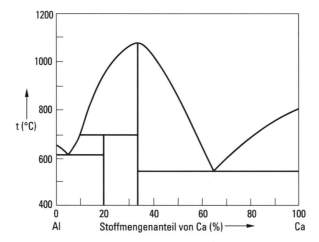

Welche Zusammensetzung haben die im System Al-Ca auftretenden Phasen? Kennzeichnen Sie wie in Aufg. 2.171 die Phasenbereiche.

2.173

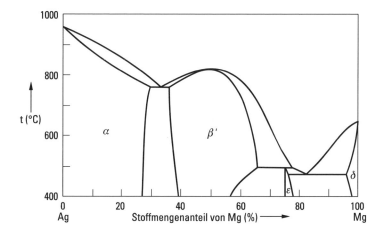

a) Tragen Sie im System Ag-Mg die eutektischen und die peritektischen Punkte ein.
b) Kennzeichnen Sie die Zweiphasengebiete flüssig-fest durch helle Grautönung.
c) Füllen Sie die Zweiphasengebiete fest-fest (Mischungslücken) dunkelgrau aus.

Van-der-Waals-Kräfte

2.174 Welche Wechselwirkungen verursachen die van-der-Waals-Kräfte?

2.175 Welche Wechselwirkung ist für die van-der-Waals-Kräfte am Wichtigsten?

2.176 Wie entsteht ein fluktuierender Dipol?

2.177 Die Siedepunkte nehmen mit wachsender Ordnungszahl vom Helium zum Xenon zu. Warum ist dies so?

2.178 Was versteht man unter „weichen" und „harten" Atomen?

2.179 Vergleichen Sie die Atome der Paare F – Br, O – Se und N – As. Welches sind die härteren Atome?

2.180 a) Bei welcher Gruppe der kristallinen Feststoffe sind die van-der-Waals-Kräfte für die Bindungsenergie entscheidend? Nennen Sie Beispiele.
b) Welche signifikanten Eigenschaften haben diese Feststoffe?

2.181 Welche Rolle spielen die van-der-Waals-Kräfte bei Graphit, Arsen$_{grau}$, Selen$_{grau}$ und Talk?

Molekülsymmetrie

2.182 Sie haben einen Punkt mit den Koordinaten (x, y, z) im kartesischen Koordinatensystem:

Geben Sie die Koordinaten des Punktes nach den folgenden Symmetrieoperationen an:

a) Drehung um 180° mit C_2-Achse kolinear zur z-Achse,

b) Spiegelung an xy-Ebene (σ),

c) Punktspiegelung (i) im Ursprung,

d) Operation S_2 mit S_2-Achse kolinear zu x-Achse.

2.183 Sie haben einen Punkt mit den Koordinaten (x, y, z) im kartesischen Koordinatensystem (vgl. Aufg. 2.182).

a) Welche Symmetrieoperation ergibt die Transformation (x, y, z) → (–x, y, –z)?

b) Welche Folgen aus *zwei* Symmetrieoperationen (ohne die Identität) ergeben die Transformation (x, y, z) → (x, –y, –z)? (mindestens sechs mögliche Antworten.)

b) Welche Symmetrieoperation gibt die Transformation (x, y, z) → (–y, x, z)? (Vertauschung von |x| und |y|!)

2.184 Finden und zeichnen (oder beschreiben) Sie die Lage der Symmetrieelemente für die folgenden Moleküle:

a) $[O=N=O]^-$

b) $Cl-As(=O)(Cl)Cl$ (mit Cl, Cl, Cl und =O)

c) $[O-N(=O)-O]^-$

d) Cl_3PF_2 (Cl...P–Cl mit F axial)

e) $H-O-N(=O)O$

f) $Cl_4As_2O_3$ (zwei As mit verbrückenden O)

g) $[XeF_4]^+$ (F–Xe–F = 80,5°)

h) $Cl_2C=CH_2$ mit ClHC=CHCl (Cl und H)

i) (Naphthalin)

j) (Cyclohexan-Sessel)

k) SF_4 (F–S–F = 101,6° und 173,1°)

l) (Benzol)

3. Die chemische Reaktion

Mengenangaben bei chemischen Reaktionen

Mol · Avogadro-Konstante · Stoffmenge

3.1 Wie ist die Einheit Mol definiert?

3.2 Wie viel g sind
a) 1 mol SO_2,
b) 1 mol Na_2SO_4 ?
Atommassen: O 16,0; Na 23,0; S 32,1

3.3 Wie viel mol sind
a) 120,3 g Ca,
b) 120 g CaO,
c) 120 g MgO ?
Atommassen: Ca 40,1; Mg 24,3

3.4 Wie viel g Sauerstoff müssen sich mit 100 g Eisen verbinden, damit daraus Fe_2O_3 entsteht? Die Atommasse von Fe beträgt 55,8.

3.5 In welchem Massenverhältnis reagiert H_2 mit O_2 zu H_2O?
Reaktionsgleichung: $H_2 + \frac{1}{2}O_2 \rightarrow H_2O$

3.6 0,42 g einer Verbindung, die nur Kohlenstoff und Wasserstoff enthält, werden zu CO_2 und H_2O verbrannt. Es entstehen 0,54 g H_2O und 1,32 g CO_2.
a) Welche allgemeine Summenformel hat die Verbindung?
b) Ist die Angabe sowohl der entstandenen H_2O-Menge als auch der CO_2-Menge erforderlich, oder genügt eine der beiden Angaben?

3.7 3,20 g eines Eisenoxids werden mit CO zu elementarem Eisen reduziert. Es entstehen 2,24 g Eisen. Geben Sie die Formel des Eisenoxids an.

3.8 Der Chemiker rechnet vorzugsweise mit der Stoffmenge (Einheit mol) und nicht mit der Masse (übliche Einheit g oder kg). Welchen Vorteil hat dies?

3.9 Für die Synthese von B_2H_6 gemäß der Gleichung
$$4\ BCl_3 + 3\ LiAlH_4 \rightarrow 2\ B_2H_6 + 3\ LiAlCl_4$$
sollen 3,0 g BCl_3 eingesetzt werden.
a) Wie viel g $LiAlH_4$ werden benötigt?
b) Wie viel g B_2H_6 würden bei 100%iger Ausbeute entstehen?
c) Tatsächlich werden nur 0,24 g B_2H_6 erhalten. Wie hoch ist die prozentuale Ausbeute?
d) Schreiben Sie die Gramm- und Stoffmengen für den Ansatz von 3,0 g BCl_3 unter die Reaktionsgleichung.
relative Atommassen: B 10,8; Cl 35,5; Li 6,9; Al 27,0; H 1,0.

3.10 Sie wollen bei der folgenden Reaktion mindestens 2,0 g CuI-Produkt erhalten und erwarten eine 80%ige Ausbeute. Wie viel g der Edukte müssen dann mindestens eingesetzt werden?
Schreiben Sie die Gramm- und Stoffmengen unter die Reaktionsgleichung.
$$CuCl_2 + 2\ KI \rightarrow CuI + 2\ KCl + \tfrac{1}{2}I_2$$
relative Atommassen: Cu 63,5; Cl 35,5; K 39,1; I 126,9.

3.11 Berechnen Sie die C-, H- und N-Massenanteile (Masse-, Gewichtsprozent) in der Verbindung $[(C_{10}H_8N_2)_3Fe](NO_3)_2$.
relative Atommassen: C 12,011; H 1,008; N 14,007; Fe 55,847; O 15,999.

Zustandsänderungen, Gleichgewichte und Kinetik

Gasgesetz · Partialdruck

3.12 Bei welchen Zustandsänderungen nähert sich der Zustand eines Gases dem idealen Zustand?
a) Druckerhöhung
b) Temperaturerhöhung
c) Druckerniedrigung
d) Temperaturerniedrigung
e) Erniedrigung der Teilchenzahl (bei konstantem Volumen)
Geben Sie eine Begründung.

3.13 Wie viel °C sind 123 K?

3.14 a) Bei welcher Temperatur siedet flüssiges Helium?
b) Bei welcher Temperatur siedet flüssiger Stickstoff?

3.15 Berechnen Sie für ein Mol eines idealen Gases das Volumen bei 0 °C und 1,013 bar.
R = 0,083 l bar mol^{-1} K^{-1}

3.16 1 l Luft von 20 °C und 0,98 bar wird erwärmt.
Wie groß ist der Druck bei 100 °C, wenn das Volumen unverändert bleibt?

3.17 1 l Luft von 20 °C wird bei konstantem Druck auf 100 °C erwärmt.
Welches Volumen nimmt die Luftmenge bei 100 °C ein?

3.18 500 ml eines Gases wiegen bei 100 °C und 0,5 bar 0,229 g.
a) Wie groß ist die Molekülmasse (Molekulargewicht) des Gases?
b) Um welches Gas könnte es sich handeln?

3.19 Wie groß sind die Partialdrücke von H_2 und N_2 in einem Gasgemisch mit den Volumenanteilen 70% H_2 und 30% N_2 bei einem Gesamtdruck von 10 bar?

3.20 In Luft mit dem Gesamtdruck 1 bar befindet sich ein Volumenanteil von 1% Argon. Wie groß ist der Partialdruck des Argons?

Phasendiagramm · Dampfdruck · Kritischer Punkt

3.21 a) Wie lautet das ideale Gasgesetz bei konstanter Temperatur und konstanter Stoffmenge?

b) Zeichnen Sie in das Koordinatensystem für ein ideales Gas die Abhängigkeit des Drucks vom Volumen bei konstanter Temperatur und konstanter Stoffmenge ein.

c) Zeichnen Sie eine weitere Kurve für eine höhere Temperatur ein.

d) Schraffieren Sie den Bereich, in dem bei einem realen Gas starke Abweichungen vom idealen Verhalten zu erwarten sind.

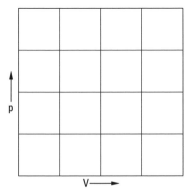

3.22

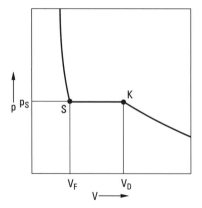

Interpretieren Sie die im p–V-Diagramm eingezeichnete Isotherme. Betrachten Sie den Verlauf der Isotherme von rechts nach links. Was bedeuten die Punkte K und S?

3.23 Die Abbildung zeigt schematisch das Phasendiagramm des Wassers.

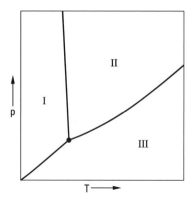

a) Was bedeuten die Gebiete I, II und III des Phasendiagramms?

Wie heißen die drei eingezeichneten Kurven?

b) Welche Bedeutung hat der Schnittpunkt der drei Kurven; wie heißt dieser Punkt?

3.24 Festes CO_2 sublimiert bei Normaldruck. Die Temperatur des Tripelpunktes beträgt −57 °C.

a) In welchem Druckbereich liegt der Tripelpunkt des CO_2?

b) In welchem Temperaturbereich sublimiert CO_2?

Zustandsänderungen, Gleichgewichte und Kinetik

3.25 Gegeben sind die kritischen Temperaturen folgender Stoffe:

	T_{kr} (K)
H_2	33
O_2	154
C_3H_8 (Propan)	370
C_4H_{10} (Butan)	425

a) Welche der genannten Stoffe liegen in einer Stahldruckflasche bei Raumtemperatur verflüssigt vor?

b) Wie ändert sich der Druck in der Stahlflasche bei der Gasentnahme?

3.26 Warum kann man Stickstoff nicht als Treibgas in Spraydosen verwenden?

Reaktionsenthalpie · Satz von Heß · Standardbildungsenthalpie

3.27 Welche Aussagen stecken in der folgenden chemischen Reaktionsgleichung?

$H_2 + Cl_2 \rightarrow 2\, HCl$

3.28 Gegeben ist folgende Reaktionsgleichung mit Stoff- und Energieumsatz:

$H_2 + Cl_2 \rightarrow 2\, HCl \qquad \Delta H = -185\ kJ/mol$

a) Was bedeutet das Symbol Δ in der Reaktionsgleichung?

b) Was bedeutet ΔH?

c) Formulieren Sie diese Reaktion für die Bildung von 1 mol HCl mit Stoff- und Energieumsatz.

3.29 Setzen Sie in die leeren Kästchen ein: ΔH positiv, ΔH negativ, exotherme Reaktion, endotherme Reaktion.

Energie wird frei		
Energie muss zugeführt werden		

3.30 Warum ist die Angabe eines ΔH-Wertes für eine chemische Reaktion ohne gleichzeitige Angabe von Druck und Temperatur unvollständig?

3.31 In der Reaktionsgleichung
$$H_2 + Cl_2 \rightarrow 2\ HCl \qquad \Delta H^\circ_{293} = -183\ kJ/mol$$
ist der Anfangszustand und Endzustand der Reaktion eindeutig festgelegt.
a) Was bedeutet der Index °?
b) Für welche Temperatur ist die Reaktionsenthalpie angegeben?

3.32 Auf welchen Standardzustand von H_2O bezieht sich die Standardreaktionsenthalpie ΔH°_{298} der folgenden Reaktion?
$$CO + H_2O\ (g) \rightarrow CO_2 + H_2 \qquad \Delta H^\circ_{298} = -41\ kJ/mol$$

3.33 Nach dem Satz von Heß ist ΔH eine Zustandsgröße. Was bedeutet das?

3.34 Gegeben sind die Standardreaktionsenthalpien der beiden Reaktionen für 298 K:
$$S\ (s) + O_2 \rightarrow SO_2 \qquad \Delta H^\circ_{298} = -297\ kJ/mol$$
$$S\ (s) + \tfrac{3}{2}O_2 \rightarrow SO_3 \qquad \Delta H^\circ_{298} = -396\ kJ/mol$$
Wie groß ist ΔH°_{298} für die folgende Reaktion?
$$SO_2 + \tfrac{1}{2}O_2 \rightarrow SO_3$$

3.35 Die Reaktionsenthalpie der Reaktion
$$\text{I} \quad C\ (s) + \tfrac{1}{2}O_2 \rightarrow CO$$
kann nicht experimentell bestimmt werden. Berechnen Sie ΔH°_{298} aus den Standardreaktionsenthalpien der Reaktionen II und III.
$$\text{II} \quad C\ (s) + O_2 \rightarrow CO_2 \qquad \Delta H^\circ_{298} = -394\ kJ/mol$$
$$\text{III} \quad CO + \tfrac{1}{2}O_2 \rightarrow CO_2 \qquad \Delta H^\circ_{298} = -283\ kJ/mol$$

3.36 Wie ist die Standardbildungsenthalpie ΔH°_B einer Verbindung definiert?

3.37 Für die folgenden Reaktionen sind die Standardreaktionsenthalpien angegeben. Wie groß sind die Standardbildungsenthalpien ΔH°_B von $H_2O\ (g)$ und $H_2O\ (l)$?

a) $2\ H + O \rightarrow H_2O\ (g) \qquad \Delta H^\circ_{298} = -927\ kJ/mol$

b) $2\ H_2 + O_2 \rightarrow 2\ H_2O\ (g) \qquad \Delta H^\circ_{298} = -484\ kJ/mol$

c) $3\ H_2 + O_3 \rightarrow 3\ H_2O\ (g) \qquad \Delta H^\circ_{298} = -868\ kJ/mol$

d) $H_2 + \tfrac{1}{2}O_2 \rightarrow H_2O\ (l) \qquad \Delta H^\circ_{298} = -286\ kJ/mol$

3.38 Gegeben sind folgende Standardreaktionsenthalpien:

$$C_{Graphit} + O_2 \rightarrow CO_2 \qquad \Delta H^o_{298} = -394 \text{ kJ/mol}$$

$$C_{Diamant} + O_2 \rightarrow CO_2 \qquad \Delta H^o_{298} = -396 \text{ kJ/mol}$$

Welche der beiden Reaktionsenthalpien ist die Standardbildungsenthalpie von CO_2?

3.39 a) Die Standardbildungsenthalpie von Sauerstoffatomen ist $\Delta H^o_B(O) = +249$ kJ/mol. Formulieren Sie die Reaktionsgleichung mit Stoff- und Energieumsatz.

b) Gegeben sind die Standardbildungsenthalpien von O und NO:

$$\Delta H^o_B(O) = +249 \text{ kJ/mol}, \quad \Delta H^o_B(NO) = +90 \text{ kJ/mol}$$

Berechnen Sie die Standardreaktionsenthalpie bei 298K für die folgende Reaktion:

$$\tfrac{1}{2} N_2 + O \rightarrow NO$$

Chemisches Gleichgewicht · Massenwirkungsgesetz (MWG) · Prinzip von Le Chatelier

3.40 a) Welche Aussagen stecken in der folgenden Reaktionsgleichung?

$$SO_2 + \tfrac{1}{2} O_2 \rightarrow SO_3 \qquad \Delta H^o_{298} = -99 \text{ kJ/mol}$$

b) Sagt diese Reaktionsgleichung aus, dass ein Gemisch aus 1 mol SO_2 und $\tfrac{1}{2}$ mol O_2 sich restlos zu SO_3 umsetzen?

3.41 Ein Gemisch aus 1 mol SO_2 und $\tfrac{1}{2}$ mol O_2 setzt sich nicht vollständig zu SO_3 um. Es stellt sich ein Gleichgewicht ein. Durch welche Schreibweise wird das Auftreten eines Gleichgewichts in der chemischen Reaktionsgleichung symbolisiert?

3.42 Die Reaktion

$$H_2 + CO_2 \rightarrow H_2O \text{ (g)} + CO$$

soll vollständig ablaufen. Tragen Sie in das gegebene Diagramm die Änderung der Stoffmengen von H_2, CO_2, H_2O und CO ein. Zu Beginn der Reaktion sind 2 mol H_2 und 2 mol CO_2 vorhanden.

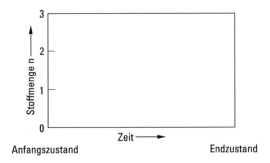

3.43 Die Reaktion

$$H_2 + CO_2 \rightleftharpoons H_2O\,(g) + CO$$

läuft nicht vollständig ab. Es stellt sich ein Gleichgewicht ein. Der in Aufg. 3.42 angegebene Endzustand wird in Wirklichkeit nicht erreicht.

a) In ein Reaktionsgefäß von 1 l werden bei einer bestimmten Temperatur 2 mol H_2 und 2 mol CO_2 gebracht. Im Gleichgewichtszustand sind 1,5 mol H_2 vorhanden. Tragen Sie die Änderung der Stoffmengen aller vier Stoffe in das Diagramm ein.

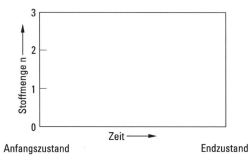

b) In das Reaktionsgefäß werden bei derselben Temperatur wie unter a) 2 mol H_2O und 2 mol CO gegeben. Wie ändern sich die Stoffmengen der vier Reaktionsteilnehmer (Diagramm analog zu a)?

c) Es werden bei derselben Temperatur wie unter a) und b) 1 mol H_2, 1 mol CO_2, 1 mol H_2O und 1 mol CO zur Reaktion gebracht. Wie ändern sich die Stoffmengen (Diagramm analog zu a)?

3.44 Unter den in Aufg. 3.43 genannten Reaktionsbedingungen werden 4 mol H_2 und 2 mol CO_2 zur Reaktion gebracht.

a) Warum können in diesem Fall nicht 0,5 mol CO und 0,5 mol H_2O im Gleichgewichtszustand vorliegen?

b) Überprüfen Sie, ob nach Bildung von 0,7 mol CO das Gleichgewicht erreicht ist.

3.45 Formulieren Sie das Massenwirkungsgesetz (MWG) für die Reaktionen a) und b) mit Konzentrationen, für die Reaktionen c) und d) mit Partialdrücken.

a) $2\,NO + O_2 \rightleftharpoons 2\,NO_2$

b) $C\,(s) + H_2O\,(g) \rightleftharpoons H_2 + CO$

c) $I_2\,(g) \rightleftharpoons 2\,I$

d) $C\,(s) + CO_2 \rightleftharpoons 2\,CO$

Welche Gleichgewichte sind homogen, welche heterogen?

Zustandsänderungen, Gleichgewichte und Kinetik

3.46 Zeigen Sie, welche Beziehung zwischen der Konstante K_p für die Reaktionsgleichung

$$\tfrac{1}{2}I_2 + \tfrac{1}{2}H_2 \rightleftharpoons HI$$

und der Konstante K_p' für die Reaktionsgleichung

$$I_2 + H_2 \rightleftharpoons 2\,HI$$

besteht.

3.47 Für die Reaktionsgleichung $\tfrac{1}{2}H_2 + \tfrac{1}{2}Cl_2 \rightleftharpoons HCl$ ist $\lg K_p = 16{,}7$.

a) Wie groß ist $\lg K_p'$ für die Reaktionsgleichung $H_2 + Cl_2 \rightleftharpoons 2\,HCl$?

b) Wie groß ist $\lg K_p''$ für die Reaktionsgleichung $HCl \rightleftharpoons \tfrac{1}{2}H_2 + \tfrac{1}{2}Cl_2$?

3.48 Für die Reaktion $H_2 + CO_2 \rightleftharpoons H_2O + CO$ ist bei etwa 800 °C $K_c = 1$. Zu Beginn der Reaktion sind 1 mol H_2, 2 mol CO_2 und 1 mol H_2O vorhanden. Das Reaktionsvolumen beträgt 100 l. Berechnen Sie die Gleichgewichtskonzentrationen.

Es ist zweckmäßig, das MWG mit Stoffmengen zu formulieren und zunächst die Stoffmengen für den Gleichgewichtszustand auszurechnen. Bezeichnen Sie die entstehenden Mole CO mit x.

3.49 Berechnen Sie die Gleichgewichtskonzentrationen für die Ausgangsmengen 1 mol H_2, 1 mol CO_2 und 2 mol H_2O.

3.50 Zeigen Sie für die Reaktion $I_2 \rightleftharpoons 2\,I$ wie K_p und K_c zusammenhängen. Benutzen Sie dazu das ideale Gasgesetz, und beachten Sie, dass die Konzentration $c = \dfrac{n}{V}$ ist.

3.51 Formulieren Sie das Prinzip von Le Chatelier.

3.52 In welcher Richtung verschiebt sich die Gleichgewichtslage bei der Reaktion

$$C\,(s) + CO_2 \rightleftharpoons 2\,CO$$

mit steigendem Druck?

3.53 Für die Reaktion $C\,(s) + CO_2 \rightleftharpoons 2\,CO$ ist bei etwa 700 °C die Gleichgewichtskonstante $K_p = 1$ bar. Berechnen Sie die Gleichgewichtspartialdrücke von CO_2 und CO für einen Gesamtdruck von

a) 2 bar,

b) 100 bar.

K_p ist nicht druckabhängig.

3.54 In abgeschlossenen Reaktionsräumen laufen die Gleichgewichtsreaktionen

a) $CaCO_3 \text{ (s)} \rightleftharpoons CaO \text{ (s)} + CO_2$

b) $FeO \text{ (s)} + CO \rightleftharpoons Fe \text{ (s)} + CO_2$

c) $C \text{ (s)} + H_2O \text{ (g)} \rightleftharpoons CO + H_2$

ab. Das Volumen jedes Reaktionsraumes beträgt $V_1 = 2\ l$. Der Gesamtdruck nach Erreichen des Gleichgewichts beträgt jeweils $p_1 = 1$ bar. Welcher Gleichgewichtsgesamtdruck stellt sich in den einzelnen Reaktionsgefäßen ein, wenn das Volumen auf die Hälfte verringert wird ($V_2 = 1\ l$)? Ist der Druck dann 1 bar, 2 bar oder liegt er dazwischen? In welche Richtung verschiebt sich jeweils das Gleichgewicht?

3.55 In welche Richtung verschiebt sich die Gleichgewichtslage 1. mit steigender Temperatur und 2. mit zunehmendem Druck bei den folgenden Reaktionen?

a) $N_2 + O_2 \rightleftharpoons 2\ NO$ ΔH positiv

b) $2\ CO + O_2 \rightleftharpoons 2\ CO_2$ ΔH negativ

3.56 In welche Richtung verschiebt sich das Gleichgewicht folgender Reaktionen mit steigender Temperatur?

a) $\frac{1}{2} H_2 \rightleftharpoons 2\ H$ $\Delta H = +218$ kJ/mol

b) $H_2 + \frac{1}{2} O_2 \rightleftharpoons H_2O \text{ (g)}$ $\Delta H = -242$ kJ/mol

3.57 Halogenlampen enthalten einen Wolfram-Glühfaden und etwas Halogen (meist Iod).

a) Welche Reaktionen finden statt? Formulieren Sie das Gleichgewicht.

b) Was bewirkt das Halogen?

c) Wie bezeichnet man diesen Reaktionsmechanismus?

3.58 Chemische Transportreaktionen werden zur Synthese und zur Reinigung von Elementen und Verbindungen eingesetzt (Van-Arkel–de-Boer Verfahren).

a) Welche Beispiele kennen Sie?

b) Formulieren Sie für ein Beispiel das Gleichgewicht.

Reaktionsgeschwindigkeit · Aktivierungsenergie · Katalyse

3.59 Für die Reaktion $2\ H_2 + O_2 \rightleftharpoons 2\ H_2O$ beträgt $\Delta H = -484$ kJ/mol bei 298 K. Aus einem Gemisch von H_2 und O_2 bildet sich Wasser erst bei höherer Temperatur, nicht aber bei Raumtemperatur. Welche Begründung ist richtig?

a) Das Gleichgewicht liegt bei Raumtemperatur ganz auf der linken Seite, bei Temperaturerhöhung verschiebt es sich nach rechts.

b) Es tritt eine Reaktionshemmung auf, bei Raumtemperatur erfolgt keine Reaktion.

3.60 Unter Reaktionsgeschwindigkeit versteht man die bei einer chemischen Reaktion pro Zeiteinheit gebildete Stoffmenge (bezogen auf eine bestimmte Menge der Ausgangsstoffe).

Von welchen Parametern hängt die Geschwindigkeit einer homogenen chemischen Reaktion ab?

3.61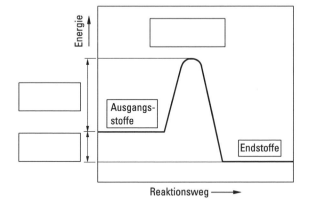

Setzen Sie in die leeren Kästchen des Diagramms die zugehörigen Begriffe ein und interpretieren Sie das Energiemaximum.

3.62 Die Temperaturabhängigkeit der Reaktionsgeschwindigkeit v wird durch die Gleichung

$$v = A\, e^{-E_A/RT}$$

beschrieben. E_A ist die Aktivierungsenergie. A ist ein Faktor, durch den unter anderem die Konzentrationsabhängigkeit berücksichtigt wird.

a) Zeichnen Sie die Abhängigkeit der Reaktionsgeschwindigkeit von der Aktivierungsenergie bei konstanter Temperatur (A = const.) als lg v–E_A-Diagramm und als v–E_A-Diagramm.

b) Zeichnen Sie die Abhängigkeit der Reaktionsgeschwindigkeit von der Temperatur bei konstanter Aktivierungsenergie (A = const.) als lg v–1/T-Diagramm.

3.63 Die Teilchen eines Gases haben bei einer bestimmten Temperatur nicht alle dieselbe Energie. Die Abbildung A (s. nächste Seite) zeigt die Energieverteilung bei drei verschiedenen Temperaturen (T_1, T_2, T_3), Abbildung B bei einer Temperatur (T_2).

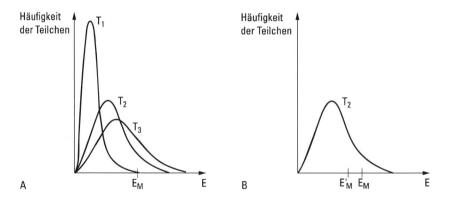

In dieser Darstellung entspricht die Fläche unter einer Kurve der Anzahl der Teilchen.

Schraffieren Sie in Abb. A jeweils die Fläche, die der Zahl der Teilchen entspricht, die die zu einer chemischen Reaktion notwendige Mindestenergie E_M besitzen, und zwar

a) für die mittlere Temperatur T_2,

b) für die höhere Temperatur T_3.

c) Schraffieren Sie in Abb. B die Fläche für die Teilchenzahl bei der Temperatur T_2, mit einer kleineren Mindestenergie E'_M.

Erklären Sie nach Lösung der Aufgaben a) bis c) mit Hilfe der Diagramme den Einfluss der Temperatur und der Aktivierungsenergie auf die Reaktionsgeschwindigkeit.

3.64 NO ist bei Zimmertemperatur eine metastabile Verbindung.

Was bedeutet das

a) für die Lage des Gleichgewichts $2\,NO \rightleftharpoons N_2 + O_2$ bei Zimmertemperatur,

b) für die Aktivierungsenergie der Reaktion?

3.65 Warum verwendet man bei der Herstellung von SO_3 gemäß der Reaktionsgleichung $SO_2 + \frac{1}{2}O_2 \rightleftharpoons SO_3$ einen Katalysator? Entscheiden Sie, ob die folgenden Antworten richtig oder falsch sind.

a) Durch den Katalysator wird das Gleichgewicht nach rechts verschoben.

b) Der Katalysator liefert die nötige Aktivierungsenergie.

c) Der Katalysator erhöht die Reaktionsgeschwindigkeit.

3.66 Welche der folgenden Aussagen über die Wirkungsweise eines Katalysators sind richtig bzw. falsch?

a) Der Katalysator nimmt zwar an der Reaktion teil, tritt aber in der Reaktionsgleichung nicht auf.

b) Der Katalysator ermöglicht einen anderen Reaktionsablauf mit geringerer Aktivierungsenergie.

c) Der Katalysator beeinflusst eine Reaktion in derselben Weise wie eine Temperaturerhöhung.

3.67 NH$_3$ wird nach der folgenden Gleichung bei 500 °C mit einem Katalysator hergestellt.

$$3\,H_2 + N_2 \rightleftharpoons 2\,NH_3 \qquad \Delta H^o_{298} = -92\,kJ/mol$$

a) Erhöht sich durch den Katalysator die NH$_3$-Konzentration im Gleichgewicht?

b) Bewirkt der Katalysator eine schnellere Gleichgewichtseinstellung?

c) Ändert der Katalysator den Reaktionsmechanismus?

d) Könnte man bei dieser Reaktion durch Temperaturerhöhung die NH$_3$-Konzentration im Gleichgewicht erhöhen?

e) Kann man die Gleichgewichtskonzentration von NH$_3$ durch Druckänderung beeinflussen?

3.68 Für eine Reaktion ohne Katalysator gilt das Schema a). Zeichnen Sie im Diagramm b) dieses Schema für dieselbe Reaktion mit Katalysator. Tragen Sie in beiden Diagrammen auf der Energieachse die Aktivierungsenergie und die Reaktionsenthalpie ein. Die Energieachsen sollen denselben Maßstab haben.

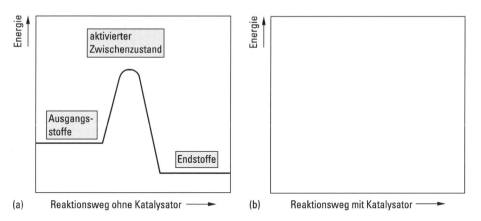

3.69 Das Ausgangsprodukt zur großtechnischen Herstellung von Schwefelsäure mit dem Kontaktverfahren ist SO$_2$.

a) Formulieren Sie die Synthesereaktionen von SO$_2$ zur Schwefelsäure.

b) Als Katalysator zur Oxidation von SO$_2$ wird V$_2$O$_5$ verwendet. Formulieren Sie die schematischen Reaktionen der Katalyse.

3.70 Bei der heterogenen Katalyse werden Gasreaktionen und Reaktionen in Lösungen durch feste Katalysatoren (Kontakte) beschleunigt. Ein wichtiger Reaktionsschritt ist die Chemisorption. Erklären Sie diesen Begriff.

3.71 Die großtechnische Herstellung von NH_3 mit dem Haber-Bosch-Verfahren erfolgt unter Druck nach der Reaktion $3 H_2 + N_2 \rightarrow 2 NH_3$ mit Fe-Katalysatoren. Welches ist der geschwindigkeitsbestimmende Schritt?

3.72 Was bedeutet Katalysatorselektivität?

Gleichgewichte bei Säuren, Basen und Salzen

Elektrolyte · Konzentration

3.73 Welche Stoffe sind Elektrolyte?
a) Stoffe, deren Lösungen den elektrischen Strom leiten?
b) Stoffe, deren Schmelzen den elektrischen Strom leiten?
c) Stoffe, die in Lösung durch Anlegen eines elektrischen Feldes in Ionen zerfallen?

3.74 Welche der folgenden Stoffe sind
a) echte Elektrolyte,
b) potentielle Elektrolyte,
c) Nichtelektrolyte?
Zucker, KCl, NH_3, Alkohol, NaF, HCl

3.75 Formulieren Sie für die Elektrolyte KCl, NH_3 und HCl die Ionenbildung in wässriger Lösung.

3.76 Skizzieren Sie schematisch die Hydratisierung eines Kations. Zeichnen Sie die Teilchen folgendermaßen:

3.77 Was versteht man unter dem Begriff Stoffmengenkonzentration (Konzentration)? Welches ist die übliche Einheit?

3.78 Sie sollen eine NaCl-Lösung der Konzentration 1 mol/l herstellen. Wie verfahren Sie?
a) Lösen Sie 58 g NaCl in 1 *l* Wasser oder
b) geben Sie zu 58 g NaCl so viel Wasser, dass Sie genau 1 *l* Lösung erhalten?
(Formelmasse von NaCl: 58 g/mol)

Gleichgewichte bei Säuren, Basen und Salzen

3.79 a) Wieviel Mol NaCl sind in 100 ml einer NaCl-Lösung der Konzentration 10^{-1} mol/l gelöst?
b) Wieviel Gramm sind das?
c) Wie groß ist der Massenanteil in dieser Lösung?

3.80 Sie haben 250 ml einer NaCl-Lösung der Konzentration 0,5 mol/l. Sie benötigen 100 ml einer NaCl-Lösung der Konzentration 0,03 mol/l. Wie verdünnen Sie?

Säuren · Basen

3.81 Welche Stoffe sind nach der Theorie von Arrhenius Säuren bzw. Basen? Geben Sie eine allgemeine Definition.

3.82 Welche Stoffe sind nach der Theorie von Brönsted Säuren bzw. Basen? Geben Sie eine allgemeine Definition.

3.83 Für die Teilchen CN^-, S^{2-}, NH_3, H_2O, HSO_4^-, HF sollen die zugehörigen Säuren oder konjugierten Basen gefunden werden. Beachten Sie, dass einige Teilchen sowohl als Säure als auch als Base reagieren können. Tragen Sie die Säure-Base-Paare in die Tabelle ein.

Säure	konjugierte Base

3.84 Was ist die konjugierte Base von HCl, HCO_3^-, H_2SO_4, H_3O^+, $[Fe(H_2O)_6]^{3+}$?

3.85 Welche der folgenden Teilchen sind
a) Anionensäuren,
b) Anionenbasen,
c) Neutralsäuren,
d) Neutralbasen?

Cl^-, OH^-, HSO_4^-, HCl, H_2O, NH_3

3.86 Nennen Sie Beispiele für Kationensäuren.

3.87 Wieso sind bei Säure-Base-Reaktionen immer zwei Säure-Base-Paare gekoppelt?

3.88 Geben Sie an, ob das jeweils unterstrichene Teilchen bei den folgenden Reaktionen eine Säure oder eine Base ist.

a) $HCO_3^- + OH^- \rightleftharpoons CO_3^{2-} + \underline{H_2O}$

b) $\underline{NH_4^+} + OH^- \rightleftharpoons NH_3 + H_2O$

c) $H_3PO_4 + H_2O \rightleftharpoons \underline{H_2PO_4^-} + H_3O^+$

d) $HPO_4^{2-} + H_2O \rightleftharpoons \underline{H_2PO_4^-} + OH^-$

e) $NH_3 + H_3O^+ \rightleftharpoons NH_4^+ + \underline{H_2O}$

3.89 Welche der folgenden Teilchen sind Ampholyte?

PO_4^{3-}, H_2O, NH_4^+, $H_2PO_4^-$, H_3O^+

3.90 a) Formulieren Sie die Protolysereaktionen folgender Teilchen in wässriger Lösung: HCl, H_2S, H_2O, NH_4^+.

S_1	+	B_2	$\rightleftharpoons$	B_1	+	S_2

b) Welches Säure-Base-Paar tritt bei allen diesen Protolysereaktionen auf?

3.91 a) Formulieren Sie die Protolysereaktionen folgender Teilchen in wässriger Lösung: NH_3, CO_3^{2-}, CN^-, S^{2-}

B_1	+	S_2	$\rightleftharpoons$	S_1	+	B_2

b) Welches Säure-Base-Paar tritt bei allen diesen Reaktionen auf?

3.92 In welchen Punkten ist die Brönsted'sche Säure-Base-Definition umfassender als die Definition von Arrhenius?

Stärke von Säuren und Basen · pK$_S$-Wert · pH-Wert

3.93 Formulieren Sie die Reaktionsgleichung und das MWG für die Protolysereaktion von HF. Wie erhält man daraus die Säurekonstante?

3.94 Die Säurekonstante von HF beträgt $7 \cdot 10^{-4}$ mol/l. Wie groß ist der pK$_S$-Wert?

Gleichgewichte bei Säuren, Basen und Salzen

3.95 Welche Beziehung besteht zwischen der Stärke einer Säure und der Säurekonstante und dem pK_S-Wert?

3.96 Formulieren Sie die Reaktionsgleichung und das MWG für die Reaktion von CN^- mit H_2O. Wie nennt man die Massenwirkungskonstante?

3.97 Formulieren Sie das MWG für die Protolysereaktion von NH_3 mit H_2O.

3.98 a) Was versteht man unter dem Ionenprodukt des Wassers?
b) Welchen pH-Wert hat Wasser bei 25 °C?

3.99 Für die Protolysereaktion
$$HCN + H_2O \rightleftharpoons H_3O^+ + CN^-$$
beträgt der pK_S-Wert 9,2. Wie groß ist der pK_B-Wert für die konjugierte Base CN^-? Leiten Sie die Beziehung zwischen pK_S und pK_B ab. Bilden Sie dazu das Produkt $K_S \cdot K_B$.

3.100 Setzen Sie in die leeren Kästchen des Diagramms Pfeile ein, so dass erkennbar wird, in welcher Richtung Säurestärke, Basenstärke, pK_S und pK_B zunehmen.

Säure stärke	Säure	Base	Basenstärke	pK_S	pK_B
	HCl	Cl^-			
	H_3O^+	H_2O			
	CH_3COOH	CH_3COO^-			
	NH_4^+	NH_3			
	HCO_3^-	CO_3^{2-}			
	H_2O	OH^-			

3.101 Auf welcher Seite liegt das Gleichgewicht bei den folgenden Reaktionen?

a) $NH_3 + H_2O \rightleftharpoons NH_4^+ + OH^-$

b) $CO_3^{2-} + H_2O \rightleftharpoons HCO_3^- + OH^-$

c) $NH_4^+ + PO_4^{3-} \rightleftharpoons NH_3 + HPO_4^{2-}$

d) $NH_3 + H_3O^+ \rightleftharpoons NH_4^+ + H_2O$

e) $NH_4^+ + CH_3COO^- \rightleftharpoons NH_3 + CH_3COOH$

f) $HCl + H_2O \rightleftharpoons Cl^- + H_3O^+$

3.102 a) Worauf beruht der Säurecharakter von hydratisierten Metallionen, z. B. $[Al(H_2O)_6]^{3+}$?

b) Wie hängt die Säurestärke von hydratisierten Metallkationen mit der Ladung und dem Ionenradius zusammen?

3.103 Reagieren die Salze K_2CO_3, KNO_3, Na_2S, $Al_2(SO_4)_3$ in wässriger Lösung neutral, sauer oder basisch? Geben Sie jeweils die Reaktion an, durch die eine saure oder basische Lösung zustande kommt. Benutzen Sie dazu die Tabelle 7 im Anhang.

3.104 Reagieren wässrige Lösungen der Salze $BaCl_2$, $FeCl_3$, Na_3PO_4, $NaCN$, $NaClO_4$, $(NH_4)_2SO_4$ neutral, sauer oder basisch?

sauer	neutral	basisch

Berechnung von pH-Werten

3.105 Welchen pH-Wert hat eine NaOH-Lösung der Konzentration 10^{-2} mol/l, unter der Annahme, dass NaOH in Wasser zu 100% dissoziiert ist?

3.106 Eine HNO_3-Lösung hat den pH-Wert 3. Wie groß ist die HNO_3-Konzentration? HNO_3 ist vollständig protolysiert.

3.107 Welchen pH-Wert hat eine H_2SO_4-Lösung der Konzentration 10^{-9} mol/l?

3.108 Wie groß ist der pH-Wert einer HF-Lösung der Konzentration 10^{-1} mol/l (pK_S = 3,2)?

Diese HF-Lösung ist nicht vollständig protolysiert, daher müssen Sie zur Berechnung des pH-Wertes das MWG benutzen. Für die Konzentration der nicht protolysierten HF-Moleküle [HF] können Sie näherungsweise die Gesamtkonzentration des gelösten HF einsetzen, also [HF] = $c_{Säure}$.

3.109 Berechnen Sie für Essigsäure der Konzentrationen 10^{-1} mol/l und 10^{-3} mol/l

a) den pH-Wert,

b) den Protolysegrad α.

Rechnen Sie mit dem abgerundeten Wert pK_S = 5.

3.110 Berechnen Sie den pH-Wert einer KCN-Lösung der Konzentration 10^{-3} mol/l. Für HCN ist pK_S = 9,2.

3.111 a) Berechnen Sie den pH-Wert einer HCOOH-Lösung der Konzentration 0,7 mol/l (Ameisensäure, pK_S = 3,75).

Gleichgewichte bei Säuren, Basen und Salzen   73

b) Berechnen Sie den pH-Wert einer Na_2SO_3-Lösung der Konzentration 10^{-3} mol/l. Für HSO_3^- ist $pK_S = 7,2$.

3.112 Berechnen Sie den pH-Wert einer HF-Lösung der Konzentration 10^{-6} mol/l mit der Näherungsformel $pH = \frac{1}{2}(pK_S - \lg c_{Säure})$; $pK_S = 3,2$. Wieso ist das Ergebnis falsch?

3.113 Wie groß ist der pH-Wert einer Na_3PO_4-Lösung der Konzentration 10^{-4} mol/l? Für HPO_4^{2-} ist $pK_S = 12,3$.

Pufferlösungen · Indikatoren

3.114 In welche Richtung verschiebt sich der pH-Wert einer Essigsäurelösung, wenn man in dieser Lösung CH_3COONa auflöst?

3.115 In welche Richtung verschiebt sich der pH-Wert einer NH_3-Lösung, wenn man in dieser Lösung NH_4Cl auflöst?

3.116 Welchen pH-Wert besitzt eine Lösung, in der die Konzentrationen von HAc und von Ac^- gleich sind? ($pK_S = 4,8$)

3.117 a) Welche Funktion hat eine Pufferlösung?
b) Woraus bestehen Pufferlösungen?

3.118 a) Woraus besteht ein Acetatpuffer?
b) Welche Reaktionen laufen ab, wenn man einem Acetatpuffer H_3O^+-Ionen oder OH^--Ionen zusetzt?

3.119 a) Welcher pH-Wert stellt sich ein, wenn das Verhältnis $[Ac^-]/[HAc]$ in einer Lösung

1:100, 1:10, 1:1, 10:1 und 100:1 ist?

Rechnen Sie mit dem aufgerundeten Wert $pK_S = 5$.

b) Tragen Sie die erhaltenen pH-Werte gegen den Stoffmengenanteil von Acetat in % auf.

$$\text{Stoffmengenanteil Acetat in \%} = \frac{[Ac^-]}{[Ac^-] + [HAc]} \cdot 100\%$$

$\dfrac{[Ac^-]}{[HAc]}$	pH	$\dfrac{[Ac^-]}{[Ac^-] + [HAc]} \cdot 100\%$

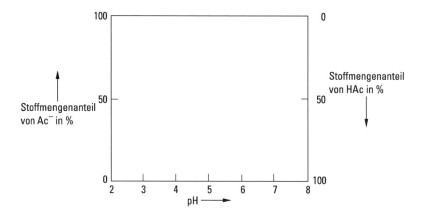

c) Bei welchem pH-Wert hat ein Acetatpuffer die beste Pufferwirkung?

d) Welcher Punkt der in b) erhaltenen Kurve gilt für eine Essigsäure der Konzentration 0,1 mol/l?

3.120 Sie benötigen eine Pufferlösung beim pH-Wert 9. Welches der beiden Puffergemische verwenden Sie?

a) HCO_3^- / CO_3^{2-} pK_S = 10,3

b) NH_3 / NH_4^+ pK_B = 4,8

3.121 In welchem Verhältnis müssen Sie Natriumacetat und Essigsäure mischen, um eine Pufferlösung mit pH = 5,35 zu erhalten? (pK_S = 4,75)

3.122 Zu 1 *l* einer CH₃COOH-Lösung der Konzentration 0,1 mol/l, die außerdem 0,1 mol CH₃COONa enthält, gibt man 1 ml HCl-Lösung der Konzentration 1 mol/l. Wie groß ist die Änderung des pH-Wertes? Die Volumenänderung kann vernachlässigt werden.

3.123 Zu 1 *l* der folgenden Lösungen werden je 1 ml HCl-Lösung mit der Konzentration 1 mol/l zugesetzt.

a) HCl-Lösung der Konzentration 10^{-5} mol/l

b) NaOH-Lösung der Konzentration 10^{-5} mol/l

c) CH₃COOH-Lösung der Konzentration 10^{-2} mol/l, die außerdem 10^{-2} mol/l CH₃COONa enthält.

Wie groß ist jeweils die Änderung des pH-Wertes?

Lösung	pH-Wert vor dem Zusatz	pH-Wert nach dem Zusatz
a), b), c), d)		

Tragen Sie in eine letzte Zeile d) das Ergebnis der Aufg. 3.122 ein.

Gleichgewichte bei Säuren, Basen und Salzen 75

3.124 Säure-Base-Indikatoren sind Säure-Base-Paare, bei denen die Indikatorsäure eine andere Farbe hat, als die Indikatorbase. Wieso können diese Indikatoren zur pH-Anzeige verwendet werden?

3.125 a) Was versteht man unter dem Umschlagbereich eines Säure-Base-Indikators?
b) Warum hat der Umschlagbereich die ungefähre Größe von zwei pH-Einheiten?

3.126 Ein Säure-Base-Indikator verhält sich in seinem Umschlagbereich wie ein Puffergemisch. Warum stört diese Pufferwirkung nicht bei der Messung von pH-Werten?

Löslichkeitsprodukt · Aktivität

3.127 Formulieren Sie das Löslichkeitsprodukt für die Lösungsgleichgewichte.
a) $BaSO_4 \rightleftharpoons Ba^{2+} + SO_4^{2-}$
b) $CaF_2 \rightleftharpoons Ca^{2+} + 2\,F^-$

3.128 Gegeben ist das Löslichkeitsprodukt von $CaSO_4$: $L_{CaSO_4} = 2 \cdot 10^{-5}\ mol^2/l^2$. Ist eine Lösung, die 10^{-2} mol/l Ca^{2+} und 10^{-4} mol/l SO_4^{2-} enthält, ungesättigt oder übersättigt?

Gesättigte Lösung	Ionenprodukt = L
Ungesättigte Lösung	Ionenprodukt < L
Übersättigte Lösung	Ionenprodukt > L

3.129 Kann man eine CaF_2-Lösung der Konzentration 10^{-4} mol/l herstellen?
$L_{CaF_2} = 2 \cdot 10^{-10}\ mol^3/l^3$

3.130 Die Löslichkeit von BaF_2 beträgt 0,009 mol/l. Wie groß ist das Löslichkeitsprodukt von BaF_2?

3.131 Wie viel Mol AgCl lösen sich in 100 ml einer NaCl-Lösung der Konzentration 10^{-3} mol/l?
$L_{AgCl} = 10^{-10}\ mol^2/l^2$

3.132 Wie groß ist die Konzentration an Ag^+ in einer gesättigten Lösung von
a) AgCl ($L_{AgCl} = 10^{-10}\ mol^2/l^2$),
b) Ag_2CrO_4 ($L_{Ag_2CrO_4} = 4 \cdot 10^{-12}\ mol^3/l^3$)?
c) Welches der beiden Salze ist besser löslich?

3.133 Eine wässrige Lösung enthält Ca^{2+}, Ba^{2+} und SO_4^{2-} in folgenden Konzentrationen gelöst:

$$[Ca^{2+}] = 2 \cdot 10^{-2} \text{ mol/l} \quad [Ba^{2+}] = 10^{-8} \text{ mol/l} \quad [SO_4^{2-}] = 10^{-3} \text{ mol/l}$$

$$L_{CaSO_4} = 2 \cdot 10^{-5} \text{ mol}^2/\text{l}^2 \quad L_{BaSO_4} = 10^{-9} \text{ mol}^2/\text{l}^2$$

Welches Salz fällt beim Verdunsten des Wassers zuerst aus?

3.134 Die Löslichkeitsprodukte von $AgCl$ und Ag_2CrO_4 betragen:

$$L_{AgCl} = 10^{-10} \text{ mol}^2/\text{l}^2 \quad L_{Ag_2CrO_4} = 4 \cdot 10^{-12} \text{ mol}^3/\text{l}^3$$

Zu einer wässrigen Lösung, die Cl^-- und CrO_4^{2-}-Ionen enthält, wird tropfenweise eine Ag^+-Ionen enthaltende Lösung gegeben.
Welche Aussage ist richtig?
a) Es fällt zuerst Ag_2CrO_4 aus.
b) Es fällt zuerst $AgCl$ aus.
c) Mit den gegebenen Werten lässt sich nicht voraussagen, welche Verbindung zuerst ausfällt.

3.135 Die Löslichkeitsprodukte von ZnS und HgS betragen:
$L_{ZnS} = 10^{-22}$ mol²/l², $L_{HgS} = 10^{-54}$ mol²/l². Zu einer Lösung, die Zn^{2+}- und Hg^{2+}-Ionen enthält, werden S^{2-}-Ionen gegeben. Was ist in diesem Fall richtig?
a) Es fällt zuerst ZnS aus.
b) Es fällt zuerst HgS aus.
c) Für eine Voraussage muss man die Ionenkonzentrationen kennen.

3.136 Die beiden Gleichgewichte
I $PbS \rightleftharpoons Pb^{2+} + S^{2-}$ und
II $S^{2-} + H_3O^+ \rightleftharpoons H_2O + HS^-$

sind gekoppelte Gleichgewichte. Wie ändert sich die Pb^{2+}-Konzentration bei Erhöhung der H_3O^+-Konzentration?

3.137 Beim Einleiten von H_2S in eine neutrale Zn^{2+}-Lösung fällt ZnS aus. In stark saurer Lösung bleibt die Fällung aus. Geben Sie dafür eine Erklärung. Formulieren Sie dazu die Reaktionsgleichungen.

3.138 a) Bei konzentrierten Lösungen dürfen im MWG nicht Konzentrationen eingesetzt werden. Warum?
b) Welche Korrektur führt man ein?

3.139 KNO_3 ist im Gegensatz zu $PbCl_2$ in H_2O leicht löslich. Einer gesättigten wässrigen Lösung von $PbCl_2$, die außerdem etwas festes $PbCl_2$ als Bodenkörper enthält, wird viel KNO_3 zugesetzt. Der $PbCl_2$-Bodenkörper löst sich auf. Geben Sie dafür eine Erklärung.

Redoxvorgänge

Oxidation · Reduktion · Redoxgleichungen

3.140 Welche der folgenden Reaktionen (in Pfeilrichtung) sind Oxidationsvorgänge, welche Reduktionsvorgänge?
 a) $Fe \rightarrow Fe^{2+} + 2\,e^-$
 b) $O_2 + 4\,e^- \rightarrow 2\,O^{2-}$
 c) $Fe^{3+} + e^- \rightarrow Fe^{2+}$
 d) $Na \rightarrow Na^+ + e^-$
 e) $Fe^{2+} \rightarrow Fe^{3+} + e^-$
Wie viele Redoxpaare treten bei den Reaktionen a) bis e) auf?

3.141 Geben Sie für die folgenden Redoxpaare jeweils die oxidierte Form und die reduzierte Form an.

$Cu \rightleftharpoons Cu^+ + e^-$

$Cu^{2+} + e^- \rightleftharpoons Cu^+$

$2\,Cl^- \rightleftharpoons Cl_2 + 2\,e^-$

$Al^{3+} + 3\,e^- \rightleftharpoons Al$

$Cu^{2+} + 2\,e^- \rightleftharpoons Cu$

Reduzierte Form	Oxidierte Form

3.142 Vervollständigen Sie folgende Redoxsysteme. Verfahren Sie dabei nach dem angegebenen Schema.
 a) NO/HNO_3 in saurer Lösung
 b) $Cr(OH)_3/CrO_4^{2-}$ in alkalischer Lösung
 c) Mn^{2+}/MnO_4^- in saurer Lösung

3.143 Vervollständigen Sie die Redoxsysteme:

a) $Cr^{3+}/Cr_2O_7^{2-}$ in saurer Lösung

Beachten Sie, dass die reduzierte Form ein Cr-Atom, die oxidierte Form zwei Cr-Atome enthält.

b) OH^-/O_2 in alkalischer Lösung

c) Cr_2O_3/CrO_4^{2-} in einer Carbonatschmelze

3.144 Vervollständigen Sie folgende Redoxsysteme:

a) Mn^{2+}/MnO_4^{2-} in einer Carbonatschmelze

b) Pb^{2+}/PbO_2 in saurer Lösung

c) H_2O_2/O_2 in alkalischer Lösung

d) H_2/H_3O^+ in saurer Lösung

3.145 Warum kann eine Oxidation bzw. eine Reduktion nicht isoliert ablaufen?

3.146 Was versteht man unter einer Redoxreaktion?

3.147 Üben Sie das Aufstellen von Redoxgleichungen an den folgenden Beispielen:

a) $Ag + NO_3^- \rightarrow Ag^+ + NO$ saure Lösung

b) $MnO_4^- + Fe^{2+} \rightarrow Mn^{2+} + Fe^{3+}$ saure Lösung

c) $MnO_4^- + H_2O_2 \rightarrow MnO_2 + O_2$ alkalische Lösung

d) $Cr_2O_3 + NO_3^- \rightarrow CrO_4^{2-} + NO_2^-$ Carbonatschmelze

3.148 Vervollständigen Sie die folgenden Gleichungen:

a) $Fe^{2+} + NO_3^- \rightarrow Fe^{3+} + NO$ saure Lösung

b) $Cr_2O_7^{2-} + SO_2 \rightarrow Cr^{3+} + SO_4^{2-}$ saure Lösung

c) $Mn^{2+} + H_2O_2 \rightarrow MnO_2 + H_2O$ alkalische Lösung

d) $Mn_2O_3 + NO_3^- \rightarrow MnO_4^{2-} + NO_2^-$ Carbonatschmelze

Spannungsreihe · Nernst'sche Gleichung

3.149 Ordnen Sie die Redoxsysteme a) bis h) in das gegebene Schema ein.

	Red	⇌ Ox	+ ne⁻	Standardpotential E° (V)
a)	Fe^{2+}	⇌ Fe^{3+}	+ e^-	0,77
b)	Ag	⇌ Ag^+	+ e^-	0,80
c)	Na	⇌ Na^+	+ e^-	−2,71
d)	Zn	⇌ Zn^{2+}	+ 2 e^-	−0,76
e)	2 Cl^-	⇌ Cl_2	+ 2 e^-	+1,36
f)	2 H_2O + H_2	⇌ 2 H_3O^+	+ 2 e^-	0
g)	6 H_2O + NO	⇌ NO_3^- + 4 H_3O^+	+ 3 e^-	+0,96
h)	12 H_2O + Mn^{2+}	⇌ MnO_4^- + 8 H_3O^+	+ 5 e^-	+1,51

wachsendes Reduktionsvermögen der reduzierten Form ↑

Reduzierte Form	Oxidierte Form	E° (V)

↓ wachsendes Oxidationsvermögen der oxidierten Form

3.150 Welche Teilchen können auf Grund der Spannungsreihe in wässriger Lösung miteinander reagieren?

a) $Zn + Ag^+$
b) $Ag^+ + Fe^{3+}$
c) $Cl_2 + Fe^{2+}$
d) $Na + H_3O^+$
e) $Ag + Zn^{2+}$
f) $H_2 + Cl^-$
g) $Fe^{3+} + Zn^{2+}$
h) $Cu + Fe^{3+}$
i) $Na^+ + Fe^{2+}$

3.151 Welche Metalle lösen sich in Säuren unter Wasserstoffentwicklung?

3.152 Welche Reaktionen können zwischen den drei folgenden Redoxsystemen ablaufen? Formulieren Sie die Redoxreaktionen.

Sn^{2+}/Sn^{4+} E° = +0,15 V
Fe^{2+}/Fe^{3+} E° = +0,77 V
Mn^{2+}/MnO_4^- E° = +1,51 V

3.153 Zu einer Lösung, die viel Fe^{2+} und Sn^{2+} enthält, wird ein Tropfen $KMnO_4$-Lösung zugesetzt. Welche Reaktion läuft ab?

Redoxsystem	E° (V)
Sn^{2+}/Sn^{4+}	+0,15
Fe^{2+}/Fe^{3+}	+0,77
Mn^{2+}/MnO_4^-	+1,51

3.154 Welche drei der fünf Ionen Fe^{2+}, Sn^{2+}, Fe^{3+}, Sn^{4+}, MnO_4^- können nebeneinander vorliegen, ohne dass eine Reaktion abläuft? Es gibt mehrere Kombinationen.

3.155 Die Nernst'sche Gleichung lautet

$$E = E° + \frac{RT}{zF} \ln \frac{[Ox]}{[Red]}$$

Sie wird meist in der Form

$$E = E° + \frac{0{,}059 \text{ V}}{z} \lg \frac{[Ox]}{[Red]}$$

benutzt. Wie kommt der Faktor 0,059 zustande? Berechnen Sie diesen Faktor mit den im Anhang gegebenen Zahlenwerten der Konstanten.

3.156 Formulieren Sie für die Redoxsysteme a) bis h) der Aufg. 3.149 die Nernst'sche Gleichung. Die Standardpotentiale gelten für 25 °C.

3.157 Wie groß ist das Potential des Redoxsystems Zn/Zn^{2+}, wenn die Konzentration
   a) $[Zn^{2+}]$ = 1 mol/l,
   b) $[Zn^{2+}]$ = 10^{-2} mol/l
ist?

3.158 Welche der in Aufg. 3.149 formulierten Redoxsysteme besitzen ein pH-abhängiges Potential?

3.159 Berechnen Sie das Redoxpotential des Redoxsystems Mn^{2+}/MnO_4^- für verschiedene pH-Werte. E° = 1,51 V; T = 298 K; $[Mn^{2+}]$ = 0,1 mol/l; $[MnO_4^-]$ = 0,1 mol/l.
   a) pH = 7
   b) pH = 5
   c) pH = 0

Redoxvorgänge

3.160 In welche Richtung läuft die Reaktion

$$MnO_4^- + 5\,Cl^- + 8\,H_3O^+ \rightleftharpoons Mn^{2+} + \tfrac{5}{2}Cl_2 + 12\,H_2O$$

a) bei pH = 0,

b) bei pH = 5 ab?

Das Standardpotential Cl^-/Cl_2 beträgt +1,36 V; $[Mn^{2+}] = 0{,}1$ mol/l; $[MnO_4^-] = 0{,}1$ mol/l; $[Cl^-] = 0{,}1$ mol/l; $p_{Cl_2} = 1{,}013$ bar.

Benutzen Sie die Ergebnisse der vorhergehenden Aufgabe.

Galvanische Elemente

3.161 Welche Aussage ist richtig?

a) Ein galvanisches Element ist eine Vorrichtung, mit deren Hilfe man bestimmte chemische Reaktionen unter Gewinnung elektrischer Arbeit ablaufen lassen kann.

b) Eine Kombination von 2 Redoxpaaren ist ein galvanisches Element.

3.162 Beantworten Sie für das in der Abbildung dargestellte galvanische Element (Daniell-Element) folgende Fragen:

a) Welche Kationen müssen sich in den Reaktionsräumen I und II befinden?

b) Formulieren Sie die Nernst'sche Gleichung für die beiden Redoxpaare.

c) Welche Reaktionen laufen in den Reaktionsräumen I und II ab, und wie lautet die Gesamtreaktion?

d) Welches ist der positive Pol, in welche Richtung fließen die Elektronen?

e) Welche Funktion hat die Salzbrücke? Überlegen Sie, wie sich in den Reaktionsräumen I und II die Konzentrationen der Kationen ändern.

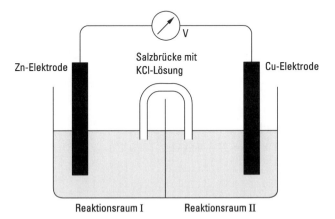

3.163 Was versteht man unter der elektromotorischen Kraft (EMK) eines galvanischen Elements?

a) Die Differenz der Potentiale der beiden Redoxpaare.

b) Das Bestreben der Metalle, positive Metallionen an die Lösung abzugeben.

c) Die im galvanischen Element gespeicherte elektrische Energie.

d) Die Spannung eines galvanischen Elements, die bei der Stromstärke null gemessen wird.

3.164 Wie groß ist die EMK des in Aufg. 3.162 dargestellten galvanischen Elements bei 25 °C, wenn die Konzentrationen $[Zn^{2+}] = 0{,}1$ mol/l und $[Cu^{2+}] = 0{,}1$ mol/l betragen?

3.165 Ein Daniell-Element mit den Konzentrationen $[Cu^{2+}] = 0{,}1$ mol/l und $[Zn^{2+}] = 0{,}1$ mol/l hat eine EMK von 1,10 V. Während des Betriebs wächst die Zn^{2+}-Konzentration. Berechnen Sie die EMK des Elements für

a) $[Zn^{2+}] = 0{,}19$ mol/l,

b) $[Zn^{2+}] = 0{,}1999$ mol/l.

3.166 Bei welchem Konzentrationsverhältnis $\dfrac{[Zn^{2+}]}{[Cu^{2+}]}$ ist die EMK des Daniell-Elements null?

3.167 a) Skizzieren Sie schematisch eine Wasserstoffelektrode.

b) Welche Reaktion läuft an einer Wasserstoffelektrode ab?

c) Formulieren Sie die Nernst'sche Gleichung für eine Wasserstoffelektrode bei 25 °C.

d) Wie groß ist das Potential bei pH = 7 und bei pH = 0?

($p_{H_2} = 1{,}013$ bar, T = 298 K)

3.168 Wie groß ist bei einer Standardwasserstoffelektrode

a) die Temperatur,

b) der pH-Wert der Lösung,

c) der Wasserstoffdruck,

d) das Potential?

3.169

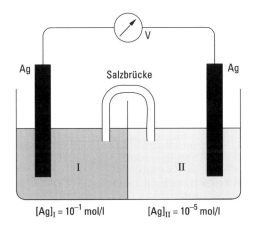

a) Berechnen Sie die EMK für die abgebildete Konzentrationskette.

b) Wie ändert sich die EMK, wenn man in die rechte Zelle NaCl-Lösung gibt?

c) Formulieren Sie die Abhängigkeit der EMK von der Cl⁻-Konzentration mit Hilfe der Nernst'schen Gleichung unter Berücksichtigung des Löslichkeitsprodukts von AgCl, $L_{AgCl} = 10^{-10}$ mol²/l².

3.170 Man unterscheidet Primärelemente und Sekundärelemente (Akkumulatoren). Worin unterscheiden sie sich?

3.171 Der wichtigste Akkumulator ist der Bleiakkumulator. Er besteht aus einer Bleielektrode und einer Bleidioxidelektrode. Elektrolyt ist eine 20%ige Schwefelsäure.

Formulieren Sie die schematischen Elektrodenreaktionen (negative und positive Elektrode) und die Gesamtreaktion.

3.172 Bei den lange benutzten Nickel-Cadmium-Akkumulatoren besteht die negative Elektrode aus Cadmium. Diese Akkus wurden durch Nickel-Metallhydrid-Akkumulatoren ersetzt. Was ist der wesentliche Vorteil?

3.173 Was ist das Prinzip einer Brennstoffzelle?

3.174 Formulieren Sie die Elektrodenreaktionen (negative und positive Elektrode) und die Gesamtreaktion einer mit H_2 betriebenen Brennstoffzelle, die eine protonenleitende Membran enthält.

Elektrolyse · Äquivalent · Überspannung

3.175 Die Reaktion $Cu^{2+} + Zn \rightleftharpoons Cu + Zn^{2+}$ läuft im galvanischen Element nach rechts ab. Wodurch kann man die Reaktion in umgekehrter Richtung ablaufen lassen?

a) Durch drastische Erhöhung der Zn^{2+}-Konzentration.

b) Durch Anlegung einer Wechselspannung.

c) Durch Anlegung einer Gleichspannung.

d) Durch Elektrolyse.

3.176 a) Wie viel Mol Elektronen braucht man, um ein Mol Zink abzuscheiden?

b) Wie groß ist die Ladungsmenge von 1 mol Elektronen?

3.177 a) Formulieren Sie die Ionenäquivalente für Au^+, Au^{3+}, O^{2-}.

b) Wie viel g der folgenden Elemente werden bei einer Elektrolyse durch 1 Faraday abgeschieden?

– Au aus einer Lösung, in der Au(I) vorliegt

– Au aus einer Lösung, in der Au(III) vorliegt

– O_2 aus einer Al_2O_3-Schmelze

Atommassen: Au 197,0 g/mol; O 16,0 g/mol

3.178 Wie viel Gramm der folgenden Metalle werden jeweils durch ein Faraday bei der Elektrolyse der angegebenen Lösungen abgeschieden?

a) Ag aus einer $AgNO_3$-Lösung

b) Cu aus einer $CuSO_4$-Lösung

c) Cu aus einer Cu(I)-Lösung

d) Cr aus einer $K_2Cr_2O_7$-Lösung

Atommassen: Ag 107,9 g/mol; Cu 63,5 g/mol; Cr 52,0 g/mol

3.179 Aluminium wird durch Schmelzflusselektrolyse von Al_2O_3 gewonnen.

a) Wie viel Amperestunden (Ah) sind zur Abscheidung von 1 kg Aluminium erforderlich? Atommasse von Al 27,0 g/mol.

b) Wie viel kostet die elektrische Energie für die Abscheidung von 1 kg Al, wenn die Spannung 7 Volt und der Preis pro Kilowattstunde (1 kWh) 0,10 EUR betragen?

3.180 Es sollen Lösungen mit der Äquivalentkonzentration 1 mol/l hergestellt werden. Wie viel Mol der oxidierten Form der folgenden Redoxpaare muss in 1 l Lösung vorhanden sein?

a) Fe^{2+}/Fe^{3+}

b) Mn^{2+}/MnO_4^-

c) $Cr^{3+}/Cr_2O_7^{2-}$

d) I^-/I_2

3.181 Wie viel Mol der reduzierten Form folgender Redoxpaare müssen in 1 l Lösung gelöst sein, damit die Äquivalentkonzentration 0,1 mol/l ist?
a) Ti^{3+}/Ti^{4+}
b) I^-/I_2
c) AsO_3^{3-}/AsO_4^{3-}

3.182

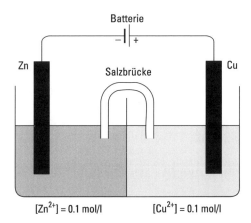

In der skizzierten Anordnung wird eine Elektrolyse durchgeführt.
a) Welche Reaktionen laufen an den Elektroden ab?
b) Geben Sie die Richtung des Elektronenflusses an.
c) Welche Gesamtreaktion läuft ab?
d) Wie groß muss die angelegte Spannung mindestens sein, damit eine Elektrolyse ablaufen kann?

3.183 Wie muss man die Pole einer Spannungsquelle an ein galvanisches Element anlegen, um es wieder aufzuladen?

3.184

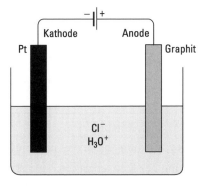

In der gegebenen Anordnung soll eine HCl-Lösung elektrolysiert werden.
a) Welche Vorgänge laufen an den Elektroden ab?

b) Welche Mindestspannung ist für die Elektrolyse einer HCl-Lösung der Konzentration 1 mol/l erforderlich?

Berechnen Sie dazu die Elektrodenpotentiale der beiden Redoxpaare mit Hilfe der Nernst'schen Gleichung.

$E^o_{Cl^-/Cl_2} = 1{,}36\ V$

3.185 Wie groß ist die erforderliche Mindestspannung, wenn man eine HCl-Lösung der Konzentration 10^{-3} mol/l elektrolysiert?

3.186 Eine wässrige Lösung, die Ag^+- und Cu^{2+}-Ionen enthält, wird elektrolysiert. In welcher Reihenfolge scheiden sich die Metalle an der Kathode ab?

3.187 Eine wässrige Lösung enthält Br^-- und I^--Ionen. In welcher Reihenfolge werden die Ionen bei der Elektrolyse entladen?

3.188 Eine wässrige Lösung enthält Na^+-Ionen. Welche Ionen werden bei der Elektrolyse an der Kathode entladen?

3.189 Eine saure Lösung, die Cu^{2+}- und Al^{3+}-Ionen enthält, wird elektrolysiert. Welche Stoffe scheiden sich nacheinander ab?

3.190 Was versteht man unter Überspannung?

3.191 Zeichnen Sie in ein Stromstärke–Spannung-Diagramm die Kurven für eine Elektrolyse ohne Überspannung und für eine Elektrolyse mit Überspannung ein. Auf der Spannungsachse sind folgende Größen abzutragen: Differenz der Elektrodenpotentiale ΔE, Überspannung, Zersetzungsspannung.

3.192 Welche Aussagen treffen für die Überspannung zu?

a) Sie ist für Wasserstoff groß an platiniertem Platin.

b) Sie ist häufig besonders groß, wenn sich an der Elektrode Gase entwickeln.

c) Sie ist für jedes Redoxpaar eine charakteristische Größe.

d) Die Größe der Überspannung hängt vom Elektrodenmaterial ab.

e) Die Überspannung ist auf eine Reaktionshemmung an den Elektroden zurückzuführen.

3.193 Geben Sie eine Erklärung für folgende Sachverhalte:

a) Reines Zink löst sich nicht in H_2SO_4-Lösung der Konzentration 1 mol/l.

b) Kupfer löst sich nicht in HCl-Lösung der Konzentration 1 mol/l.

c) Aus einer stark sauren Pb^{2+}-Lösung scheidet sich bei der Elektrolyse an einer Pb-Kathode kein Wasserstoff, sondern Blei ab; an einer Pb-Anode scheidet sich kein Sauerstoff, sondern PbO_2 ab.

Redoxvorgänge

Standardpotentiale: Zn/Zn^{2+} −0,76 V
　　　　　　　　　　Pb/Pb^{2+} −0,13 V
　　　　　　　　　　Cu/Cu^{2+} +0,34 V
　　　　　　　　　　H_2O/O_2 +1,23 V
　　　　　　　　　　Pb^{2+}/PbO_2 +1,46 V

4. Elementchemie

4.1 Schreiben Sie aus der Tabelle die isoelektronischen und isovalenzelektronischen Beziehungen heraus.

NO_2^-	CO_3^{2-}	NCO^-	NO	C_6H_6
NO_2^+	ClO_2^-	SO_2	PO_4^{3-}	NO^+
C_2H_6	CO	ClO_4^-	NO_2	ICl_2^-
I_3^-	ClO_3^-	CN^-	H_3BNH_3	N_3^-
N_2	CO_2	SO_4^{2-}	$B_3N_3H_6$	ClF_3
N_2O	O_3	XeF_2	ClO	SiO_4^{4-}

4.2 Geben Sie die Ausgangsstoffe und Produkte an, die großtechnisch in den folgenden Verfahren eingesetzt und hergestellt werden.

a) Rochow-Synthese

b) Anthrachinon-Verfahren

c) Kontakt-Verfahren

d) Steam-Reforming-Verfahren

e) Ostwald-Verfahren

f) Solvay-Prozess

4.3 Die Chlor-Alkali-Elektrolyse ist das großtechnische Verfahren zur Erzeugung von Chlor und Natronlauge.

a) Formulieren Sie für das Diaphragmaverfahren die Elektrodenreaktionen (Kathode und Anode) und die Gesamtreaktion.

b) Formulieren Sie die Reaktionen für das Quecksilberverfahren.

c) Welchen Vorteil hat das Membranverfahren, verglichen mit dem Diaphragmaverfahren?

d) Warum ist grundsätzlich eine Trennung von Kathoden- und Anodenraum (mit Membran-, Diaphragma- oder Quecksilberverfahren) notwendig?

4.4 Nach Eisen ist Aluminium das wichtigste Gebrauchsmetall. Es wird aus Al_2O_3 durch Schmelzflusselektrolyse hergestellt.

a) Wie erfolgt die Herstellung von reinem Al_2O_3 aus Bauxit, der überwiegend AlO(OH) enthält, aber mit Fe_2O_3 verunreinigt ist? Welche chemische Eigenschaft von Al_2O_3 wird zur Trennung von Fe_2O_3 ausgenutzt? Formulieren Sie die Umsetzung von Bauxit mit NaOH.

b) Al_2O_3 schmilzt bei 2050 °C. Die Schmelzflusselektrolyse wird bei 950–970 °C durchgeführt. Wie erreicht man die Erniedrigung des Schmelzpunktes von Al_2O_3?

c) Formulieren Sie die schematischen Reaktionen der Elektrolyse. Die Anode besteht aus Graphit.

4.5 In welchen Molekülen oder Strukturen liegen (unter Normalbedingungen) die folgenden Teilchen vor? Skizzieren und beschreiben Sie außerdem die Struktur.

a) P_2O_5
b) S
c) BH_3
d) H_3PO_3
e) As_4S_4
f) Te
g) P
h) BN

4.6 a) Als Element ist Bor einmalig. Wodurch nimmt Bor unter allen Elementen eine Sonderstellung ein?

b) Bor ähnelt mehr Silicium als seinem Homologen Aluminium. Nach welchem Prinzip ist das so?

4.7 Leiten Sie die Strukturtypen der folgenden (Car)Borane und (Car)Boranate her und skizzieren Sie die Heteroatom-Polyeder.

a) B_4H_{10}
b) $B_5H_8^-$
c) B_5CH_9
d) $B_8C_2H_{10}$
e) $B_9C_2H_{11}^{2-}$

4.8 Warum wird CN^- als Pseudohalogenid bezeichnet? Nennen Sie zwei andere Pseudohalogenide.

4.9 Nennen Sie fünf binäre (nur aus zwei Elementen aufgebaute) Oxide, die Gläser bilden.

4. Elementchemie

4.10 Beschreiben Sie an einer chemischen und einer physikalischen Eigenschaft, wie sich das Verhalten der Oxide der Elemente ändert, wenn man die dritte Periode von links nach rechts durchläuft.

4.11 Ordnen Sie die Verbindungen den Begriffen zu (Mehrfach- und Nicht-Zuordnungen möglich).

Verbindungen:	Begriffe:
Chlordioxid	Hartstoff
SO_2	Radikal
H_2O_2	Lewis-Säure
Silicone	technisches Oxidationsmittel
Nitrate	technisches Reduktionsmittel
Argon	Desinfektionsmittel
$Ca_3(PO_4)_2$	Inertgas
H_2O	giftiges Gas
O_2	Konservierungsmittel
Siliciumcarbid	Düngemittel
$NaNO_2$	Treibhausgas
H_2	
Arsenik	
Hydrogenphosphate	
Phosphazene	
Stickstoffdioxid	
H_3BO_3	
CO	
Natriumsulfit	
Distickstoffoxid	
N_2	
Hypochlorite	
Arsenpentafluorid	
kubisches Bornitrid	
CO_2	
S_3^-	
Ozon	

4.12 Stickstoff bildet stabile Verbindungen im Bereich von 8 Oxidationsstufen. Geben Sie jeweils ein charakteristisches Beispiel mit Strukturformel an.

4.13 Formulieren Sie die Reaktion der Borsäure mit Wasser, die für die saure Reaktion der Lösung verantwortlich ist.

4.14 Nennen Sie vier binäre (nur aus zwei Elementen aufgebaute) Carbide, die Hartstoffe bilden. Was für chemische Bindungstypen liegen in diesen Carbiden vor?

4.15 CO_2 sublimiert bei –78 °C. SiO_2 schmilzt bei 1705 °C und siedet bei 2477 °C. Warum besteht zwischen den Schmelz- oder Siedepunkten von CO_2 und SiO_2 ein großer Unterschied?

4.16 Ergänzen Sie die folgenden Gleichungen (stöchiometrisch richtig) und geben Sie ein Stichwort zu ihrer technischen Bedeutung.

a) $NO_2 + O_2 \rightleftharpoons \square + \square$ technische Bedeutung?

b) $CaCO_3 + \square + \frac{1}{2} O_2 \rightarrow CaSO_4 + \square$

c) $\square + 3\,HCl \rightarrow SiHCl_3 + \square$

d) $2\,H_2S + \square \rightarrow 3\,S + \square$

e) $2\,NO + \square \rightarrow \square + 2\,CO_2$

f) $\square + \square \rightarrow 3\,HBr + H_3PO_3$

g) $\square + 5\,C \rightarrow 3\,CaO + \square + 2\,P$

h) $C + \square \rightarrow \square + H_2$

4.17 Welche spektroskopische Methode können Sie für die Untersuchung von Nichtmetallverbindungen mit Fluor, Phosphor oder Silicium sehr gut nutzen?

4.18 Poly(organophosphazene) und Poly(organosiloxane) ("Silicone") haben ähnlich geringe Temperaturkoeffizienten der mechanischen Polymereigenschaften, die auf niedrige Rotationsbarrieren und hohe konformative Beweglichkeit der Polymer-Rückgratbindungen zurückzuführen sind. Skizzieren Sie die Wiederholungseinheiten der beiden Polymere mit anorganischen Ketten. Mit welchem Konzept können Sie die erwähnte Ähnlichkeit plausibel machen?

4.19 a) Formulieren Sie das Boudouard-Gleichgewicht.
b) Bei welchem großtechnischen Prozess ist es wichtig?
c) Welche Funktion hat es dort?

4. Elementchemie

4.20 Gold und Silber können durch Cyanidlaugerei hergestellt werden. Formulieren Sie die beiden Reaktionen zur Gewinnung von Silber aus Ag_2S?

4.21 Aus Rohkupfer wird elektrolytisch Feinkupfer hergestellt (Raffination von Kupfer). Welche Reaktionen erfolgen a) an der Anode aus Rohkupfer und b) an der Kathode aus Feinkupfer?

4.22 Aus Rohnickel wird reines Nickel durch eine chemische Transportreaktion mit CO hergestellt (Mond-Verfahren). Formulieren Sie die Reaktion.

4.23 Titan wird technisch aus TiO_2 hergestellt.
a) Warum kann man Ti nicht durch Reduktion von TiO_2 mit Kohle herstellen?
b) Ti wird technisch durch Reduktion von $TiCl_4$ gewonnen. Formulieren Sie die Reaktionen zur Ti-Herstellung aus TiO_2.

4.24 Warum muss der Abbau der stratosphärischen Ozonschicht verhindert werden?

4.25 Welche Verbindungen verursachen hauptsächlich den Ozonabbau in der Stratosphäre?

4.26 Welche Reaktionskette beschreibt den Ozonabbau in der Stratosphäre?

4.27 a) Was bezeichnet man als Ozonloch?
b) Welche Ausdehnung erreicht es?

4.28 a) Welche Spurengase verursachen hauptsächlich den anthropogenen Treibhauseffekt?
b) Wie entsteht der Treibhauseffekt?

4.29 a) Wie groß ist gegenwärtig die globale CO_2-Konzentration in ppm?
b) Um wie viel Prozent hat sie in den letzten 200 Jahren zugenommen?

4.30 Nennen Sie die beiden Ursachen, die aktuell hauptsächlich zur Zunahme der globalen CO_2-Konzentration führen?

4.31 Nennen Sie einigen Klimaänderungen, die als Folge des Treibhauseffekts bereits zu beobachten sind.

4.32 Der Treibhauseffekt wird in der aktuellen öffentlichen Diskussion eher negativ diskutiert. Was ist hier zu unterscheiden? Wie sähe ein Leben auf der Erde ohne Treibhauseffekt aus?

4.33 Ebenso wird das Gas Kohlendioxid CO_2 und sein Gehalt in der Atmosphäre eher negativ diskutiert. Es gibt unbestritten derzeit einen Anstieg der CO_2-Konzentration gegenüber der vorindustriellen Zeit. Welche fundamental wichtige Funktion neben der eines Treibhausgases hat das CO_2 aber noch in der Atmosphäre? Wie ist hierzu ein Anstieg zu bewerten? Was wären die Konsequenzen, wenn die CO_2-Konzentration unter den Mittelwert der letzten Tausend Jahre von 280±10 ppm sinkt?

4.34 Zur Begrenzung des CO_2-Anstiegs in der Atmosphäre wird die CO_2-Abtrennung aus Rauchgasen von Kraftwerken, die mit fossilen Brennstoffen betrieben werden, und nachfolgende Speicherung ("CO_2-Sequestrierung") diskutiert und auch bereits in Pilotanlagen umgesetzt. Wie stehen Sie zu dieser Vorgehensweise?

5. Koordinationschemie

Aufbau und Eigenschaften von Komplexen

5.1 Bei der Reaktion $Ag^+ + 2\ CN^- \rightleftharpoons [Ag(CN)_2]^-$ bildet sich eine Komplexverbindung. Geben Sie für den Komplex an:
a) das Zentralatom
b) die Liganden
c) die Ladung
d) die Koordinationszahl (KZ)

5.2 Formulieren Sie durch Vervollständigung der Reaktionsgleichungen die entstehenden Komplexe:
a) $Ag^+ + 2\ NH_3 \rightleftharpoons$
b) $Fe^{2+} + 6\ CN^- \rightleftharpoons$
c) $Cu^{2+} + 4\ H_2O \rightleftharpoons$
d) $Cu^{2+} + 4\ NH_3 \rightleftharpoons$
e) $Co^{2+} + 4\ Cl^- \rightleftharpoons$
f) $Fe^{3+} + 6\ CN^- \rightleftharpoons$

5.3 Geben Sie für die folgenden Komplexe die Koordinationszahl und die Oxidationszahl des Zentralions an:

	Komplex	KZ	Oxidationszahl
a)	$[Co(CN)_6]^{3-}$		
b)	$[Cu(CN)_4]^{3-}$		
c)	$[CrCl_2(H_2O)_4]^+$		

5.4 Was versteht man unter Maskierung durch Komplexbildung? Nennen Sie ein Beispiel.

5.5 Welche Änderungen der physikalischen Eigenschaften sind bei der Komplexbildung häufig zu beobachten? Geben Sie Beispiele an.

5.6 Was versteht man unter einzähnigen und mehrzähnigen Liganden? Geben Sie ein Beispiel für einen zweizähnigen Liganden an.

5.7 Was sind die Oxidationsstufen und d^n-Konfigurationen der Metallatome und welche Geometrien weisen die Koordinationspolyeder um die Metallatome in folgenden Komplexverbindungen auf?

a) Diacetyldioxim-nickel(II)
b) $[Ag(NH_3)_2]^+$
c) $[Ni(PF_3)_4]$
d) $[Cu(CN)_4]^{3-}$
e) $[Cd(CN)_4]^{2-}$
f) $[PtCl_2(NH_3)_2]$
g) $[Co(NCS)_4]^{2-}$
h) $[AuCl_4]^-$
i) $[HgI_4]^{2-}$
j) $[RhCl(PPh_3)_3]$

Welche Korrelationen zwischen d^n-Konfiguration und Koordinationspolyeder kann man verallgemeinern?

Nomenklatur von Komplexverbindungen

5.8 Welche Formeln haben die Komplexverbindungen?
a) Tetrachloridocobaltat(II)
b) Kalium-hexacyanidoferrat(III)
c) Tetraamminkupfer(II)-sulfat

5.9 Welche Namen haben die Verbindungen?
a) $[Cr(NH_3)_6]Cl_3$
b) $[Cu(CN)_4]^{3-}$
c) $[Cu(H_2O)_4]^{2+}$

5.10 Welche Formeln oder Namen haben die folgenden Verbindungen?
a) Dichloridotetraaquachrom(III)
b) Tetrachloridoplatinat(II)
c) Hexafluoridoferrat(III)
d) $[Ni(CO)_4]$
e) $K_4[Fe(CN)_6]$
f) $Na[Al(OH)_4]$

5.11

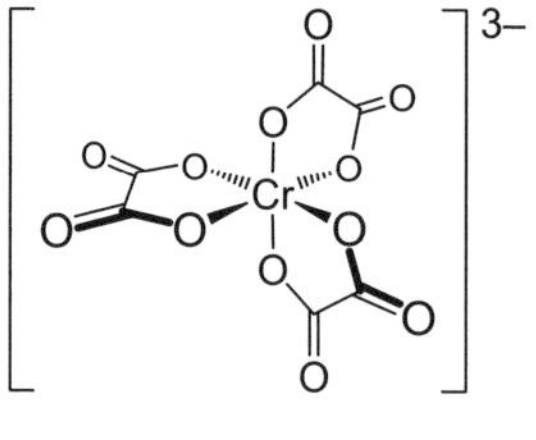

a) Welchen Namen und welche Formel hat der abgebildete Chelatkomplex?

b) Wie viele Liganden enthält der Komplex?

c) Wie groß ist die Koordinationszahl?

d) Welche Geometrie hat das Koordinationspolyeder?

e) Welches magnetische Moment erwarten Sie? (siehe dazu Riedel/Janiak, Anorganische Chemie, 7. Aufl., Abschnitt 5.1: Magnetochemie)

Stabilität und Reaktivität von Komplexen

5.12 a) Was versteht man unter thermodynamischer Stabilität eines Komplexes? Erläutern Sie dies am Beispiel des Komplexes $[Ag(CN)_2]^-$.

b) Formulieren Sie das MWG für die Bildung von $[Ag(CN)_2]^-$ aus den einzelnen Ionen.

Was versteht man unter der Stabilitätskonstante eines Komplexes?

5.13 AgBr wird durch eine Lösung von Natriumthiosulfat $Na_2S_2O_3$ (Fixiersalz) aufgelöst. Es bildet sich das komplexe Ion $[Ag(S_2O_3)_2]^{3-}$. Durch NH_3-Lösung wird AgBr nicht aufgelöst. Welcher der beiden Komplexe $[Ag(S_2O_3)_2]^{3-}$ oder $[Ag(NH_3)_2]^+$ besitzt die größere Stabilitätskonstante?

5.14 Die skizzierte Konzentrationskette hat eine Potentialdifferenz von 0,059 Volt (vgl. Aufg. 3.169).

a) In den Reaktionsraum I wird NH_3 gegeben. Warum wird die Potentialdifferenz größer?

b) Wie verändert sich die Spannung, wenn noch zusätzlich $S_2O_3^{2-}$-Ionen in den Reaktionsraum I gebracht werden?

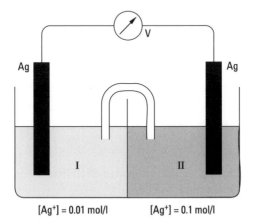

5.15 Au^{3+} bildet mit Cl^- den Komplex $[AuCl_4]^-$. Was hat die Existenz dieses Komplexes damit zu tun, dass sich Gold nicht in Salpetersäure, aber in einem Gemisch aus Salpetersäure und Salzsäure (Königswasser) löst?

5.16 Erläutern Sie die Begriffe Chelat und Chelateffekt.

5.17 Ein Ligand ist ein Elektronenpaar-Donor, das Metallatom ist ein Elektronenpaar-Akzeptor. Eine Metall–Ligand-Bindung ist eine Elektronenpaar-Donor–Akzeptor-Wechselwirkung (auch als koordinative Bindung bezeichnet):

L⊕ → ⃝M   Beispiel: H_3N⊕ → ⃝M
Elektronenpaar-Donor → -Akzeptor-Wechselwirkung

Welche Stoffklasse kennen Sie als Elektronenpaar-Donoren und welcher wichtige Parameter in wässrigen Lösungen wird damit zu einer fundamentalen Einflussgröße für die effektive Komplexstabilität?

5.18 Warum ist der Cyanidokomplex von Ag^+, $[Ag(CN)_2]^-$, in stark saurer Lösung im Gegensatz zum Chloridokomplex $[AgCl_2]^-$ instabil, obwohl seine Komplexbildungskonstante mit 10^{21} wesentlich größer ist als die des Chlorokomplexes mit 10^5?

5.19 a) Welches komplexe Anion der beiden Blutlaugensalze ist das (thermodynamisch) stabilere (Formeln der Anionen)?

b) Warum ist in wässriger Lösung für Eisen-Ionen die Oxidationsstufe +2 instabiler als +3?

Bindung, Kristall- und Ligandenfeldtheorie

5.20 Skizzieren Sie ein Energieniveaudiagramm für die Aufspaltung der d-Orbitale in einem oktaedrischen Ligandenfeld. Kennzeichnen Sie die einzelnen d-Orbitale und ordnen Sie die Bezeichnungen e_g, t_{2g}, 10Dq, 6Dq, 4Dq zu.

5.21 Bei welchen d-Elektronen-Konfigurationen (d^1 bis d^{10}) gibt es eine oder zwei mögliche Besetzungen als Grundzustand (high-spin und low-spin) im oktaedrischen Kristallfeld?

5.22 a) Formulieren Sie für das Fe^{2+}-Ion im oktaedrischen Kristallfeld den low-spin- und den high-spin-Zustand der d-Elektronen.

b) Erklären Sie wann ein high-spin- oder ein low-spin-Zustand energetisch günstiger ist.

5.23 Mit der spektrochemischen Reihe werden Liganden nach ihrer Fähigkeit geordnet, d-Orbitale aufzuspalten. Nennen Sie Liganden, die
a) ein starkes   b) ein schwaches   c) ein mittleres Ligandenfeld erzeugen.

5.24 Beim tetraedrischen Ligandenfeld nähern sich die Liganden den d_{xy}-, d_{xz}- und den d_{yz}-Orbitalen näher als den d_{z^2}- und den $d_{x^2-y^2}$-Orbitalen. Welche Aufspaltung der d-Orbitale erwarten Sie?

Skizzieren Sie ein Energiediagramm.

Bindung, Kristall- und Ligandenfeldtheorie

5.25 Auf Grund der Aufspaltung der d-Orbitale erfolgt bei den meisten Elektronenkonfigurationen ein Energiegewinn. Man bezeichnet dies als Ligandenfeldstabilisierungsenergie. Bei welchen d-Konfigurationen im Oktaederfeld ist er besonders deutlich?

5.26 Die quadratisch-planare Koordination wird von Ionen mit d^8-Konfiguration bevorzugt. Das Energieniveaudiagramm zeigt vier energetisch günstige, besetzte d-Orbitale und ein energetisch ungünstig hoch liegendes unbesetztes d-Orbital. Welches d-Orbitals ist dies?

5.27 Welche gemeinsamen Eigenschaften weisen Kationen auf, die bevorzugt Fluoridokomplexe bilden?
Nennen Sie Beispiele für Fluoridokomplexe der 11. Gruppe.

5.28 a) Welche symmetrischen Koordinationspolyeder sind für Metallkomplexe mit vier Liganden, [ML$_4$], möglich?
b) Wie hilft Ihnen die Farbe des blauen $[NiCl_4]^{2-}$- und des gelben $[Ni(CN)_4]^{2-}$-Komplexes bei der Unterscheidung zwischen den beiden möglichen Koordinationspolyedern?
c) Welche andere physikalische Messgröße erlaubt Ihnen eine Unterscheidung der Geometrie der beiden vorstehenden Nickelkomplexe?

5.29 a) Mit welchen Kationen werden die Tetraeder- und Oktaederplätze der Spinelle $FeCr_2O_4$, $NiFe_2O_4$ und Fe_3O_4 besetzt?
b) Begründen Sie die Kationenverteilung mit der Ligandenfeldtheorie.

Lösungen

1. Atombau

Atomkern und Atomeigenschaften

Atombausteine · Ordnungszahl · Elementbegriff · Isotope · Atommasse

1.1 Atome haben Durchmesser der Größenordnung 10^{-10} m (10^{-10} m = 1 Å).

1.2 Atome bestehen aus Protonen, Neutronen und Elektronen.

1.3 Das elektrische Elementarquantum ist die kleinste nicht weiter teilbare Ladungsmenge. Sie beträgt $1{,}6 \cdot 10^{-19}$ Coulomb. Alle auftretenden elektrischen Ladungsmengen können immer nur ein ganzes Vielfaches des Elementarquantums sein. Das elektrische Elementarquantum wird auch Elementarladung genannt. Man benutzt dafür das Symbol e.

1.4

Elementarteilchen	Proton	Neutron	Elektron
Elektrische Ladung	positive Elementarladung: +e	keine elektrische Ladung: neutral	negative Elementarladung: −e

1.5 Die Massen von Protonen, Neutronen und Elektronen verhalten sich zueinander wie $1 : 1 : \dfrac{1}{1800}$.

1.6 a) Der Atomkern besteht aus Protonen und Neutronen, die Hülle aus Elektronen.
b) Atomkerne haben einen Durchmesser von 10^{-15}–10^{-14} m. Bei einem Atomdurchmesser von 1 m wäre der Kerndurchmesser nur 0,01–0,1 mm.

Die positiven Ladungen und fast die gesamte Masse sind im Kern des Atoms konzentriert.

1.7 a) Ordnungszahl = Protonenzahl
b) Nukleonenzahl = Protonenzahl + Neutronenzahl

Die Nukleonenzahl ist stets eine ganze Zahl. Die Nukleonenzahl des Elektrons ist null, da die Masse des Elektrons sehr viel kleiner ist als die der Protonen und Neutronen (vgl. Aufg. 1.5).

1.8 Zahl der Protonen = 3, Zahl der Elektronen = 3, Zahl der Neutronen = 4

1.9 a) ja b) nein c) nein d) ja e) ja

Alle Atome des Elements Wasserstoff besitzen *ein* Proton und *ein* Elektron. Die Wasserstoffatome können sich aber in der Zahl ihrer Neutronen unterscheiden. Es gibt Wasserstoffatome, die kein Neutron besitzen, und solche mit einem oder zwei Neutronen.

1.10 Ein chemisches Element besteht aus Atomen mit gleicher Protonenzahl = Kernladungszahl = Ordnungszahl. Die Neutronenzahl kann unterschiedlich sein.

1.11 Wir kennen heute 117 Elemente. 88 davon kommen in fassbarer Menge in der Natur vor.

1.12 Ein Nuklid ist eine Atomart, die durch die Zahl der Protonen und der Neutronen charakterisiert ist.

1.13 a) 7 Neutronen, 6 Protonen, Nukleonenzahl 13

b) 146 Neutronen, 92 Protonen, Nukleonenzahl 238

Falls Sie diese Frage falsch beantwortet haben, beachten Sie die Schreibweise:

$$^{\text{Protonenzahl + Neutronenzahl}}_{\text{Protonenzahl}}\text{Elementsymbol}$$

Ein Nuklid ist durch das Elementsymbol und die Nukleonenzahl eindeutig gekennzeichnet. Die Angabe der Protonenzahl (= Ordnungszahl) ist daher eigentlich nicht notwendig.

1.14 a) Atome mit gleicher Protonenzahl, aber verschiedener Neutronenzahl heißen Isotope. Isotope sind also Atome desselben Elements, die sich in der Nukleonenzahl unterscheiden.

Die meisten Elemente bestehen aus mehreren Atomarten, sie sind Isotopengemische. Uran besteht z. B. aus 0,006 % ^{234}U, 0,720 % ^{235}U und 99,274 % ^{238}U.

b) Reinelemente (z. B. Fluor) kommen in der Natur nur in einer einzigen Atomart vor.

1.15 Ja. Man nennt Atome gleicher Nukleonenzahl Isobare.

1.16 $^{12}_{6}$C, $^{13}_{6}$C und $^{14}_{6}$C sind Isotope des Elements Kohlenstoff.

$^{3}_{1}$H und $^{1}_{1}$H sind Isotope des Elements Wasserstoff.

$^{14}_{7}$N und $^{14}_{6}$C sind Isobare, $^{3}_{1}$H und $^{3}_{2}$He ist ein anderes Isobarenpaar.

1.17 Die Atommasseneinheit u ist $\frac{1}{12}$ der Masse des Isotops $^{12}_{6}C$.

$1\,u = 1{,}66 \cdot 10^{-27}\,kg$

1.18 Nein, die Nukleonenzahl gibt die Zahl der Kernbausteine an. Sie ist daher ganzzahlig. Die Masse in u ist nur annähernd ganzzahlig.

1.19 Die mittlere Atommasse erhält man aus dem Ansatz:

$$\frac{50{,}5}{100} \cdot 78{,}92 + \frac{49{,}5}{100} \cdot 80{,}92 = 79{,}91$$

Ohne Taschenrechner erhält man das Ergebnis nach folgender Umformung:

$$\frac{50{,}5}{100} \cdot 78{,}92 + \frac{49{,}5}{100}(78{,}92 + 2) = \frac{50{,}5 + 49{,}5}{100} \cdot 78{,}92 + \frac{2 \cdot 49{,}5}{100}$$
$$= 78{,}92 + 0{,}99 = 79{,}91$$

Die Atommasse von Brom ist annähernd der Mittelwert aus den Atommassen der Nuklide $^{79}_{35}Br$ und $^{81}_{35}Br$, da beide Nuklide im natürlichen Brom etwa gleich häufig sind.

Kernreaktionen

1.20 Instabile Nuklide wandeln sich durch spontane Emission von Elementarteilchen oder Kernbruchstücken in andere Nuklide um. Diese Kernumwandlung wird radioaktiver Zerfall genannt.

1.21 a) α-Strahlung besteht aus He-Kernen, β-Strahlung aus Elektronen und γ-Strahlung ist eine elektromagnetische Strahlung (Photonen).
b) γ-Strahlung hat die größte, α-Strahlung die kleinste Durchdringungsfähigkeit.

1.22 Ab Kernen mit $Z \geq 84$.

1.23 Im Kern wird ein Neutron in ein Proton und ein Elektron umgewandelt, das emittiert wird: $^{1}_{0}n \rightarrow ^{1}_{1}p + ^{0}_{-1}e$

1.24 a) Es ist die Zeit, in der die Hälfte eines radioaktiven Stoffes zerfallen ist.
b) Sie reichen von Sekundenbruchteilen bis zu Milliarden Jahren.

1.25 a) 1 Bq (Becquerel) = 1 (mittlerer) Strahlungsemissionsakt („Zerfall") pro Sekunde. 925 MBq = 925 Millionen Strahlungsemissionsakte pro Sekunde (im Mittel).
$t_{1/2}$ ist die Halbwertszeit von hier 207 Tagen.
b) Aktivität A ~ Zahl der radioaktiven Kerne N, d. h., $A_0 = 925$ MBq ~ N_0, A_t ist gesucht (~ N_t) mit t = 2 Jahre oder 730 Tage (ca. 3,5 Halbwertszeiten).

$$A_t = A_0 e^{-\lambda t} \text{ mit } \lambda = \frac{\ln 2}{t_{1/2}} = \frac{0{,}693}{t_{1/2}} \text{ ergibt } A_t = 925 \text{ MBq } e^{-0{,}693 \frac{730}{207}} = 80{,}3 \text{ MBq}$$

1.26 $^{226}_{88}\text{Ra} \rightarrow {}^{222}_{86}\text{Rn} + \boxed{{}^{4}_{2}\text{He}}$

$^{40}_{19}\text{K} \rightarrow {}^{0}_{-1}\text{e} + \boxed{{}^{40}_{20}\text{Ca}}$

$^{14}_{7}\text{N} + {}^{4}_{2}\text{He} \rightarrow {}^{1}_{1}\text{H} + \boxed{{}^{17}_{8}\text{O}}$

$^{14}_{7}\text{N} + \boxed{{}^{1}_{0}\text{n}} \rightarrow \boxed{{}^{14}_{6}}\text{C} + \boxed{{}^{1}_{1}}\text{p}$

1.27 a) Da die radioaktive Zerfallsgeschwindigkeit durch äußere Bedingungen (z. B. Druck und Temperatur) nicht beeinflusst wird, kann der radioaktive Zerfall als geologische Uhr verwendet werden.

b) ^{14}C-Methode für archäologische Zeiten; U-Pb-Methode, z. B. für das Alter von Mineralien.

1.28 $E = m c^2$

1.29 Bei der Vereinigung von Neutronen und Protonen zu einem Kern wird Kernbindungsenergie frei. Äquivalent dazu erfolgt eine Masseabnahme.

1.30 Bei der Kernspaltung wird die Kernbindungsenergie der entstehenden leichten Kerne erhöht.

$\boxed{{}^{235}_{92}}\text{U} + {}^{1}_{0}\text{n} \rightarrow {}^{92}_{\boxed{36}}\text{Kr} + {}^{\boxed{142}}_{56}\text{Ba} + 2 {}^{1}_{0}\text{n}$

1.31 Nur mit ^{235}U. Spaltbar damit ist auch das künstlich hergestellte Nuklid ^{239}Pu.

1.32 a) Entstehen bei der Kernspaltung auch mehrere Neutronen, dann lösen diese neue, lawinenartig anwachsende Spaltungen aus.

b) Atombombe (erstmals in Hiroshima).

1.33 Bei der Wasserstoffbombe und in der Sonne.

Struktur der Elektronenhülle

Energiezustände im Wasserstoffatom · Spektren

1.34 a) n kann nur die ganzzahligen Werte 1, 2, 3, 4 ... ∞ annehmen.

b) n nennt man die Hauptquantenzahl.

Struktur der Elektronenhülle

Der zur Hauptquantenzahl n gehörende Energiewert wird in den folgenden Aufgaben mit E_n bezeichnet.

c) Das vom Atomkern abgetrennte Elektron hat definitionsgemäß die Energie Null. Das gebundene Elektron hat daher negative Energiewerte.

1.35 Der Grundzustand ist der energieärmste Zustand eines Systems (Zustand niedrigster Energie).

1.36 Jeder mögliche Zustand, der energiereicher ist als der Grundzustand, ist ein angeregter Zustand.

1.37 Für angeregte Zustände im Wasserstoffatom gilt n > 1, d. h., n kann alle ganzen Zahlen von 2 bis ∞ annehmen.

1.38

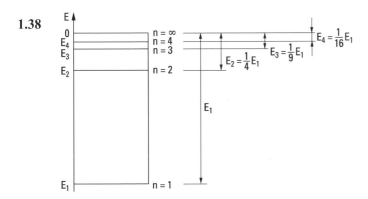

Zwischen $E = E_4$ und $E = 0$ liegen in sehr dichter Folge die weiteren Energiezustände, die zu den Hauptquantenzahlen n > 4 gehören. Sie sind aus zeichnerischen Gründen nicht dargestellt.

1.39 Das Elektron im Wasserstoffatom kann nur bestimmte, diskrete Energiewerte annehmen. Die Energiewerte sind durch die Hauptquantenzahl n festgelegt. Durch Zufuhr der Energie $E'' = E_2 - E_1$ erreicht das Elektron gerade einen möglichen Energiezustand. Durch die Zufuhr des Energiebetrags E' wird kein möglicher Energiezustand erreicht.

1.40 Das Elektron verlässt den Anziehungsbereich des Kerns. Diesen Vorgang nennt man Ionisierung. Die Ionisierungsenergie ist gerade E_1.

1.41 Die elektromagnetische Strahlung besteht aus kleinen, nicht weiter teilbaren Energieportionen, die Lichtquanten oder Photonen genannt werden.

1.42 $E = h\nu = \dfrac{hc}{\lambda}$ Planck-Einstein'sche Gleichung

c = Lichtgeschwindigkeit, λ = Wellenlänge, ν = Frequenz,
h = Planck'sches Wirkungsquantum.

Die Energie der Photonen ist umso größer, je kürzer die Wellenlänge der Strahlung ist.

1.43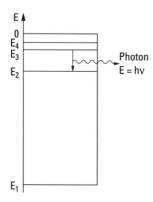

$$E_3 - E_2 = \dfrac{hc}{\lambda}$$

$$E_3 - E_2 = \dfrac{E_1}{9} - \dfrac{E_1}{4}$$

$$E_3 - E_2 = \left(\dfrac{-13{,}6 \text{ eV}}{9}\right) - \left(\dfrac{-13{,}6 \text{ eV}}{4}\right) = 1{,}9 \text{ eV} = 3 \cdot 10^{-19} \text{ J}$$

$$\lambda = \dfrac{6{,}6 \cdot 10^{-34} \text{ Js} \cdot 3 \cdot 10^8 \text{ ms}^{-1}}{3 \cdot 10^{-19} \text{ J}} = 6{,}6 \cdot 10^{-7} \text{ m}$$

$$\lambda = 660 \text{ nm}$$

Bei diesem Übergang wird Licht *einer* bestimmten Wellenlänge (monochromatisches Licht) ausgesandt. Die Wellenlänge liegt im sichtbaren Bereich des elektromagnetischen Spektrums.

1.44
$$E_n - E_1 = \dfrac{hc}{\lambda}$$

$$E_n - E_1 = \dfrac{6{,}6 \cdot 10^{-34} \text{ Js} \cdot 3 \cdot 10^8 \text{ ms}^{-1}}{121 \cdot 10^{-9} \text{ m}} = 16{,}4 \cdot 10^{-19} \text{ J} = 10{,}2 \text{ eV}$$

$$E_n = -3{,}4 \text{ eV}$$

1.45 a) Die Elektronen in Atomen befinden sich auf diskreten Energieniveaus. Es können daher nur solche Photonen emittiert werden, deren Energie den Differenzen zwischen den Energieniveaus entspricht. Im Spektrum treten Linien bestimmter Wellenlängen auf.

b) Die Atome eines jeden Elements besitzen eine charakteristische Folge der Energieniveaus.

Quantenzahlen · Orbitale

1.46 Die möglichen Zustände eines Elektrons im Atom sind durch vier Quantenzahlen bestimmt:
1. Hauptquantenzahl n
2. Nebenquantenzahl l
3. Magnetische Quantenzahl m_l
4. Spinquantenzahl m_s

1.47 Zu einer Schale gehören die Elektronenzustände gleicher Hauptquantenzahl.

1.48 n = 4

Es gilt folgende Zuordnung:

n	1	2	3	4	5	6
Schale	K	L	M	N	O	P

1.49 a) l kann die Werte 0, 1, 2 und 3 annehmen.

b) n kann alle ganzzahligen Werte von 3 bis ∞ annehmen.

Zwischen der Hauptquantenzahl n und der Nebenquantenzahl l besteht die Beziehung $l \leq n - 1$

1.50 a) Elektronenzustände mit $l = 0$ nennt man s-Zustände.

b) Elektronenzustände mit $l = 2$ nennt man d-Zustände.

Es gilt die Zuordnung:

l	0	1	2	3
Bezeichnung	s	p	d	f

1.51 a) n = 3, l = 1.

b) Die K-Schale (n = 1) und die L-Schale (n = 2) besitzen keine d-Zustände (l = 2).

1.52 Für m_l sind die Werte –2, –1, 0, +1, +2 möglich.

m_l kann alle ganzzahligen Werte von $-l$ bis $+l$ annehmen.
$$-l \leq m_l \leq +l$$
Die Anzahl der möglichen m_l-Werte ist also $2l + 1$.

1.53 Dieser Elektronenzustand existiert nicht bei den Hauptquantenzahlen 1, 2 und 3 und den Nebenquantenzahlen 0, 1 und 2.

1.54 Für m_s gibt es nur die Werte $+\frac{1}{2}$ und $-\frac{1}{2}$.

1.55 Jede p-Unterschale besitzt unabhängig von der Hauptquantenzahl sechs Zustände. Es gibt sechs Kombinationen der Quantenzahlen m_l und m_s.

l	m_l	m_s
1	−1	$+\frac{1}{2}$
1	−1	$-\frac{1}{2}$
1	0	$+\frac{1}{2}$
1	0	$-\frac{1}{2}$
1	+1	$+\frac{1}{2}$
1	+1	$-\frac{1}{2}$

Die durch die vier Quantenzahlen n, l, m_l und m_s festgelegten Elektronenzustände nennt man Quantenzustände.

1.56 Alle d-Unterschalen besitzen 10 Quantenzustände.

l	2									
m_l	−2		−1		0		+1		+2	
m_s	$+\frac{1}{2}$	$-\frac{1}{2}$	$+\frac{1}{2}$	$-\frac{1}{2}$	$+\frac{1}{2}$	$-\frac{1}{2}$	$+\frac{1}{2}$	$-\frac{1}{2}$	$+\frac{1}{2}$	$-\frac{1}{2}$

1.57 Die durch die drei Quantenzahlen n, l und m_l festgelegten Quantenzustände werden als Atomorbitale bezeichnet.

n, l und m_l werden daher auch Orbitalquantenzahlen genannt.

Für jedes Orbital gibt es zwei Quantenzustände mit den Spinquantenzahlen $+\frac{1}{2}$ und $-\frac{1}{2}$.

Struktur der Elektronenhülle

1.58

n	l	m_l	Anzahl und Typ der Orbitale	Unterschale
3	0	0	ein s-Orbital	3s
	1	−1 0 +1	drei p-Orbitale	3p
	2	−2 −1 0 +1 +2	fünf d-Orbitale	3d

Jede Unterschale besteht aus 2*l* + 1 Orbitalen gleichen Typs.
Unterschale und Orbitaltyp sind durch die Nebenquantenzahl *l* charakterisiert.

1.59 a) Das 3p-Orbital ist ein p-Orbital der M-Schale (n = 3).
b) Das 5s-Orbital ist das s-Orbital der O-Schale (n = 5).

1.60

Schale	n							Zahl der Unterschalen	Zahl der Quantenzustände
P	6	6s	6p	6d	6f	6g	6h	6	72
O	5	5s	5p	5d	5f	5g		5	50
N	4	4s	4p	4d	4f			4	32
M	3	3s	3p	3d				3	18
L	2	2s	2p					2	8
K	1	1s						1	2
		0	1	2	3	4	5	*l*	
		s	p	d	f	g	h	Orbitaltyp	

Für jede Schale ist die Zahl der Unterschalen gleich n, die Gesamtzahl der Quantenzustände gleich $2n^2$.

1.61 Richtig sind b) und c).
Ein Elektron bewegt sich nicht als Teilchen auf einer Bahn wie in a) dargestellt ist. Das Elektron ist vielmehr als Ladungswolke über den ganzen Raum des Atoms ausgebreitet. Diese Ladungswolke ist bei s-Elektronen kugelförmig.

1.62 In b) ist außer der Gestalt auch die Dichteverteilung der Ladungswolke zu erkennen. In c) ist nur die Gestalt der Ladungswolke dargestellt. Man zeichnet die Orbitale meistens so, dass innerhalb der Begrenzungslinie 90% der Elektronenladung enthalten ist.

1.63 Das Bohr'sche Bild ist auf Grund der Heisenberg'schen Unbestimmtheitsbeziehung falsch.

Man kann die Unbestimmtheitsbeziehung folgendermaßen formulieren: Es können nicht die Geschwindigkeit und der Aufenthaltsort eines Elektrons gleichzeitig bestimmt werden. Je genauer die Geschwindigkeit des Elektrons bekannt ist, umso ungenauer ist der Aufenthaltsort des Elektrons bestimmbar.

Das bedeutet, dass wir uns das Elektron nicht als Teilchen vorstellen dürfen, das sich auf einer Bahn bewegt. Stattdessen müssen wir davon ausgehen, dass das Elektron an einem bestimmten Ort des Atoms nur mit einer gewissen Wahrscheinlichkeit anzutreffen ist. Dieser Beschreibung des Elektrons entspricht die Vorstellung von einer über das Atom verteilten Ladungswolke.

1.64 a) p_z-Orbital   b) d_{xy}-Orbital   c) p_y-Orbital

1.65

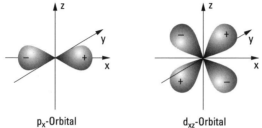

p_x-Orbital d_{xz}-Orbital

Zur Gestalt und zu den Vorzeichen bei den Orbitalen siehe die Ergänzung nach der Antwort zu Aufg. 1.98 und Aufg. 2.64.

1.66

Nebenquantenzahl	Orbitaltyp	Gestalt der Ladungswolke
0	s	kugelförmig
1	p	hantelförmig
2	d	rosettenförmig

1.67 1s < 2s < 2p < 3s < 3p < 3d

> Nur im Wasserstoffatom liegen alle Orbitale gleicher Hauptquantenzahl auf demselben Energieniveau. Man sagt, sie sind entartet. Bei allen anderen Atomen haben Orbitale mit verschiedener Nebenquantenzahl unterschiedliche Energien. Die Entartung ist aufgehoben.

Struktur der Elektronenhülle

1.68 $2p_x = 2p_z$

$3p_x = 3p_y = 3p_z$

$3d_{z^2} = 3d_{xy}$

Orbitale mit gleicher Haupt- und Nebenquantenzahl sind entartet, also z. B. alle p-Orbitale gleicher Hauptquantenzahl.

Die Quantenzustände einer Unterschale eines isolierten Atoms lassen sich aber im Magnetfeld unterscheiden. Im Magnetfeld ist die Entartung aufgehoben.

Aufbauprinzip · Periodensystem der Elemente (PSE) · Elektronenkonfigurationen

1.69 Nach dem Pauli-Prinzip dürfen sich in einem Orbital nur maximal 2 Elektronen aufhalten.

Das Pauli-Prinzip besagt, dass in einem Atom keine Elektronen existieren dürfen, die in allen vier Quantenzahlen übereinstimmen.

1.70 Die beiden Elektronen eines Orbitals unterscheiden sich in der Spinquantenzahl m_s, die nur die beiden Werte $+\frac{1}{2}$ und $-\frac{1}{2}$ annehmen kann.

1.71 Zwei Elektronen besetzen das 1s-Orbital. Das dritte Elektron befindet sich im 2s-Orbital.

Die Orbitale werden in der Reihenfolge wachsender Energie mit Elektronen besetzt. Die Verteilung der Elektronen auf die Orbitale nennt man Elektronenkonfiguration.

Die Elektronenkonfiguration des Lithiumatoms kann folgendermaßen dargestellt werden:

$1s^2\ 2s^1$

oder [↑↓] [↑] [ ][ ][ ]
       1s   2s   2p

Jedes Kästchen bedeutet ein Orbital, jeder Pfeil ein Elektron. Entgegengesetzter Spin wird durch entgegengesetzte Pfeilrichtung angegeben.

1.72 B $1s^2\ 2s^2\ 2p^1$ oder

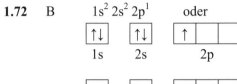

1.73 C   [↑↓] [↑↓] [↑][↑][ ]
             1s   2s   2p

Nach der Hund'schen Regel werden die Unterschalen so besetzt, dass die Anzahl der Elektronen mit gleicher Spinrichtung maximal wird. Dieser Zustand ist der energieärmste.

Die Elektronenkonfiguration

ist daher *nicht* der Grundzustand des C-Atoms.

1.74 Auf Grund der Hund'schen Regel ist b) richtig.

1.75

↑↓	↑↓	**↑↑** ↑ ↑
1s	2s	2p

Die beiden fett eingerahmten Elektronen stimmen in allen vier Quantenzahlen überein. Das widerspricht dem Pauli-Prinzip. Die richtige Konfiguration ist

O

↑↓	↑↓	↑↓ ↑ ↑
1s	2s	2p

1.76 Es gibt für jede Hauptquantenzahl nur drei p-Orbitale. Jedes Orbital kann mit 2 Elektronen entgegengesetzten Spins besetzt werden. Der Einbau eines siebenten Elektrons in die p-Unterschale würde dem Pauli-Prinzip widersprechen.

1.77 Die Hauptgruppenelemente sind s- oder p-Elemente. Bei ihnen werden die s- oder die p-Orbitale der äußersten Schale aufgefüllt. Die Nebengruppenelemente sind d-Elemente. Bei ihnen werden die d-Niveaus der zweitäußersten Schale besetzt. Die d-Orbitale werden erst dann aufgefüllt, wenn in der nächsthöheren Schale das s-Orbital bereits besetzt ist. Die Nebengruppenelemente bezeichnet man auch als Übergangselemente.

1.78 K $\quad 1s^2\,2s^2\,2p^6\,3s^2\,3p^6\,4s^1$

Bei Kalium beginnt die Auffüllung der vierten Schale, obwohl die 3d-Unterschale noch leer ist.

1.79 Fe $\quad 1s^2\,2s^2\,2p^6\,3s^2\,3p^6\,3d^6\,4s^2$

1.80 Mn $\quad 1s^2\,2s^2\,2p^6\,3s^2\,3p^6\,3d^5\,4s^2$

1.81 Zn $\quad 1s^2\,2s^2\,2p^6\,3s^2\,3p^6\,3d^{10}\,4s^2$

Struktur der Elektronenhülle

1.82

Periode			
1	1s 1–2		
2	2s 3–4		2p 5–10
3	3s 11–12		3p 13–18
4	4s 19–20	3d 21–30	4p 31–36
5	5s 37–38	4d 39–48	5p 49–54

Jeweils mit einem neuen s-Niveau beginnt eine neue Periode. Von der 4. Periode an werden innerhalb einer Periode Unterschalen verschiedener Hauptquantenzahlen aufgefüllt.

1.83 a) und c):

H																	He
Li	Be											B	C	N	O	F	Ne
Na	Mg											Al	Si	P	S	Cl	Ar
K	Ca	Sc	Ti	V	Cr	Mn	Fe	Co	Ni	Cu	Zn						

b) Auf Grund seiner Eigenschaften gehört Helium in die Gruppe der Edelgase.

d) Ihre Skizze sollte etwa wie folgt aussehen:

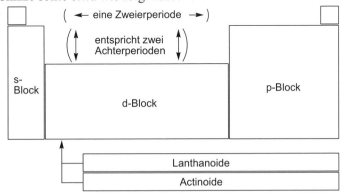

1.84 a) Alle Elemente der 7. Hauptgruppe/17. Gruppe (F, Cl, Br, I) haben auf der äußersten Schale zwei s- und fünf p-Elektronen. Sie besitzen auf der äußersten Schale die gemeinsame Elektronenkonfiguration $s^2 p^5$.

b) Die Elemente der 2. Hauptgruppe/2. Gruppe (Be, Mg, Ca, Sr, Ba) haben auf der äußersten Schale zwei s-Elektronen. Die gemeinsame Elektronenkonfiguration ist s^2.

> Die chemischen Eigenschaften sind im Wesentlichen auf die äußeren Elektronen zurückzuführen. Man bezeichnet sie daher als Valenzelektronen.
>
> Bei den Hauptgruppenelementen sind die s- und p-Elektronen der äußersten Schale Valenzelektronen, bei den Übergangselementen, die s-Elektronen der äußersten Schale und die d-Elektronen der zweitäußersten Schale.

1.85 a)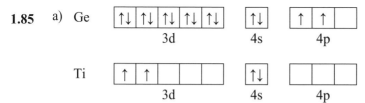

b) Beide Elemente besitzen vier Valenzelektronen.

1.86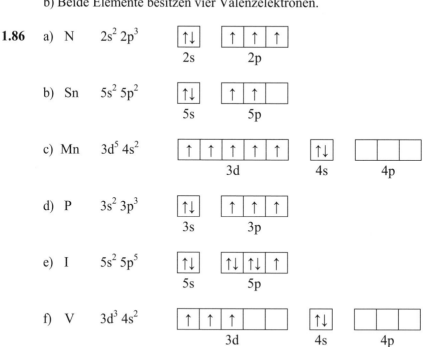

Struktur der Elektronenhülle 117

1.87
a) O, S, Se, Te   6. Hauptgruppe/16. Gruppe
b) W   6. (Neben-)Gruppe
Cr und Mo haben den Grundzustand $d^5 s^1$
c) C, Si, Ge, Sn, Pb   4. Hauptgruppe/14. Gruppe

Bei den Hauptgruppenelementen ist die Zahl der Valenzelektronen gleich der (früheren) Hauptgruppennummer im Periodensystem oder der (neuen) Gruppennummer des 18er-Systems minus 10 für die p-Elemente ab der 13. Gruppe.

1.88
a) Ca^{2+} $1s^2\ 2s^2\ 2p^6\ 3s^2\ 3p^6$
b) Fe^{3+} $1s^2\ 2s^2\ 2p^6\ 3s^2\ 3p^6\ 3d^5$
c) Zn^{2+} $1s^2\ 2s^2\ 2p^6\ 3s^2\ 3p^6\ 3d^{10}$

Wenn Atome der Nebengruppenelemente Ionen bilden, werden zuerst die s-Valenzelektronen abgegeben und dann erst die d-Valenzelektronen.

1.89 $Al^{3+}, O^{2-}, Cl^-, Ti^{4+}$
Die Ionen mit Edelgaskonfiguration haben auf der äußersten Schale die Konfiguration $s^2 p^6$.

Ionisierungsenergie · Elektronenaffinität

1.90   Be besitzt eine abgeschlossene s-Unterschale, N eine halbbesetzte p-Unterschale. Diese Konfigurationen sind energetisch bevorzugt.

Die Ionisierungsenergie spiegelt den Aufbau der Elektronenhülle unmittelbar wider.

1.91   Innerhalb einer Periode werden die Elektronen mit zunehmender Kernladung fester an den Kern gebunden. Sobald eine Edelgaskonfiguration erreicht ist, wird das folgende s-Elektron der nächsten Schale weniger fest gebunden.

1.92
a) $I_1 (Na) > I_1 (K)$
Innerhalb einer Hauptgruppe nimmt die Ionisierungsenergie mit wachsender Ordnungszahl ab. (In der 3. und 4. Hauptgruppe treten Unregelmäßigkeiten auf.)
b) $I_1 (P) > I_1 (S)$
P hat eine halbbesetzte p-Unterschale.

c) $I_1 (Mg) > I_1 (Al)$
Mg hat eine vollbesetzte s-Unterschale.

d) I_1 (Mg) > I_1 (Ca)

e) I_1 (Ne) > I_1 (Na)

f) I_1 (F) > I_1 (Cl)

1.93 Na besitzt eine höhere 2. Ionisierungsenergie als Mg: I_2 (Na) > I_2 (Mg). Na^+ besitzt eine Edelgaskonfiguration, daher ist zur Ablösung des zweiten Elektrons mehr Energie erforderlich als bei Mg^+.

1.94 Die Elektronenaffinität ist die Energie, die bei der Anlagerung eines Elektrons an ein neutrales Atom umgesetzt wird. Dieser Vorgang ist bei den meisten Nichtmetallatomen exotherm. Die Anlagerung eines zweiten Elektrons ist immer ein endothermer Prozess.

1.95 Die Elemente mit der größten Elektronenaffinität stehen in der 7. Hauptgruppe/17. Gruppe. Durch Anlagerung eines Elektrons entsteht aus der Konfiguration $s^2 p^5$ die stabile Edelgaskonfiguration $s^2 p^6$.

Wellencharakter der Elektronen · Eigenfunktionen des Wasserstoffatoms

1.96 $\lambda = \dfrac{h}{mv}$, Gleichung von de Broglie, mit λ = Wellenlänge, h = Planck'sches Wirkungsquantum, m = Masse, v = Geschwindigkeit. Bei der Geschwindigkeit $v = 10^6$ m s^{-1} liegt die Wellenlänge im Bereich der Röntgenstrahlen.

1.97 Es ist ein Maß für die Wahrscheinlichkeit, das Elektron in einem Volumenelement dV anzutreffen.

1.98

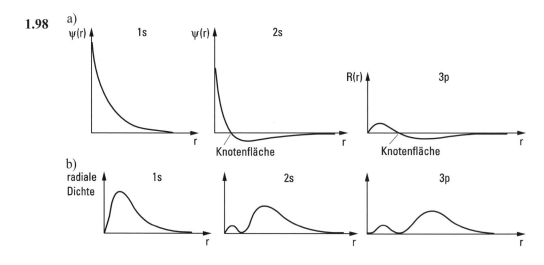

Struktur der Elektronenhülle

Im Hinblick auf die Behandlung der chemischen Bindung sollten Sie unbedingt wissen, dass p-Orbitale hantelförmig sind und dass der Index x, y oder z die räumliche Orientierung in Richtung der x-, y- oder z-Achse angibt.

In der Wellenfunktion $\psi_{n,l,m_l} = \underbrace{[N]}_{\text{Normierungskonstante}} \cdot \underbrace{[R_{n,l}(r)]}_{\text{Radialfunktion}} \cdot \underbrace{\left[\chi_{l,m_l}\left(\frac{x}{r},\frac{y}{r},\frac{z}{r}\right)\right]}_{\text{Winkelfunktion in kartesischen Koordinaten}}$ bestimmt die

Radialfunktion die Ausdehnung der Ladungswolke des Elektrons (vgl. Aufg. 1.98). Aus der Winkelfunktion erhält man die die Gestalt und die räumliche Orientierung der Ladungswolke. Sie wird auch Kugelflächenfunktion genannt. Aus ihr ergeben sich auch die unterschiedlichen Vorzeichen bei den Orbitallappen der p- und d-Orbitale bei den Polardiagrammen (siehe Riedel/Janiak, Anorganische Chemie, 8. Aufl., Abb. 1.34). Das lässt sich am besten mit der normierten Winkelfunktion in kartesischen Koordinaten nachvollziehen.

Normierte Winkelfunktion des Wasserstoffatoms zu p- und d-Orbitalen:

Quantenzahlen			Orbital	Normierte Winkelfunktion $\chi_{l,m_l}\left(\frac{x}{r},\frac{y}{r},\frac{z}{r}\right)$	Vorzeichen als Funktion des Achsenabschnitts oder Quadranten (Q.)
n	l	m_l [a]			
2	1	(1)	$2p_x$	$\frac{\sqrt{3}}{2\sqrt{\pi}} \frac{x}{r}$	+ für x > 0 − für x < 0
2	1	0	$2p_z$	$\frac{\sqrt{3}}{2\sqrt{\pi}} \frac{z}{r}$	+ für z > 0 − für z < 0
2	1	(−1)	$2p_y$	$\frac{\sqrt{3}}{2\sqrt{\pi}} \frac{y}{r}$	+ für y > 0 − für y < 0
3	2	(2)	$3d_{xy}$	$\frac{\sqrt{15}}{2\sqrt{\pi}} \frac{xy}{r^2}$	+ für x, y > 0 und x, y < 0 (1. + 3. Q.) − für x < 0, y > 0 u. umgek. (2. + 4. Q.)
3	2	(1)	$3d_{xz}$	$\frac{\sqrt{15}}{2\sqrt{\pi}} \frac{xz}{r^2}$	+ für x, z > 0 und x, z < 0 (1. + 3. Q.) − für x < 0, z > 0 u. umgek. (2. + 4. Q.)
3	2	0	$3d_{z^2}$	$\frac{\sqrt{5}}{4\sqrt{\pi}} \frac{3z^2-r^2}{r^2}$	+ für $3z^2 > r^2$ und z > oder < 0 (Orbitallappen entlang z-Achse) − für $3z^2 < r^2$ (Torus)
3	2	(−1)	$3d_{yz}$	$\frac{\sqrt{15}}{2\sqrt{\pi}} \frac{yz}{r^2}$	+ für y, z > 0 und y, z < 0 (1. + 3. Q.) − für y < 0, z > 0 u. umgek. (2. + 4. Q.)
3	2	(−2)	$3d_{x^2-y^2}$	$\frac{\sqrt{15}}{4\sqrt{\pi}} \frac{x^2-y^2}{r^2}$	+ für |x| > |y| (Orbitallappen entlang x-Achse) − für |y| > |x| (Orbitallappen entlang y-Achse)

[a] p_z- und d_{z^2}-Orbital entsprechen $m_l = 0$. Für die anderen Orbitale gibt es aber keine entsprechende Korrelation mit den m_l-Werten.

2. Die chemische Bindung

Ionenbindung

Ionengitter · Koordinationszahl

2.1 In einem Kristall sind die Bausteine dreidimensional periodisch angeordnet. Diese regelmäßige Anordnung nennt man Kristallgitter.

2.2 In Kristallen existiert eine regelmäßige dreidimensionale Anordnung der Bausteine (Fernordnung). In Gläsern sind Ordnungen der Bausteine nur in kleinen Bereichen vorhanden (Nahordnung). Beim Erwärmen schmelzen sie daher nicht bei einer bestimmten Temperatur, sondern erweichen allmählich.

2.3 Die Kristallbausteine können Atome, Ionen oder Moleküle sein. Nach der Art der Kristallbausteine und der zwischen ihnen wirkenden Bindungskräfte unterscheidet man zwischen Atomkristallen, Metallkristallen, Ionenkristallen und Molekülkristallen.

2.4 a) Die Bindungskräfte sind elektrostatischer Natur. Kationen und Anionen ziehen sich auf Grund der entgegengesetzten elektrischen Ladung an. Die Anziehungskraft wird durch das Coulomb'sche Gesetz beschrieben.

b) Die Anziehungskraft ist ungerichtet; sie ist in allen Raumrichtungen wirksam.

2.5 Die Gitterenergie ist die Energie, die frei wird, wenn sich die Ionen aus unendlicher Entfernung einander nähern und einen Kristall bilden.

2.6 a)   b)

$Na \rightarrow Na^+ + e^-$ Ionisierungsenergie von Natrium

$Cl + e^- \rightarrow Cl^-$ Elektronenaffinität von Chlor

$Na^+ + Cl^- \rightarrow$ NaCl-Gitter   Gitterenergie

2.7 Die Bildung von Ionenverbindungen ist energetisch günstig, wenn bei einem Element wenig Ionisierungsenergie aufgewendet werden muss und bei dem anderen Element möglichst viel Elektronenaffinität frei wird.

2.8 Typische Ionenverbindungen bilden
     Na mit F, O und Cl
und Ca mit F, O und Cl.

Typische Ionenverbindungen entstehen durch Vereinigung von ausgeprägt metallischen Elementen mit solchen Nichtmetallen, die im PSE in der rechten oberen Ecke stehen.

2.9 a)

Auftretende Ionen	Elektronenkonfiguration
Na^+, F^-, O^{2-}	$1s^2\ 2s^2\ 2p^6$
Cl^-, Ca^{2+}	$1s^2\ 2s^2\ 2p^6\ 3s^2\ 3p^6$

b) Die aufgeführten Ionen haben die Elektronenkonfigurationen der Edelgase Neon ($1s^2\ 2s^2\ 2p^6$) und Argon ($1s^2\ 2s^2\ 2p^6\ 3s^2\ 3p^6$).

c) NaF, Na_2O, NaCl, CaF_2, CaO, $CaCl_2$.

2.10 a) Kationen: positive Ladung = (frühere) Hauptgruppennummer

b) Anionen: negative Ladung = 8 minus (früherer) Hauptgruppennummer oder 18 minus (neuer) Gruppennummer des 18er-Systems.

Hierin drückt sich das Bestreben der Atome aus, die Elektronenkonfiguration der Edelgase zu erreichen.

2.11 Nein, für Ionenverbindungen werden keine Bindungsstriche verwendet.

2.12 Die Koordinationszahl (KZ) eines Ions ist die Zahl der nächsten, gleich weit entfernten und entgegengesetzt geladenen Ionen, von denen es im Kristall umgeben ist.

2.13 a)

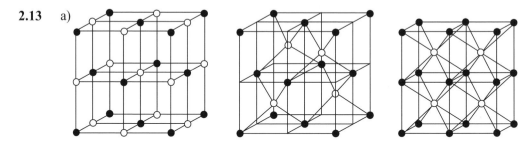

Die Teilgitter der Kationen und Anionen sind identisch. Die schwarzen und weißen Kreise sind daher vertauschbar.

Ionenbindung   123

b) Koordinationszahlen
   6   4   8

c) Koordinationspolyeder:

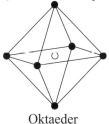   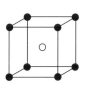

   Oktaeder   Tetraeder   Würfel

d) NaCl-/Natriumchlorid-   ZnS-/Zinkblende-   CsCl-/Cäsiumchlorid-Gitter

2.14 Im Kristall gibt es keine isolierten CsCl-Baugruppen. Die Bindung existiert nicht nur zwischen *einem* Cs^+-Ion und *einem* Cl^--Ion. Die Coulomb'sche Anziehung ist in allen Raumrichtungen gleich wirksam. Im CsCl-Kristall werden daher von jedem Ion acht Nachbarn gleich stark gebunden.

2.15   Fluorit-Struktur   Rutil-Struktur
    a)   8   :   4   6   :   3

               Würfel   Tetraeder   Oktaeder   Dreieck
    b)   • Kation   • Kation
              ○ Anion   ○ Anion

2.16 Die Koordinationszahl der Siliciumionen ist vier.

      Das Verhältnis der Koordinationszahl von Silicium zu der von Sauerstoff muss 2 : 1 sein, da das stöchiometrische Verhältnis der Ionen 1 : 2 beträgt.

Ionenradien · Radienquotienten

2.17 $r(Be^{2+}) < r(Ca^{2+})$ $r(Co^{2+}) > r(Co^{3+})$
      $r(Mg^{2+}) > r(Al^{3+})$ $r(F^-) < r(Br^-)$
      $r(Li^+) < r(Na^+)$ $r(Cl^-) > r(K^+)$
      $r(Ca^{2+}) > r(Mg^{2+})$ $r(K^+) > r(Al^{3+})$
      $r(Fe^{2+}) > r(Fe^{3+})$ $r(Na^+) > r(Mg^{2+})$
      $r(Cl^-) < r(I^-)$ $r(Al^{3+}) < r(O^{2-})$
      $r(F^-) > r(Na^+)$ $r(Na^+) < r(Cl^-)$

Der Ionenradius nimmt jeweils ab:
1) bei Ionen desselben Elements mit steigender Ionenladung,
2) in einer Gruppe des PSE von unten nach oben,
3) bei gleicher Elektronenkonfiguration mit wachsender Ordnungszahl.

2.18 a) Bei höherer Ionenladung ziehen sich entgegengesetzt geladene Ionen im Gitter stärker an. Der Gleichgewichtsabstand der Ionen im Gitter nimmt daher ab.

b) Bei gleicher Elektronenkonfiguration nimmt der Radius mit steigender Kernladung ab, da die Elektronenhüllen vom Kern stärker angezogen werden.

2.19 Die in der Antwort zu Aufg. 2.17 unter 2) und 3) genannten Effekte kompensieren sich annähernd.

2.20 Sowohl die Zunahme der Kernladung als auch die Zunahme der Ionenladung (durch dichtere Annäherung der entgegengesetzt geladene Ionen im Kristallgitter) bewirken eine Abnahme des Ionenradius. Für das Paar O^{2-}, F^- sind diese beiden Effekte entgegengesetzt, für das Paar Na^+, Mg^{2+} wirken sie gleichsinnig.

2.21 Wenn ein bestimmter Wert von $\frac{r_K}{r_A}$ unterschritten wird, ist eine kleinere Koordinationszahl günstiger. Bei gleichbleibender geometrischer Anordnung kann der Abstand von Kation und Anion nicht weiter abnehmen, sobald sich die Anionen berühren. Eine weitere Annäherung ist erst dann wieder möglich, wenn die Koordinationszahl kleiner wird.

Die folgende Tabelle gibt die Bereiche der Radienverhältnisse für die wichtigsten Koordinationszahlen des Kations an.

KZ	r_K / r_A
4	0,22–0,41
6	0,41–0,73
8	> 0,73

2.22 Da das Radienverhältnis $r_K / r_A = 0,54$ ist, haben die Mg^{2+}-Ionen die Koordinationszahl 6, die F^--Ionen müssen die Koordinationszahl 3 haben.
MgF_2 kristallisiert im Rutilgitter (vgl. Aufg. 2.15).

2.23 $r_K / r_A = 0,89$, Pb^{2+} KZ = 8, F^- KZ = 4, PbF_2 kristallisiert im Fluoritgitter (Aufg. 2.15).

Gitterenergie

2.24

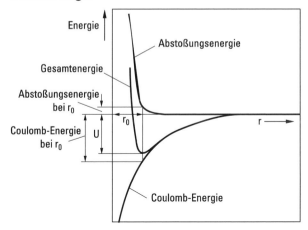

Bei der Annäherung der Ionen wird Coulomb-Energie frei. Die Energie des Ionengitters nimmt daher ab. Gegen die Abstoßung der Elektronenhüllen der Ionen muss bei Annäherung Arbeit verrichtet werden.

Bei großen Abständen überwiegt die Coulomb-Energie, bei sehr kleinen Abständen die Abstoßungsenergie. Die resultierende Gesamtenergie durchläuft daher ein Minimum.

Die Lage des Minimums bestimmt den Gleichgewichtsabstand r_0 der Ionen im Gitter, die frei werdende Gesamtenergie beim Abstand r_0 ist die Gitterenergie U.

Die Gitterenergie beträgt etwa 90% der Coulomb-Energie.

2.25 a) Bei gleicher Ionenladung wächst die Gitterenergie mit abnehmendem Abstand. Kleinere Ionen liefern bei gleichem Gittertyp höhere Gitterenergien.

b) Mit wachsender Ionenladung wächst die Gitterenergie stark an, da die Coulomb-Energie proportional dem Produkt der Ionenladungszahlen $Z_A \cdot Z_K$ ist.

$$U_C \sim \frac{Z_A \cdot Z_K}{r_0}$$

2.26 $U(CaO) > U(BaO)$, da $r_{Ca^{2+}} < r_{Ba^{2+}}$

$U(NaI) < U(NaCl)$, da $r_{I^-} > r_{Cl^-}$

$U(LiF) < U(MgO)$, da $Z_{Li^+} \cdot Z_{F^-} < Z_{Mg^{2+}} \cdot Z_{O^{2-}}$

2.27 $Z_{Na^+} \cdot Z_{F^-} : Z_{Ca^{2+}} \cdot Z_{O^{2-}} = 1 : 4$. Das Verhältnis der Gitterenergien von NaF und CaO ist daher ungefähr 1 : 4 (vgl. Aufg. 2.25).

2.28 Mit steigender Gitterenergie nehmen sowohl die Härte als auch die Schmelzpunkte von Ionenkristallen zu. Beide Größen wachsen daher in der Reihe NaI, NaCl, BaO, MgO.

Ionenleitung · Fehlordnung

2.29 a) Wanderung von Kationenleerstellen, von Zwischengitterkationen und Verdrängung von Gitterkationen durch Zwischengitterkationen.

b) Wanderung von Kationenleerstellen und Anionenleerstellen.

2.30 a) Bei Silberhalogeniden, b) bei Alkalimetallhalogeniden.

2.31 a) Zwei Y^{3+}-Ionen verdrängen zwei Zr^{4+}-Ionen von den Gitterplätzen. Die verdrängten Zr^{4+}-Ionen reagieren mit den Sauerstoffionen von Y_2O_3 und einem Sauerstoffion des ZrO_2-Gitters wieder zu ZrO_2. Es entsteht daher eine zweifach positiv geladene Sauerstoffleerstelle im ZrO_2-Gitter und dadurch Anionenleitung (bei 1000 °C etwa $5 \cdot 10^{-2}\ \Omega^{-1}\ cm^{-1}$).

b) $Y_2O_3 + 2\,Zr_{Zr} + O_O \rightarrow 2\,Y'_{Zr} + V_O^{\bullet\bullet} + 2\,ZrO_2$

Die ZrO_2-Y_2O_3-Anionenleiter werden in Brennstoffzellen und zur Bestimmung von kleinen O_2-Partialdrücken verwendet.

Atombindung

Elektronenpaarbindung · Lewis-Formeln

2.32 a) Ionenbindung: LiF, Al_2O_3, BaO, KBr, CsCl

b) Atombindung: C(Diamant), C_2H_6, CO_2, NH_3, SiH_4, SO_2, Cl_2

Ionenbindung tritt bei den Verbindungen von Metallen mit Nichtmetallen auf.

Nichtmetallatome bilden untereinander Atombindungen aus, und zwar nicht nur in Verbindungen, sondern auch in elementaren Stoffen, wie z. B. Diamant und Chlor.

2.33 a) Die Striche 1 und 3 bedeuten bindende Elektronenpaare.

Bindende Elektronenpaare werden zwischen die Elementsymbole geschrieben. Sie gehören beiden Atomen gemeinsam an.

Die Striche 2 und 4 bedeuten nichtbindende Elektronenpaare.

b) Zwei. Die beiden Wasserstoffatome sind durch je eine Elektronenpaarbindung an das Sauerstoffatom gebunden.

2.34 Die Striche 1 und 5 bedeuten nichtbindende Elektronenpaare, die Striche 2 bis 4 bedeuten bindende Elektronenpaare.

Atombindung

2.35 Man erhält die Formeln nach folgendem Prinzip:

Jedes ungepaarte Elektron kann mit einem ungepaarten Elektron eines anderen Atoms eine Elektronenpaarbindung bilden.

	H·	·C̈·	|Ö·|	|C̄l̄·|
H·	H_2 H–H	CH_4 H–C(H)(H)–H	H_2O H–O–H	HCl H–C̄l̄
·C̈·			CO_2 ⟨O=C=O⟩	CCl_4 C̄l–C(C̄l)(C̄l)–C̄l
|Ö·|			O_2 ⟨O=O⟩ (|O∺O|)	Cl_2O C̄l–O–C̄l
|C̄l̄·|				Cl_2 |C̄l–C̄l|

Bei anderen möglichen Molekülen wie z. B. CO sind die Bindungsverhältnisse komplizierter. Sie werden später behandelt, s. auch Riedel/Janiak, Anorganische Chemie, 8. Aufl.

2.36 Bei Hauptgruppenelementen sind an Bindungen nur Elektronen der äußersten Schale beteiligt. Die Elektronen der äußersten Schale werden daher als Valenzelektronen bezeichnet. Die Elektronen der inneren Schalen brauchen bei der Betrachtung von Bindungen nicht berücksichtigt zu werden (vergleichen Sie Aufg. 1.85–1.87).

Bei Verbindungsbildungen werden allerdings nicht immer alle Valenzelektronen benutzt.

2.37 B: drei Valenzelektronen
 N: fünf Valenzelektronen
 C: vier Valenzelektronen
 Cl: sieben Valenzelektronen

2.38 a)

H–N(H)–H   F–C(F)(F)–F   ⟨S=C=S⟩   C̄l–P(C̄l)–C̄l |C̄l–F̄| ⟨F–O–F⟩

b) In den genannten Verbindungen werden gerade so viele Atombindungen ausgebildet, dass für jedes Atom Edelgaskonfiguration entsteht.

Außer für Wasserstoff gilt daher: Zahl der Bindungen = 8 minus (frühere) Hauptgruppennummer.

Angeregter Zustand · Bindigkeit · Formale Ladung

2.39 Durch Anregung eines 2s-Elektrons in den 2p-Zustand erhält man ein angeregtes Kohlenstoffatom (C*) folgender Konfiguration:

C* [↑]   [↑|↑|↑]
    2s   2p

Das angeregte Kohlenstoffatom hat vier ungepaarte Elektronen und kann daher vier Atombindungen bilden.

2.40 a) Im Gegensatz zum Kohlenstoffatom ist beim Stickstoffatom eine Anregung nur durch Übergang eines Elektrons von der L-Schale in die energetisch viel höher gelegene M-Schale möglich. Diese Anregungsenergie kann jedoch durch Ausbildung weiterer Atombindungen nicht gedeckt werden. Dies gilt für alle Hauptgruppenelemente.

Die Hauptgruppenelemente können nicht mehr als vier 2-Zentren-2-Elektronen-(2Z/2E-)Atombindungen ausbilden (Oktettregel).

b) Das Sauerstoffatom hat im Grundzustand nur zwei ungepaarte Elektronen:

O [↑↓] [↑↓|↑|↑]
    2s   2p

H_4O könnte nur von einem angeregten Sauerstoffatom gebildet werden. Die Anregung eines Elektrons in höhere Orbitale, z. B. das 3s-Orbital, erfordert so viel Energie, dass keine chemische Verbindung mit einem angeregten Sauerstoffatom gebildet wird. Daher können sich nur zwei Elektronenpaarbindungen ausbilden.

Denkbar wäre eine Verbindung H_4O^{2+} (isoelektronisch zu CH_4 und NH_4^+).

2.41 Den Hauptgruppenelementen stehen nur vier Orbitale zur Ausbildung von Atombindungen zur Verfügung. Stickstoff kann maximal vierbindig sein (vgl. Aufg. 2.40 und 2.44).

2.42 a) Die einzig mögliche Formel, die die geforderte Bedingung erfüllt, ist |C≡O|.

b) C: formale Ladung –1
O: formale Ladung +1

Atombindung

Die formale Ladung gibt man in der Lewis-Formel folgendermaßen an: $|\overset{\ominus}{C}{\equiv}\overset{\oplus}{O}|$

$\overset{\ominus}{C}$ und $\overset{\oplus}{O}$ haben die gleiche Elektronenkonfiguration wie N. Sie können daher wie N in N_2 drei Atombindungen bilden.

Man muss sich klar darüber sein, dass die formale Ladung keine tatsächlich am Atom auftretende Ladung ist.

2.43 [Lewis-Formeln: NH_4^+, NO_3^-, CN^-, H_3O^+, NO_2^+, N_2O, $F_2B{-}NH_2$]

2.44 a) [drei Lewis-Formeln von H_3PO_4]

Die linke Lewis-Formel erfüllt mit der Einführung von Formalladungen die Oktettregel. Die mittlere Lewis-Formel zeigt, dass nichtklassische π-Bindungen (gestrichelte Linie, Hyperkonjugation) vom terminalen O- zum P-Atom die σ-Bindung verstärken (gemäß der Molekülorbital-Beschreibung). Häufig wird auch die (vereinfachte) rechte, eingeklammerte Lewis-Formel mit einer „Doppelbindung" zwischen P und terminalem O geschrieben. Dabei steht der zweite Valenzstrich aber *nicht* für eine *2-Zentren-2-Elektronen-π-Doppelbindung*.

Valenzstriche sind Symbole, die für unterschiedliche Bindungen verwendet werden. Sie können für „normale" 2-Zentren-2-Elektronen-Bindungen aber auch für Mehrzentrenbindungen stehen.

b) Das Phosphoratom bildet vier kovalente 2-Zentren-2-Elektronen-Bindungen zu den vier Sauerstoffatomen. Dazu kommen Mehrzentrenbindungen von den freien Elektronenpaaren des terminalen O-Atoms in die leeren σ_p^*-Orbitale (siehe das MO-Diagramm zu ClO_4^- – isoelektronisch zu PO_4^{3-} – in Abb. 2.74 in Riedel/Janiak, Anorganische Chemie, 8. Aufl. und Riedel, Allgemeine und Anorganische Chemie, 9. Aufl., Abb. 2.55).

c)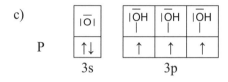

Eine Molekülorbital-Beschreibung (s. Literatur unter b) macht aber im Unterschied zum Kästchenschema deutlich, dass das Phosphor-s- und die drei p-Orbitale jeweils gleichzeitig mit mehreren Sauerstoffatomen ein σ_s- und drei σ_p-bindende (und zugehörige antibindende) Molekülorbitale bilden. Die vier bindenden MOs sind mit acht Elektronen (fünf vom P-Atom und drei von den O-Atomen) gefüllt.

2.45 Die Verbindungen SF_6 und SiF_6^{2-} sind isoelektronisch, so dass die jeweilige Beschreibung durch Lewis-Formeln oder ein Molekülorbitaldiagramm sehr ähnlich ist.

Die linken mesomeren Lewis-Formeln erfüllen mit der Einführung von Formalladungen die Oktettregel. Häufig wird auch die rechte, eingeklammerte Lewis-Formel geschrieben. Es liegen jedoch *keine sechs 2-Zentren-2-Elektronen-Bindungen* vor. Ein Molekülorbital-Diagramm (siehe Abb. 2.75 in Riedel/Janiak, Anorganische Chemie, 8. Aufl.) zeigt, dass das S/Si-s- und die drei p-Orbitale jeweils gleichzeitig mit allen sechs Fluoratomen ein σ_s- und drei σ_p-bindende Molekülorbitale bilden, die mit acht Elektronen gefüllt sind. Damit bestehen vier 7-Zentren-2-Elektronen-Bindungen, ergänzt durch zwei nichtbindende Molekülorbitale der sechs Fluoratome. Dieser Sachverhalt wird durch die mesomeren Lewis-Formeln ebenfalls zum Ausdruck gebracht und könnte durch die mittlere Lewis-Formel mit ausschließlich gestrichelten S/Si---F-Bindungen in einer Formel verdeutlicht werden. Die S/Si–F-Bindungen sind stark polar.

Nichtklassische π-Bindungen (Hyperkonjugation) von den freien Elektronenpaaren der F-Atome in die leeren σ_p*-Orbitale können die σ-Bindungen verstärken.

Zu Mesomerie siehe Aufg. 2.90–2.95.

2.46 Die Abstände der Fluoratome in beiden Verbindungen wären kleiner als ihre van-der-Waals-Durchmesser, was zu einer Inter-Fluoratom-Abstoßung und damit Aufweitung und Schwächung der O/N–F-Bindung führt.

SF_6 und PF_5 sind auch deshalb stabiler, weil die S–F- und die P–F-Bindungen polarer sind als die O–F- und die N–F-Bindungen. Die Existenz von hyperkoordinierten Molekülen wird im Wesentlichen durch genügend polare Bindungen bedingt. Eine d-Orbitalbeteiligung ist für die Elemente der zweiten und dritten Periode nicht essenziell und sollte nicht für die Unterschiede zwischen OF_6 und SF_6 oder NF_5 und PF_5 herangezogen werden. Die Oktettregel wird in keinem der vorstehenden Moleküle verletzt (vgl. Aufg. 2.45). In einem hyperkoordinierten EF_6 oder EF_5 Molekül entspricht eine konventionelle Lewis-Formel *nicht sechs oder fünf 2-Zentren-2-Elektronen-Bindungen*, sondern stellt Mehrzentrenbindungen dar. Aufgrund des hohen ionischen Bindungscharakters werden weniger als 2 Elektronen zwischen den gebundenen Atomen geteilt.

Valenzschalen-Elektronenpaar-Abstoßungs-(VSEPR-)Modell

2.47 Berechnung der Zahl der Elektronenpaare:

$XeOF_2$: 8e(Xe) + 2e(O) + 2e(2F) = 12e $\Rightarrow$ 6 Elektronenpaare, davon werden 2 Elektronenpaare für die Xe=O-Doppelbindung benötigt (2B = B), 2 Elektronenpaare (B_2) für die beiden Xe–F-Bindungen. Es verbleiben 2 freie Elektronenpaare (E_2).

Die beiden Elektronenpaare einer Doppelbindung (2B) befinden sich in einem Raumbereich zwischen Zentral- und Ligandenatom. Für die Typ-Eingruppierung wird dieser Raumbereich der Doppelbindung dem Raumbereich einer Einfachbindung (B) gleichgesetzt, d. h., 2B = B und A(2B)B... = AB_2...

Typ: $A(2B)B_2E_2 = AB_3E_2$ $\Rightarrow$ T-förmige Struktur mit den beiden F-Atomen trans zueinander und Xe=O in der Mitte oder unter Berücksichtigung der beiden freien Elektronenpaare E eine trigonal-bipyramidale Anordnung mit Xe=O und E_2 in der äquatorialen Ebene (größere Raumbeanspruchung von Doppelbindung und freien Elektronenpaaren).

$XeOF_4$: 8e(Xe) + 2e(O) + 4e(4F) = 14e $\Rightarrow$ 7 Elektronenpaare, davon werden 2 Elektronenpaare für die Xe=O-Doppelbindung benötigt (2B = B), 4 Elektronenpaare (B_4) für die vier Xe–F-Bindungen. Es verbleibt 1 freies Elektronenpaar (E).

Typ: $A(2B)B_4E = AB_5E$ $\Rightarrow$ quadratisch-pyramidale Struktur mit den vier F-Atomen in der Ebene und Xe=O in axialer Stellung oder unter Berücksichtigung des freien Elektronenpaares eine oktaedrische Struktur mit Xe=O und E trans zueinander.

ClO_3^- und XeO_3 sind isovalenzelektronisch: 8e(Cl^-/Xe) + 6e(6O) = 14e $\Rightarrow$ 7 Elektronenpaare, davon werden 6 Elektronenpaare für die drei Cl^-/Xe=O-Doppelbindungen benötigt (3×2B = B_3). Es verbleibt 1 freies Elektronenpaar (E).

Typ: $A(2B)_3E = AB_3E$ $\Rightarrow$ trigonal-pyramidale Struktur oder unter Berücksichtigung des freien Elektronenpaares eine tetraedrische Struktur.

Das VSEPR-Modell liefert schnell eine anschauliche Deutung der Molekülstrukturen. Es ist gut für kovalente Hauptgruppenverbindungen anwendbar. Für die Nebengruppenelemente kann das Modell in der Regel nicht verwendet werden.

Das VSEPR-Modell erlaubt eine Interpretation der Molekülgeometrie um ein Zentralatom. Das Koordinationspolyeder und die Konfiguration der Ligandenatome (cis, trans usw.) lassen sich erklären und auch vorhersagen. Bindungswinkel können abgeschätzt werden.

> Das VSEPR-Modell gibt aber keine Beschreibung der elektronischen Struktur. Es ist im Gegenteil in Bezug auf die elektronische Struktur sogar irreführend, da es lokalisierte 2-Zentren-2-Elektronen-Bindungen vorspiegelt, wo tatsächlich Mehrzentrenbindungen vorliegen (vgl. dazu Aufg. 2.44–2.46).

2.48 PF_2Cl_3: Größere Liganden (Cl) besetzen die mehr Platz bietenden äquatorialen Positionen.

Alternativ: Elektronegative Substituenten ziehen bindende Elektronenpaare stärker an sich heran und vermindern damit deren Raumbedarf. In der trigonalen Bipyramide besetzen die elektronegativeren Atome – da ihre Bindungselektronen weniger Raum beanspruchen – die axialen Positionen.

XeF_3^+ : 8e(Xe) + 3e(3F) − 1e(+) = 10e ⇒ 5 Elektronenpaare, davon werden 3 Elektronenpaare für die drei Xe–F-Bindungen benötigt. Es verbleiben 2 freie Elektronenpaare (E_2).

Typ: AB_3E_2 ⇒ T-förmige Struktur oder unter Berücksichtigung der beiden freien Elektronenpaare E eine trigonal-bipyramidale Anordnung mit E_2 in der äquatorialen Ebene (größere Raumbeanspruchung von freien Elektronenpaaren).

Der Platzbedarf der freien Elektronenpaare verringert die F–Xe–F-Bindungswinkel zu kleiner 90°.

SF_4: 6e(S) + 4e(4F) = 10e : 2 ⇒ 5 Elektronenpaare, davon werden 4 Elektronenpaare für die vier S–F-Bindungen benötigt. Es verbleibt 1 freies Elektronenpaar (E).

Typ: AB_4E ⇒ verzerrter Tetraeder bis verzerrt pyramidal mit A als Spitze.

Der Platzbedarf der freien Elektronenpaare verringert die F–S–F-Bindungswinkel zu kleiner 120° und kleiner 180°.

Elektronegativität · Polare Atombindungen

2.49 Die Elektronegativität ist ein Maß für die Fähigkeit eines Atoms, in einer Bindung die bindenden Elektronen an sich zu ziehen.

2.50 Das elektronegativere Cl-Atom hat die größere Tendenz, das bindende Elektronenpaar an sich zu ziehen, als das H-Atom. Die Bindungselektronen sind daher ungleichmäßig auf die beiden Atome verteilt, es entsteht eine polare Atombindung. Die Polarität der Bindung kann durch die Partialladungen δ+ und δ− zum Ausdruck gebracht werden:

$$\overset{\delta+}{H} : \overset{\delta-}{\ddot{\underset{..}{Cl}}} :$$

Atombindung

In der Schreibweise mit Punkten kann man eine unpolare Atombindung, polare Atombindung und Ionenbindung folgendermaßen darstellen:

Unpolare Atombindung	:C̈l : C̈l:	
Polare Atombindung	$\delta+$ $\delta-$ H : C̈l:	zunehmende Elektronegativitätsdifferenz
Ionenbindung	Na^+ :C̈l:$^-$	

2.51 Nein.

2.52 Die Tendenz eines gebundenen Atoms, die Bindungselektronen an sich zu ziehen, wird um so größer sein, je größer die Fähigkeit des freien Atoms ist, sein eigenes Elektron festzuhalten (größere Ionisierungsenergie) und ein zusätzliches Elektron aufzunehmen (größere Elektronenaffinität).

2.53 Die Elektronegativität wird größer
a) innerhalb einer Gruppe des Periodensystems von unten nach oben,
b) innerhalb einer Periode von links nach rechts.
Wasserstoff hat ungefähr die gleiche Elektronegativität wie Bor.

2.54 a) niedrigste Na < Al < C < N < O höchste Elektronegativität
b) niedrigste K < Si < S < Cl < F höchste Elektronegativität

2.55 a) höchste NaF > MgO > H_2O > CH_4 niedrigste Elektronegativitätsdifferenz
b) höchste NaF > MgO > H_2O > CH_4 niedrigste Bindungspolarität
Die Reihenfolge ist identisch, weil sich die Bindungspolarität im Wesentlichen aus der Elektronegativitätsdifferenz ergibt.

Ionenbindung und Atombindung sind Grenzfälle der chemischen Bindung, zwischen denen es fließende Übergänge gibt (vgl. Aufg. 2.50)

2.56 höchste KCl > $MgCl_2$ > HCl > H_2S niedrigste Elektronegativitätsdifferenz

2.57 $\overset{\delta-}{F}-\overset{\delta+}{Cl}$, $\overset{\delta-}{O}-\overset{\delta+}{S}$, $\overset{\delta+}{H}-\overset{\delta-}{S}$, $\overset{\delta-}{O}-\overset{\delta+}{F}$, $\overset{\delta+}{H}-\overset{\delta-}{N}$, $\overset{\delta-}{O}-\overset{\delta+}{Si}$, $\overset{\delta+}{P}-\overset{\delta-}{Cl}$, $\overset{\delta-}{Cl}-\overset{\delta+}{I}$

Oxidationszahl

Die Oxidationszahl eines Atoms im elementaren Zustand ist null.

In Ionenverbindungen ist die Oxidationszahl eines Elements identisch mit der Ionenladung.

Bei kovalenten Verbindungen wird die Verbindung gedanklich in Ionen aufgeteilt. Die Aufteilung erfolgt so, dass die Bindungselektronen dem elektronegativeren Partner zugeteilt werden. Die Oxidationszahl ist dann identisch mit der so erhaltenen Ionenladung.

Beispiel: Aus Ca^{2+} [O=C=O Struktur] erhält man $\overset{+2}{Ca}$, $\overset{+4}{C}$ und $\overset{-2}{O}$.

2.58 $\overset{+2}{Mg}\overset{-2}{O}$, $\overset{+2}{Ca}\overset{-1}{H_2}$, $\overset{+5}{P}\overset{-1}{Cl_5}$, $\overset{+1}{H_3}\overset{+5}{P}\overset{-2}{O_4}$, $\overset{+1}{Cl}\overset{-1}{F}$, $\overset{0}{O_3}$, $\overset{-3}{N}\overset{+1}{H_3}$,

$\overset{+1}{H}\overset{+5}{N}\overset{-2}{O_3}$, $\overset{+1}{H_2}\overset{-2}{S}$, $\overset{+2}{O}\overset{-1}{F_2}$, $\overset{+4}{C}\overset{-2}{O_2}$, $\overset{+1}{H_3}\overset{-2}{O}{}^+$, $\overset{+4}{S}\overset{-2}{O_3^{2-}}$

2.59 a)

Element	maximale negative Oxidationszahl	Verbindungen	maximale positive Oxidationszahl	Verbindungen
S	−2	H_2S, Na_2S	+6	SO_3, SF_6, H_2SO_4
F	−1	HF, KF, CaF_2		
Al			+3	Al_2O_3, AlF_3
N	−3	NH_3, Mg_3N_2	+5	HNO_3, N_2O_5
H	−1	LiH, CaH_2	+1	HCl, H_2O

b) Die maximale positive Oxidationszahl ist identisch mit der (früheren) Hauptgruppennummer des Elements (oder für p-Elemente Gruppennummer minus 10 im 18er System).

Die maximale negative Oxidationszahl beträgt 8 minus (früherer) Hauptgruppennummer oder 18 minus (neuer) Gruppennummer des 18er-Systems.

Auf Grund seiner besonderen Stellung im Periodensystem kann Wasserstoff nur mit den Oxidationszahlen +1, 0 und −1 auftreten.

Als elektronegativstes Element kann Fluor keine positiven Oxidationszahlen haben.

Atombindung

2.60

	Lewis-Formel	Oxidationszahl	Bindigkeit	formale Ladung
N in HNO_3	(s. Abb.)	+5	4	+1
C in CO	$|\overset{\ominus}{C}{\equiv}\overset{\oplus}{O}|$	+2	3	−1
O in H_3O^+	(s. Abb.)	−2	3	+1
N in NH_4^+	(s. Abb.)	−3	4	+1
C in CN^-	$|\overset{\ominus}{C}{\equiv}N|$	+2	3	−1
Si in SiF_6^{2-}	vgl. 2.45	+4	4 Mehrzentrenbindungen, vgl. Aufg. 2.45	0

σ-Bindung · π-Bindung · Hybridisierung

2.61 a)

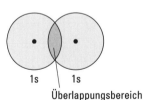

1s   1s
Überlappungsbereich

b) Die Elektronendichte erhöht sich besonders stark im Überlappungsbereich.

Je größer bei einer Atombindung die Elektronendichte zwischen den Kernen ist, umso stärker ist die Bindung.

2.62 Richtig ist b).

Jedes der beiden Bindungselektronen hält sich im gesamten Raum des Wasserstoffmoleküls auf.

Die Bindungselektronen lassen sich nicht mehr einem bestimmten Wasserstoffatom zuordnen, sie gehören in gleichem Maße beiden Atomen an.

Die Elektronendichte zwischen den Kernen ist erhöht, aber nicht so, dass die Bindungselektronen sich nur zwischen den Kernen befänden; deshalb ist c) falsch.

2.63 Da sich die beiden Elektronen in denselben Orbitalen aufhalten, müssen sie auf Grund des Pauli-Prinzips (vgl. Aufg. 1.69) antiparallelen Spin haben.

2.64

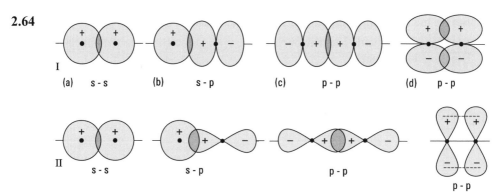

Orbitale werden zeichnerisch unterschiedlich dargestellt.

Die Gestalt der in der Darstellung I wiedergegebenen p-Orbitale entspricht am ehesten der wahren Ladungsverteilung. Wir wollen jedoch aus zeichnerischen Gründen die Darstellungsweise II benutzen. Beiden Darstellungen ist gemeinsam, dass die p-Orbitale hantelförmig sind und die maximale Elektronendichte in derselben Richtung liegt. Bei der Bindung d) kommt die Überlappung in der Darstellung I besser zum Ausdruck.

2.65   a), b) und c)   σ-Bindung
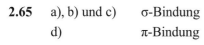
d)   π-Bindung

2.66

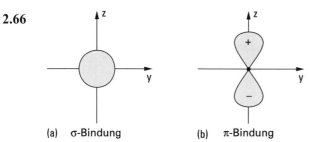

In σ-Bindungen ist die Ladungsverteilung rotationssymmetrisch um die Verbindungslinie der Atomkerne.

2.67 Bei den Bedingungen a) und c) sind keine Atombindungen möglich. Die Fälle a) bis d) lassen sich anschaulich wie folgt darstellen.

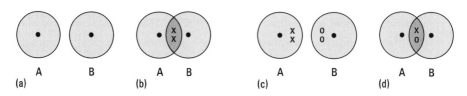

Die mit × bezeichneten Elektronen stammen vom Atom A, die mit o bezeichneten vom Atom B.

Bei b) und d) erfolgt Bindung durch ein gemeinsames Elektronenpaar.

Bei b) stammen beide Elektronen vom Atom A. Diese Bindung wird auch als dative Bindung bezeichnet.

Bei a) existieren keine gemeinsamen Elektronen. Das ist aber eine notwendige Voraussetzung zur Atombindung.

Bei c) existieren 4 gemeinsame Elektronen. Jedes Orbital müsste dann mit 4 Elektronen besetzbar sein. Das ist nach dem Pauli-Prinzip ausgeschlossen.

2.68 Da die 1s-Orbitale der He-Atome voll besetzt sind, kann keine Elektronenpaarbindung gebildet werden. Eine Anregung in die L-Schale erfordert zu viel Energie. Erst ein He_2^+ -Teilchen ist existent.

2.69

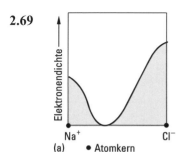
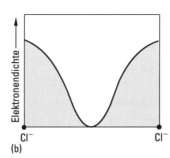
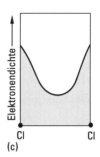

In typischen Ionenverbindungen überlappen die Elektronenhüllen der Ionen nicht, die Elektronendichte zwischen den Ionen sinkt fast auf null. Bei Atombindungen kommt es durch die Überlappung der Atomorbitale zu einer hohen Elektronendichte zwischen den Kernen. Im Cl_2-Molekül überlappen die beiden einfach besetzten p-Orbitale der Cl-Atome.

2.70

a) H–S–H

b)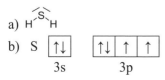

c)

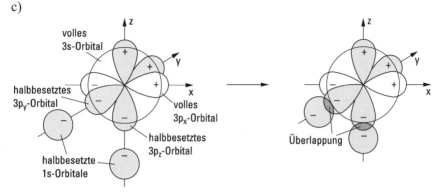

d) 90°. Der experimentell gefundene Winkel beträgt 92°.

2.71

a)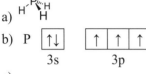

b) P (3s ↑↓, 3p ↑ ↑ ↑)

c)
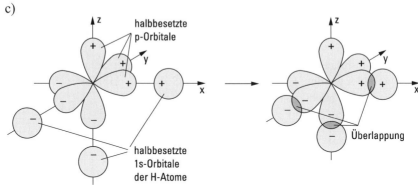

d) 90°. Experimentell findet man 93°.

2.72 a) Zwei.

Die Zahl gebildeter Hybridorbitale ist immer gleich der Zahl der Orbitale, die an der Hybridisierung beteiligt sind.

b) Die aus *einem* s-Orbital und *einem* p-Orbital entstehenden Hybridorbitale nennt man sp-Hybridorbitale.

c)

Die Gestalt der beiden Hybridorbitale ist gleich. Sie bilden einen Winkel von 180° zueinander.

2.73

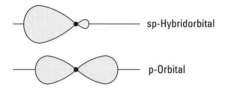

Das Hybridorbital ist in einer Richtung größer als das p-Orbital.

Atombindung

2.74 Die Überlappung ist im Fall b) größer, weil das sp-Hybridorbital in Bindungsrichtung weiter ausgedehnt ist als das p-Orbital.

Eine stärkere Überlappung von Orbitalen führt zu einer größeren Bindungsenergie.

2.75 a) sp^2-Hybridorbitale

b) sp^2 bedeutet, dass *ein* s-Orbital und *zwei* p-Orbitale an der Hybridisierung beteiligt sind.

c) s, p$_x$, p$_y$

Da sich die sp^2-Hybridorbitale in der x–y-Ebene befinden, müssen die in dieser Ebene liegenden p$_x$- und p$_y$-Orbitale an der Hybridisierung beteiligt sein und nicht das senkrecht zu dieser Ebene stehende p$_z$-Orbital. Das p$_z$-Orbital bleibt unverändert erhalten.

2.76 a)
$$|\overline{\underline{F}}|\diagdown_{B-\overline{F}|}\atop|\underline{F}|\diagup$$

b) Bor kann im angeregten Zustand drei Bindungen ausbilden:

B* [↑] [↑|↑|]
    2s   2p

Da das Molekül eben ist und gleichartige Bindungen mit Bindungswinkeln von 120° auftreten, muss sp^2-Hybridisierung vorliegen.

Die drei sp^2-Hybridorbitale des Boratoms überlappen jeweils mit einem p-Orbital eines Fluoratoms:

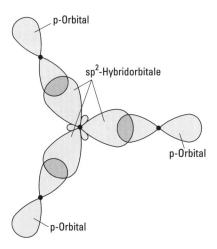

c) Die Überlappung der drei Hybridorbitale des B-Atoms mit jeweils einem p-Orbital der drei F-Atome führt zu σ-Bindungen.

Im BF$_3$-Molekül existiert außerdem eine delokalisierte π-Bindung. (vgl. Aufg. 2.93b)

2.77 a) Da der Winkel von 107° dem Tetraederwinkel von 109° viel näher kommt als dem rechten Winkel, trifft die Beschreibung unter II für das NH$_3$-Molekül besser zu.

b) Das nichtbindende Elektronenpaar befindet sich im Fall I im 2s-Orbital (vgl. PH$_3$, Aufg. 2.71), im Fall II befindet es sich in einem sp^3-Hybridorbital.

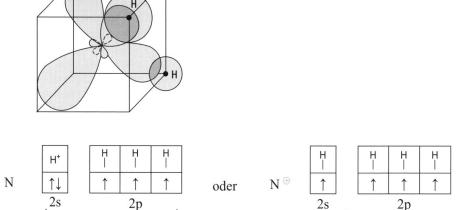

2.78 a)

N: 2s [↑↓ H$^+$] 2p [↑ H | ↑ H | ↑ H]   sp^3-Hybridisierung

oder

N$^⊕$: 2s [↑ H] 2p [↑ H | ↑ H | ↑ H]   sp^3-Hybridisierung

b) Das Kohlenstoffatom im CH$_4$-Molekül hat dieselbe Valenzelektronenkonfiguration wie N$^+$ im NH$_4^+$-Ion. In beiden Fällen bilden sich vier tetraedrisch angeordnete sp^3-Hybridorbitale.

Es soll noch einmal zusammenfassend auf die wesentlichen Merkmale der Hybridisierung hingewiesen werden:

Die Anzahl gebildeter Hybridorbitale ist immer gleich der Zahl der Atomorbitale, die an der Hybridbildung beteiligt sind.

Es kombinieren nur solche Atomorbitale zu Hybridorbitalen, die ähnliche Energien haben, z. B.: 2s mit 2p, 3s mit 3p, 4s mit 4p.

Die Hybridisierung führt zu einer völlig neuen räumlichen Orientierung der Elektronenwolken.

Hybridorbitale besitzen größere Elektronenwolken als die nicht hybridisierten Orbitale. Eine Bindung mit Hybridorbitalen führt daher zu einer stärkeren Überlappung und damit zu einer stärkeren Bindung (vgl. Aufg. 2.74). Der Gewinn an zusätzlicher Bindungsenergie ist der eigentliche Grund für die Hybridisierung.

Das Valenzbindungsmodell mit Hybridorbitalen kann die gefundenen Bindungswinkel häufig besser – und auch didaktisch einfacher – beschreiben als das MO-Modell.

Der hybridisierte Zustand ist aber nicht ein an einem isolierten Atom tatsächlich herstellbarer und beobachtbarer Zustand, wie z. B. der angeregte Zustand. Das Konzept der Hybridisierung hat nur für gebundene Atome eine Berechtigung. Bei der Verbindungsbildung treten im ungebundenen Atom weder der angeregte Zustand noch der hybridisierte Zustand als echte Zwischenprodukte auf. Es ist jedoch zweckmäßig, die Verbindungsbildung gedanklich in einzelne Schritte zu zerlegen und für die Atome einen hypothetischen Valenzzustand zu formulieren.

Für das Siliciumatom beispielsweise erhält man den Valenzzustand durch folgende Schritte aus dem Grundzustand:

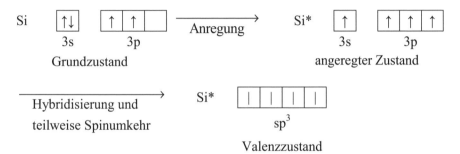

Im Valenzzustand sind die Spins der Valenzelektronen statistisch verteilt. Dies wird durch „Pfeile ohne Spitze" symbolisiert.

2.79

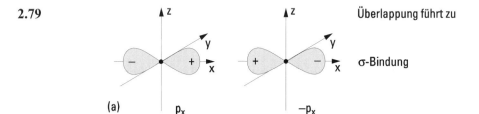

Überlappung führt zu

σ-Bindung

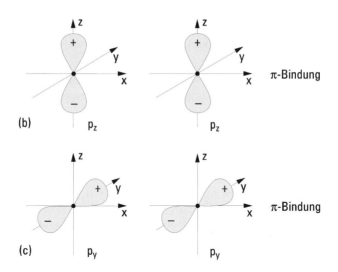

• Kern des Stickstoffatoms

2.80 a) |C≡O| (with ⊖ on C, ⊕ on O)

b)

Sowohl Kohlenstoff- als auch Sauerstoffatome sind dreibindig.

c)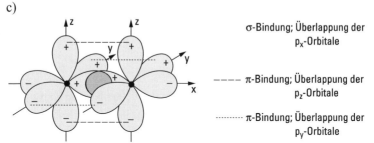

σ-Bindung; Überlappung der p_x-Orbitale

----- π-Bindung; Überlappung der p_z-Orbitale

·········· π-Bindung; Überlappung der p_y-Orbitale

Zur zeichnerischen Darstellung der Überlappung bei π-Bindungen vgl. Aufg. 2.64.

2.81 |C≡N|⊖. Im Ion CN⁻ sind eine σ-Bindung und zwei π-Bindungen vorhanden.

2.82

Bindung	Bindungstyp	Beteiligte Orbitale
1 und 2	σ-Bindung	sp^2-Hybridorbitale von C s-Orbitale der H-Atome
3	σ-Bindung	sp^2-Hybridorbital von C, p-Orbital von O
4	π-Bindung	p-Orbitale von C und O

Atombindung

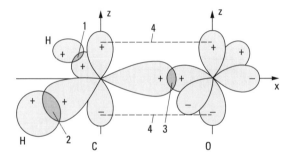

Das C- und O-Atom besitzen je ein halbgefülltes senkrecht zur Molekülebene stehendes p-Orbital. Diese beiden p-Orbitale bilden die π-Bindung.

2.83

Bindung	Bindungstyp	Beteiligte Orbitale
1, 2, 5, 6	σ-Bindung	sp²-Hybridorbitale der C-Atome s-Orbitale der H-Atome
3	σ-Bindung	sp²-Hybridorbitale der beiden C-Atome
4	π-Bindung	p-Orbitale der beiden C-Atome

2.84

	Lewis-Formel	Zahl der σ-Bindungen und daran beteiligte Hybridorbitale	Räumlicher Bau	Zahl der π-Bindungen
a)	$\langle O=C=O \rangle$	zwei, sp-Hybridorbitale	linear	zwei
b)	$[SiO_4]^{4-}$	vier, sp³-Hybridorbitale	tetraedrisch	keine
c)	$Cl_2C=O$	drei, sp²-Hybridorbitale	eben (Winkel 120°)	eine
d)	NO_3^-	drei, sp²-Hybridorbitale	eben (Winkel 120°)	eine

Die Zahl der σ-Bindungen ist gleich der Zahl der gebundenen Atome. Die zu den σ-Bindungen benutzten Hybridorbitale bestimmen den räumlichen Bau des Moleküls.

2.85

	Lewis-Formel	Zahl der σ-Bindungen und daran beteiligte Hybridorbitale	Räumlicher Bau
a)	⁻|O̅|–C(=O)–|O̅|⁻	drei, sp^2-Hybridorbitale	eben (Winkel 120°)
b)	F₄C (|F̅|–C(|F̅|)(|F̅|)–|F̅|)	vier, sp^3-Hybridorbitale	tetraedrisch
c)	|C̅l|–Si(|C̅l|)(|C̅l|)–|C̅l|	vier, sp^3-Hybridorbitale	tetraedrisch

2.86

	Lewis-Formel	Zahl der σ-Bindungen und daran beteiligte Hybridorbitale	Räumlicher Bau
a)	F–N(|F̅|)–F̅	drei, sp^3-Hybridorbitale	pyramidal
b)	⁻|O̅|–N=O|	zwei, sp^2-Hybridorbitale	gewinkelt

Das nichtbindende Elektronenpaar ist an der Hybridisierung beteiligt.

2.87 Dipole sind SO_2, H_2O, NH_3, CH_2O und HCl.

Ein Molekül ist ein Dipol, wenn die Schwerpunkte der positiven und negativen Ladungen nicht zusammenfallen. In symmetrisch gebauten Molekülen wie CO_2, C_2H_4, BF_3, $SiCl_4$ und SF_6 fallen die Ladungsschwerpunkte zusammen, solche Moleküle sind keine Dipole.

Beispiel: $\overset{\delta-}{O}=\overset{\delta+}{C}=\overset{\delta-}{O}$ $\delta-\ |\underline{\overline{O}}-\overset{\delta+}{S}=\overline{O}|\ \delta-$ (+/−)

kein Dipol   Dipol

2.88 a)

$\begin{pmatrix} |\overline{O}|^{\ominus} \\ ^{\ominus}|\underline{\overline{O}}-\overset{2\oplus}{S}^{\prime\prime\prime}\overline{O}|^{\ominus} \\ |\underline{\overline{O}}|^{\ominus} \end{pmatrix}$ $\begin{pmatrix} |\overline{O} \\ \| \\ ^{\ominus}|\underline{\overline{O}}-S^{\prime\prime\prime}\overline{O}|^{\ominus} \\ |\underline{\overline{O}}|^{\ominus} \end{pmatrix} \leftrightarrow \begin{pmatrix} |\overline{O} \\ \| \\ |\underline{\overline{O}}=S^{\prime\prime\prime}\overline{O}|^{\ominus} \\ |\underline{\overline{O}}|^{\ominus} \end{pmatrix} \leftrightarrow \cdots$ $\left(\begin{matrix} |\overline{O} \\ \| \\ |\underline{\overline{O}}=S^{\prime\prime\prime}\overline{O}|^{\ominus} \\ |\underline{\overline{O}}|^{\ominus} \end{matrix} \leftrightarrow \cdots \right)$

Die linke Lewis-Formel erfüllt mit der Einführung von Formalladungen die Oktettregel. Die mittleren mesomeren Lewis-Formeln zeigen, dass nichtklassische π-Bindungen (gestrichelte Linien, Hyperkonjugation) von den O-Atomen zum S-Atom die σ-Bindungen verstärken. Häufig wird auch die rechte, eingeklammerte Lewis-Formel mit zwei „Doppelbindungen" zwischen S- und O-Atomen geschrieben.

Atombindung

Dabei steht der jeweils zweite Valenzstrich aber *nicht* für eine *2-Zentren-2-Elektronen-π-Doppelbindung*.

b)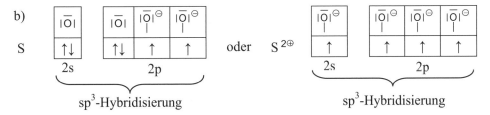

c) Vier σ-Bindungen; sie werden von vier sp³-Hybridorbitalen gebildet.

d) SO_4^{2-} ist tetraedrisch gebaut.

e) Nichtklassische (Mehrzentren-)π-Bindungen von den freien Elektronenpaaren der O-Atome in die leeren σ_p^*-Orbitale der S-Atome.

2.89 a)

Die linke Lewis-Formel erfüllt mit der Einführung von Formalladungen die Oktettregel. Die mittleren mesomeren Lewis-Formeln zeigen, dass nichtklassische π-Bindungen (gestrichelte Linie, Hyperkonjugation) von den O-Atomen zum S-Atom die σ-Bindungen verstärken. Häufig wird auch die rechte, eingeklammerte Lewis-Formel mit einer „Doppelbindung" zwischen S- und O-Atom geschrieben. Dabei steht der zweite Valenzstrich aber *nicht* für eine *2-Zentren-2-Elektronen-π-Doppelbindung*.

b)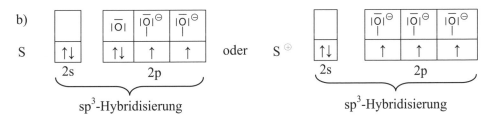

c) Drei σ-Bindungen; sie werden von drei sp³-Hybridorbitalen gebildet. Das vierte Hybridorbital ist von dem einsamen Elektronenpaar des Schwefelatoms besetzt.

d) Da die σ-Bindungen von sp³-Hybridorbitalen gebildet werden, ist das Ion pyramidal gebaut.

e) Nichtklassische (Mehrzentren-)π-Bindungen von den freien Elektronenpaaren der O-Atome in die leeren σ_p^*-Orbitale des S-Atoms.

Die Bindungsverhältnisse in vielen Verbindungen, wie oben in den Ionen SO_4^{2-} und SO_3^{2-}, aber auch in CO_3^{2-}, NO_3^-, NO_2^-, SF_6 und SiF_6^{2-} (siehe Aufg. 2.45) lassen sich allerdings nicht durch eine einzige Lewis-Formel ausreichend beschreiben, sondern nur durch mehrere mesomere Grenzstrukturen. Dies wird in den folgenden Aufgaben behandelt.

Mesomerie

2.90 Richtig ist Antwort b).

Die durch den Doppelpfeil verbundenen Strukturen werden Grenzstrukturen oder Resonanzstrukturen genannt.

2.91 Bei b) und d) handelt es sich nicht um Mesomerie, sondern um Isomerie. Das Zeichen ↔ darf hier nicht verwendet werden.

> Grenzstrukturen, die durch das Zeichen ↔ verbunden sind, müssen dieselbe Anordnung der Atomkerne haben, da ja nur *ein* realer Molekülzustand beschrieben werden soll. Unterschiedlich sind bei Resonanzstrukturen nur die Elektronenanordnungen. Das bedeutet, dass bestimmte Elektronen nicht in *einer* Bindung lokalisiert sind.
>
> Die Moleküle isomerer Verbindungen unterscheiden sich in der Anordnung der Atome und haben unterschiedliche Eigenschaften.

2.92 Der wahre Zustand des Ions lässt sich durch drei Grenzstrukturen beschreiben.

Die π-Bindung ist nicht lokalisiert, sondern über alle drei Bindungen gleichmäßig verteilt, sie ist delokalisiert.

2.93 a)

Die linke Lewis-Formel erfüllt mit der Einführung von Formalladungen die Oktettregel. Die mittleren mesomeren Lewis-Formeln zeigen, dass nichtklassische π-Bindungen (gestrichelte Linien, Hyperkonjugation) von den O-Atomen zum Cl-Atom die σ-Bindungen verstärken. Häufig wird auch die rechte, eingeklammerte Lewis-Formel mit zwei „Doppelbindungen" zwischen Cl- und O-Atom geschrieben. Dabei steht der jeweils zweite Valenzstrich aber *nicht* für eine *2-Zentren-2-Elektronen-π-Doppelbindung*.

b)

Atombindung

2.94

[Resonanzstrukturen des Phosphats mit P und O Atomen]

Zur Erklärung siehe und vergleiche die Aufg. 2.44, 2.88, 2.89 und 2.93a.

2.95 Die Formel B ist falsch, da den Hauptgruppenelementen nur vier Orbitale zur Ausbildung von Atombindungen und für freie Elektronenpaare zur Verfügung stehen. Sauerstoff kann maximal vier Elektronenpaare um sich gruppieren (vgl. die Aufg. 2.40 und 2.41).

Molekülorbitaltheorie

2.96 Die korrekte Symmetrie für eine Wechselwirkung haben am A-Atom die Orbitale

1) s   1') s+p
2) s   2') s+p
3) p_π 3') s+p
4) kein s- oder p- Orbital   4') p; siehe die nachfolgende Zeichnung:

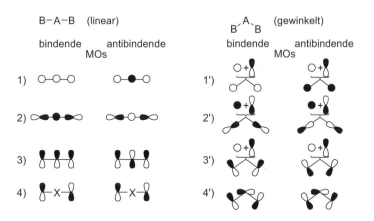

Für 4) hätte nur ein d-Orbital am A-Atom die korrekte Symmetrie.

Eine bindende Wechselwirkung ist durch die gleiche Phase (hier weiß-weiß oder schwarz-schwarz) gekennzeichnet. Eine antibindende Wechselwirkung zwischen Orbitalen erkennt man an der umgekehrten Phase (weiß-schwarz).

Vom bindenden zum antibindenden Orbital gelangt man durch Phasenumkehr einer der Bindungspartner. Für das lineare Molekül wurde jeweils die Phase des A-Orbitals umgekehrt, für das gewinkelte Molekül die Phase der B_2-Kombination.

Die Abwinkelung des linearen AB$_2$-Moleküls ist eine Symmetrieerniedrigung (linear: D$_{\infty h}$; gewinkelt: C$_{2v}$). Dadurch werden zusätzliche Orbitalwechselwirkungen möglich. Das s- und p-Orbital entlang der Winkelhalbierenden am A-Atom haben für das C$_{2v}$-symmetrische (gewinkelte) Molekül dieselbe Symmetrie und können mischen, d. h. wechselwirken gleichzeitig mit der B$_2$-Kombination in 1') bis 3'). Für AB$_2$-linear gab es für die B$_2$-Orbitalkombination in 4) kein geeignetes s- oder p-Orbital an A. Für AB$_2$-gewinkelt kann in 4') jetzt ein p-Orbital in der Molekülebene mit der B$_2$-Orbitalkombination wechselwirken.

Die gleiche Symmetrie haben die Molekülorbitale
für AB$_2$-linear: 1) und 2), d. h. hier können an den B-Atomen die s- und p$_\sigma$-Orbitale (entlang der Molekülachse) mischen;
für AB$_2$-gewinkelt: 1'), 2') und 3'), d. h. hier kann an den B-Atomen das s-Orbital mit den beiden p-Orbitalen in der Molekülebene mischen.

2.97 AB$_3$-Molekülorbitale:

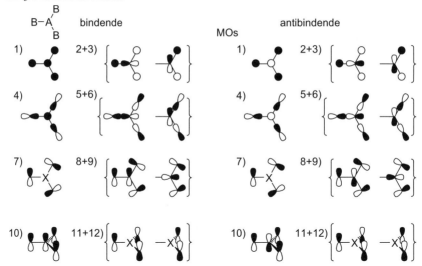

Vom bindenden zum antibindenden Orbital gelangt man durch Phasenumkehr einer der Bindungspartner. Hier wurde jeweils die Phase des A-Orbitals umgekehrt. Für die B$_3$-Fragmentorbitale in 7) und 11+12) gibt es am A-Atom keinen s- oder p-Bindungspartner. Für die entartete Kombination in 11+12) kämen allenfalls zwei d-Orbitale in Frage.

Die folgenden AB$_3$-Molekülorbitale haben dieselbe Symmetrie (z. B. einfach daran zu erkennen, dass dieselben Orbitale des A-Atoms hier auftreten):
1) und 4), d. h. hier können an den B-Atomen die s- und p$_\sigma$-Orbitale (entlang der A–B-Bindungsachse) mischen;
2+3), 5+6) und 8+9), d. h. hier kann an den B-Atomen das s-Orbital mit den beiden p-Orbitalen in der Molekülebene mischen, z. B. die Kombination 2+3) mit 5+6).

2.98 Wechselwirkungsdiagramme:

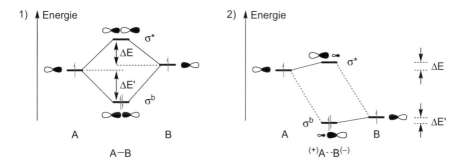

In 1) ist die Energie der p_σ-Orbitale an den beiden Atomen A und B relativ ähnlich und bei A etwas niedriger als bei B. In 2) ist die Energie des p_σ-Orbitals am A-Atom deutlich höher als am B-Atom.

In 1) führen die ähnlichen Atom-Orbitalenergien zu einer überwiegend kovalenten Orbitalwechselwirkung mit starker Energieerniedrigung des bindenden σ-Orbitals (und Energieerhöhung des antibindenden σ*-Orbitals) gegenüber den ursprünglichen Atomorbitalen ($\Delta E'$ und ΔE sind relativ groß). Das σ^b-Orbital wird ein wenig mehr A-Atomorbital-Charakter haben, das σ*-Orbital etwas mehr B-Charakter, aufgrund des jeweils geringeren energetischen Abstandes zwischen Molekül- und dem Atomorbital.

In 2) bedingen die deutlich unterschiedlichen Atom-Orbitalenergien eine sehr viel ionogenere oder stärker polare Bindung als in 1). Die Energien der „Molekülorbitale" σ^b und σ* ändern sich gegenüber den beteiligten Atomorbitalen nur wenig, d. h. die kovalenten Wechselwirkungsenergien $\Delta E'$ und ΔE sind relativ klein. Hier ist das σ^b-Orbital deutlich am B-Atom lokalisiert, das σ*-Orbital am A-Atom. Der Beitrag des Bindungspartners zum jeweiligen Orbital ist gering, was im rechten Diagramm durch die unterschiedliche Größe der Orbitale in den „MOs" und durch gestrichelte Linien illustriert wird. Das Diagramm beschreibt fast den Grenzfall der ionischen Bindung zwischen einem elektropositiven A-Atom und einem elektronegativen B-Atom.

Die Orbitalenergie der Atome ist Ausdruck ihrer Elektronegativität. Je elektronegativer ein Element, desto energetisch tiefer liegen seine Atomorbitale. In 1) ist A ein klein wenig elektronegativer als B. In 2) ist A deutlich elektropositiver als B (B sehr viel elektronegativer als A).

2.99 MO-Diagramm für H$_2$O:

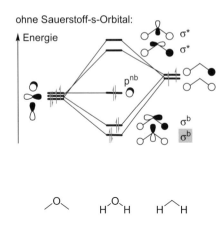
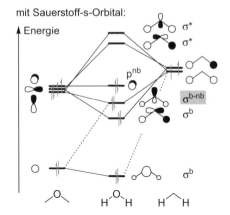

Interpretation ohne O-s-Orbital: Für H$_2$O gibt es zwei O–H-bindende MOs (σ^b), die aus den O-p-Orbitalen in der Molekülebene mit den H$\cdots$H-Fragmentorbitalen gebildet werden. Das p-Orbital senkrecht zur Molekülebene findet aus Symmetriegründen keinen Bindungspartner bei den H$\cdots$H-Fragmentorbitalen. Es verbleibt als freies Elektronenpaar (p^{nb}) und ist das höchst besetzte Molekülorbital (HOMO, highest occupied molecular orbital). Diese Orbitale und das nicht skizzierte s-Orbital des O-Atoms werden von den acht Valenzelektronen der Bindungspartner besetzt.

Die beiden O–H-antibindenden MOs (σ^*) bleiben unbesetzt.

Die Orbitale des elektronegativeren O-Atoms liegen energetisch etwas tiefer als die Orbitale der H-Atome. Entsprechend haben die bindenden σ-Orbitale etwas mehr O-Atomorbitalcharakter, die antibindenden σ^*-Orbitale haben etwas mehr H-Atomorbitalcharakter.

Der energetische Abstand des O-s-Orbitals zu den O-p- und H-Orbitalen ist relativ groß, so dass sein Beitrag in einer ersten Näherung vernachlässigt werden kann. Vergleiche dazu die Nichtmischung der Sauerstoff-s- und -p-Orbitale im MO-Diagramm für das O$_2$-Molekül (siehe Abb. 2.65 in Riedel/Janiak, Anorganische Chemie, 8. Aufl. und Riedel, Allgemeine und Anorganische Chemie, 9. Aufl., Abb. 2.52).

Wird das s-Orbital am O-Atom hinzugenommen, so kann es mit dem unteren der beiden σ^b-Orbitale mischen (mit σ^b), da es die gleiche Symmetrie besitzt. Durch die sp-Mischung am O-Atom wird dieses σ-Orbital in seiner Energie erhöht und etwas weniger bindend, ist aber immer noch schwach H–O–H-bindend (σ^{b-nb}). Ein Teil der H–O–H-bindenden Wechselwirkung wird vom neuen σ^b-Orbital mit überwiegend s-Orbitalcharakter am O-Atom übernommen. (Das s-Orbital und das p-Orbital entlang der C$_2$-Achse haben die gleiche Symmetrie in der H$_2$O-Punktgruppe C$_{2v}$.)

Atombindung

Vergleich sp³-Hybrid- und MO-Modell:

Mit sp³-Hybridorbitalen liegen zwei identische, energiegleiche freie (nichtbindende) Elektronenpaare vor, die mit den zwei energiegleichen bindenden Elektronenpaaren einen leicht verzerrten Tetraeder bilden (vgl. auch VSEPR-Modell Typ AB_2E_2).

Im MO-Modell unterscheiden sich die freien Elektronenpaare: Streng genommen gibt es sogar nur ein freies, d. h. nichtbindendes Elektronenpaar, nämlich das HOMO Sauerstoff-p-Orbital senkrecht zur Molekülebene (p^{nb}). Quantenmechanische MO-Rechnungen stützen die Formulierung des freien Elektronenpaares als p-Orbital senkrecht zur H_2O-Molekülebene. Das zweite freie Elektronenpaar kann als das energetisch darunter liegende Orbital σ^{b-nb} angenommen werden. Dieses hat durch die sp-Mischung eine in der Molekülebene von den H-Atomen weggerichtete erhöhte Elektronendichte. Es ist aber nicht wirklich ein freies Elektronenpaar, da es immer noch schwach H–O–H-bindend ist.

Auch die beiden bindenden Elektronenpaare unterscheiden sich im MO-Modell durch ihre energetische Lage und ihre Atomorbitalzusammensetzung.

2.100 MO-Diagramm für NH_3:

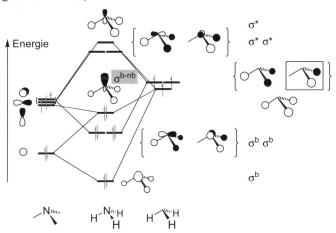

Interpretation: Für NH_3 gibt es drei stark N–H-bindende MOs (σ^b) und ein schwach N–H-bindendes MO (σ^{b-nb}), die aus dem N-s- und den drei N-p-Orbitalen mit den H_3-Fragmentorbitalen gebildet werden. Diese Orbitale werden von den acht Valenzelektronen der Bindungspartner besetzt. Zwei der bindenden Orbitale sind energiegleich (entartet). Dazu kommen drei antibindende MOs (σ^*), davon zwei energiegleich, die leer bleiben.

Die Orbitale des elektronegativeren N-Atoms liegen energetisch etwas tiefer als die Orbitale der H-Atome. Entsprechend haben die bindenden σ-Orbitale etwas mehr N-Atomorbitalcharakter, die σ*-Orbitale etwas mehr H-Atomorbitalcharakter.

Das s-Orbital und das p-Orbital entlang der C_3-Achse haben die gleiche Symmetrie in der NH_3-Punktgruppe C_{3v} und können mischen. Die sp-Orbitalmischung ergibt das höchste besetzte Molekülorbital (HOMO) als nur schwach N–H-bindendes MO (σ^{b-nb}). Vergleiche dazu die sp-Mischung der Stickstoff-s- und -p-Orbitale im MO-Diagramm für das N_2-Molekül (siehe Abb. 2.66 in Riedel/Janiak, Anorganische Chemie, 8. Aufl. und Riedel, Allgemeine und Anorganische Chemie, 9. Aufl., Abb. 2.53).

Vergleich sp^3-Hybrid- und MO-Modell:

Mit sp^3-Hybridorbitalen liegen drei energiegleiche bindende Elektronenpaare vor und ein freies (nichtbindendes) Elektronenpaar, die einen leicht verzerrten Tetraeder bilden (vgl. auch VSEPR-Modell Typ AB_3E).

Im MO-Modell gibt es kein wirklich freies, d. h. nichtbindendes Elektronenpaar, da das HOMO (σ^{b-nb}) durch die sp-Mischung zwar eine von den H-Atomen weggerichtete erhöhte Elektronendichte hat, es aber noch schwach $N–H_3$-bindend ist.

Auch die drei stark bindenden Elektronenpaare unterscheiden sich im MO-Modell durch ihre energetische Lage und ihre Atomorbitalzusammensetzung. Nur zwei der bindenden MOs sind energiegleich (entartet).

2.101 MO-Diagramm für CH_4:

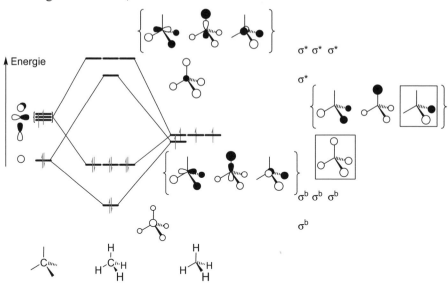

Interpretation: Für CH_4 gibt es vier C–H-bindende MOs (σ^b), die aus dem C-s- und den drei C-p-Orbitalen mit den H_4-Fragmentorbitalen gebildet werden. Diese Orbitale werden von den acht Valenzelektronen der Bindungspartner besetzt. Drei der bindenden Orbitale sind energiegleich (entartet). Dazu kommen vier antibindende MOs (σ^*), davon drei energiegleich, die leer bleiben.

Kohlenstoff und Wasserstoff haben eine ähnliche Elektronegativität. Die Orbitale des H_4-Fragments liegen energetisch zwischen den elektropositiveren p-Orbitalen

Atombindung

und dem elektronegativeren s-Orbital des C-Atoms (siehe Orbital-Elektronegativitäten, S. 132 in Riedel/Janiak, Anorganische Chemie, 8. Aufl.).

Das Kohlenstoff-s-Orbital und die -p-Orbitale haben im Tetraeder eine unterschiedliche Symmetrie und können nicht miteinander mischen. Das C-s-Orbital wechselwirkt nur mit dem symmetrischen H_4-Orbital. Die energiegleichen C-p-Orbitale wechselwirken nur mit dem dreifach entarteten H_4-Fragmentsatz.

Vergleich sp^3-Hybrid- und MO-Modell:

Mit sp^3-Hybridorbitalen liegen vier energiegleiche bindende Elektronenpaare vor, die einen idealen Tetraeder bilden (vgl. auch VSEPR-Modell Typ AB_4).

Im MO-Modell gibt es keine vier identischen bindenden Elektronenpaare. Das s-Orbital kann aus Symmetriegründen nicht mit den drei p-Orbitalen mischen. Eine vierfache Orbitalentartung ist nach der Gruppentheorie in der Tetraedersymmetrie nicht möglich. Der höchste Entartungsgrad im Tetraeder beträgt drei.

Im MO-Modell gibt es also zwei Sätze von bindenden Orbitalen (einfach/nicht entartet und dreifach entartet), die sich durch ihre energetische Lage und ihre Atomorbitalzusammensetzung unterscheiden.

Die Photoelektronenspektroskopie stützt die vorstehenden MO-Modelle für H_2O und CH_4, da im Spektrum die Zahl der Banden, die im Bereich der Valenzelektronen auftreten, der Zahl der unterschiedlichen Orbitalenergien entspricht.

Plausibilität der Tetraedergeometrie mit dem MO-Modell:

Das MO-Diagramm zeigt anhand der Wechselwirkung des dreifach entarteten H_4-Satzes mit dem dreifach entarteten p-Orbitalsatz des C-Atoms, dass in einer Mehrzentrenbindung jedes s-Orbital des H-Atoms gleichzeitig mit allen drei p-Orbitalen des C-Atoms wechselwirkt. Das ist nur dann möglich, wenn das H-Atom nicht entlang der Achse des p-Orbitals liegt, sondern in der Mitte zwischen drei p-Orbitallappen:

Der sechs Orbitallappen der drei p-Atome zeigen auf die Ecken eines Oktaeders. Wenn die vier H-Atome wechselseitig auf gegenüberliegenden Dreiecksflächen dieses gedachten Oktaeders und damit jeweils in der Mitte zwischen drei p-Orbitallappen liegen, dann formen sie ein perfektes Tetraeder mit dem C-Atom im Zentrum:

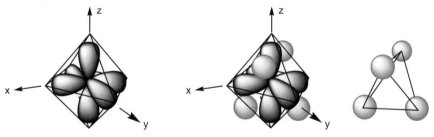

2.102 MO-Diagramm für XeF$_2$:

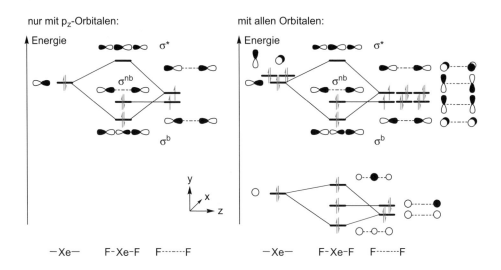

Interpretation nur mit p$_z$-Orbitalen: Für XeF$_2$ gibt es ein F–Xe–F-bindendes MO (σ^b), das aus dem Xe-p$_z$-Orbital mit dem passenden (antisymmetrischen) F···F-Fragmentorbital gebildet wird. Das symmetrische F···F-Fragmentorbital verbleibt als nichtbindendes Orbital (σ^{nb}). Diese Orbitale werden von den vier Valenzelektronen der Bindungspartner besetzt. Es liegt eine *3-Zentren-4-Elektronen-(Mehrzentren-)Bindung* vor. Für die beiden Xe–F-Bindungen steht nur ein Orbital mit zwei Elektronen zur Verfügung. Der Xe–F-Bindungsgrad ist ½ für jede Xe–F-Bindung.

Das F–Xe–F-antibindende MO (σ^*) bleibt unbesetzt.

Die Orbitale der elektronegativeren F-Atome liegen energetisch etwas tiefer als die Orbitale des Xe-Atoms. Entsprechend hat das bindende σ-Orbital etwas mehr F-Atomorbitalcharakter, das antibindende σ*-Orbital hat etwas mehr Xe-Atomorbitalcharakter.

Der energetische Abstand des Xe- und F-s-Orbitals ist relativ groß, so dass sein Beitrag in einer ersten Näherung vernachlässigt werden kann. Vergleiche dazu die Nichtmischung der Fluor-s- und -p-Orbitale im MO-Diagramm für das F$_2$-Molekül (siehe Abb. 2.64 in Riedel/Janiak, Anorganische Chemie, 8. Aufl. und Riedel, Allgemeine und Anorganische Chemie, 9. Aufl., Abb. 2.51).

Werden die s-Orbitale am Xe- und den F-Atomen hinzugenommen, so kommt es zwischen diesen besetzten Orbitalen zu keiner bindenden Wechselwirkung (*2-Orbital-4-Elektronen-Wechselwirkung*). In guter Näherung kann daher insgesamt der Beitrag der s-Orbitale an Xe und F für die Xe–F-Bindungen vernachlässigt werden. Dasselbe gilt für die Hinzunahme der vollständig besetzten p$_x$- und p$_y$-Orbitale an den Bindungspartnern. Letztere würden *2-Orbital-4-Elektronen-π-Wechselwirkungen* ausbilden. Die π-Überlappung bringt wegen der Besetzung von binden-

Atombindung

der (π^b) und antibindender (π^*) Kombination ebenfalls keinen Beitrag und kann zur Vereinfachung des MO-Schemas weggelassen werden. Aus Gründen der Übersichtlichkeit wurden die π-MOs nicht mehr in das rechte obige Diagramm eingezeichnet.

Das symmetrische Xe-s-Orbital kann allerdings mit dem symmetrischen s- und p_z-Orbitalsatz des F⋯F-Fragments eine 3-Orbital-Wechselwirkung eingehen. Alle drei resultierenden MOs sind aber mit Elektronen besetzt, so dass kein neuer Bindungsbeitrag resultiert.

Die Bindungsbeschreibung für XeF_2 mit einer mesomeren Lewis-Formel unter Beachtung der Oktettregel

$$|\overline{\underline{F}}-\overset{\oplus}{\underline{Xe}}|\ |\overset{\ominus}{\underline{\overline{F}}}|\ \longleftrightarrow\ |\overset{\ominus}{\underline{\overline{F}}}|\ |\overset{\oplus}{\underline{Xe}}-\overline{\underline{F}}|$$

stimmt mit dem MO-Modell insofern überein, als dass es nur zwei bindende Elektronen gibt, die über die beiden F–Xe–F-Bindungen verteilt sind (Bindungsgrad ½, Mehrzentrenbindung). Die Lewis-Formel mit ionischen Grenzstrukturen zeigt besser als das qualitative MO-Bild die Polarität der Xe–F-Bindungen, die für die Molekülstabilität wichtig ist, denn die Existenz von hyperkoordinierten Molekülen wird im Wesentlichen durch genügend polare Bindungen bedingt (vgl. Aufg. 2.46).

Ein ähnliches vereinfachtes MO-Diagramm (linker Teil der obigen Abbildung) kann für das isovalenzelektronische Triiodidion I_3^- und andere dreiatomige Polyhalogenidionen, wie Br_3^-, ICl_2^-, $IBrF^-$ usw., verwendet werden.

2.103 MO-Diagramm für N_3^-:

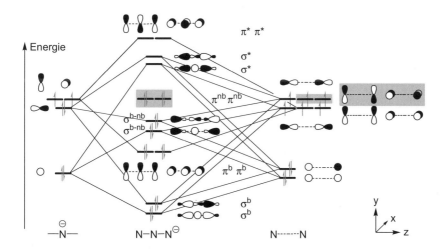

Interpretation: Für N_3^- gibt es zwei N–N–N-bindende MOs (σ^b), zwei schwach N–N–N-bindende MOs (σ^{b-nb}) und zwei anbindende MOs (σ^*), die aus den drei N-s- und den drei N-p_z-Orbitalen in jeweils einer 3-Orbital-Wechselwirkung gebildet werden. Es liegen dabei zwei Sätze von σ^b, σ^{b-nb} und σ^*-Orbitalen vor: Ein symmetrischer Satz (mit dem zentralen N-s-Orbital) und ein antisymmetrischer Satz (mit dem zentralen N-p_z-Orbital). Der symmetrische s- und p_z-Orbitalsatz an den terminalen N-Atomen kann mischen. Ebenso der antisymmetrische s- und p_z-Orbitalsatz. Es kommt an den terminalen N-Atomen zu einer s-p-Orbitalmischung. Vergleiche dazu die sp-Mischung der Stickstoff-s- und -p-Orbitale im MO-Diagramm für das N_2-Molekül (siehe Abb. 2.66 in Riedel/Janiak, Anorganische Chemie, 8. Aufl. und Riedel, Allgemeine und Anorganische Chemie, 9. Aufl., Abb. 2.53).

Dazu kommen zwei energiegleiche bindende π-Orbitale ($π^b$) und zwei antibindende π-Orbitale (π*) aus der symmetrischen Kombination der p_x- und p_y-Orbitale.

Die antisymmetrischen p_x- und p_y-Kombinationen an den terminalen N-Atomen (grau-unterlegt) verbleiben als nichtbindende Orbitale ($π^{nb}$).

Alle bindenden, schwach- und nichtbindenden Orbitale sind mit den 16 Valenzelektronen (3 × 5 + 1 negative Ladung) besetzt. Damit liegen zwei σ-Bindungen ($σ^b$), zwei π-Bindungen ($π^b$) und vier „freie" Elektronenpaare ($σ^{b-nb}$ und $π^{nb}$) vor. Letztere sind an den terminalen N-Atomen lokalisiert. Die MO-Bindungsbeschreibung für N_3^- stimmt mit den mesomeren Lewis-Formeln überein:

|N≡N−N|⁻ ↔ ⁻\N=N=N/⁻ ↔ |N−N≡N|⁻

Ein ähnliches MO-Diagramm haben die isoelektronischen 16-Valenzelektronen-Teilchen CO_2, N_2O, NO_2^+, NCO^-, die alle linear gebaut sind.

Koordinationsgitter mit Atombindungen · Molekülgitter

2.104 a) In Atomgittern ist die Koordinationszahl eines Atoms durch die Anzahl der Atombindungen bestimmt, die das Atom ausbildet. Sie hängt nicht – wie in Ionenkristallen – von den Größenverhältnissen ab.

b) In SiC bildet jedes Siliciumatom vier σ-Bindungen mit den vier benachbarten Kohlenstoffatomen und benutzt dazu vier tetraedrisch ausgerichtete sp^3-Hybridorbitale. In gleicher Weise sind die Kohlenstoffatome an je vier Siliciumatome gebunden. SiC kristallisiert im Zinkblendegitter (vgl. Aufg. 2.13).

c) SiC ist hart, der Schmelzpunkt liegt bei etwa 2700 °C.

Die festen Bindungen in Atomkristallen führen zu harten, hochschmelzenden Stoffen.

2.105 a) Jedes Germaniumatom kann mit seinen sp^3-Hybridorbitalen vier tetraedrisch ausgerichtete σ-Bindungen ausbilden. Die Koordinationszahl ist vier. Germanium kristallisiert daher in der Diamantstruktur.

b) Germanium ist hart und hat einen Schmelzpunkt von 958 °C.

2.106 Werden im Zinkblendegitter alle Plätze durch gleiche Atome besetzt, liegt das Diamantgitter vor.

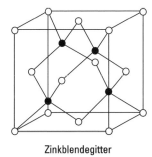
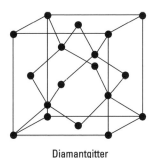

Zinkblendegitter   Diamantgitter

2.107 Die Summe der Valenzelektronen muss acht sein.

Beispiele	Valenzelektronen
SiC	4 + 4
GaAs	3 + 5
CdSe	2 + 6

Da jeweils zwei Atome der beiden Elemente zusammen 8 Valenzelektronen besitzen, können sie wie die Elemente der 4. Hauptgruppe vier tetraedrische sp^3-Hybridbindungen ausbilden.

2.108 In Atomgittern sind die Gitterbausteine Atome. Sie sind durch kovalente Bindungen dreidimensional verknüpft. Die Bausteine in Molekülgittern sind isolierte Moleküle. Zwischen den Molekülen existieren nur schwache van-der-Waals-Bindungskräfte.

2.109

Kristallbausteine	Art der Bindung zwischen den Gitterbausteinen	Stärke der Bindung	Aggregatzustand unter normalen Bedingungen	Stoffe
Ionen	Coulomb-Anziehung	stark	fest	BaO
Atome	Atombindung	stark	fest	Si
Moleküle	van-der-Waals-Bindung	schwach	gasförmig	CO

2.110 a) gasförmig: SO_2, NH_3, C_2H_6, ClF, HCl, H_2S

b) fest: AlP und BN (beide Atomgitter), KBr, MgO, CaO, Al_2O_3 und Fe_2O_3 (alle Ionengitter)

Die unter a) genannten Stoffe bestehen aus Molekülen, in denen die Atome bindungsmäßig abgesättigt sind. Auf Grund der schwachen zwischenmolekularen Anziehungskräfte sind sie bei Standardbedingungen gasförmig.

Da in den unter b) genannten Stoffen starke Bindungskräfte auftreten, sind diese Stoffe bei Standardtemperatur fest.

2.111 a) Sdp. (Cl_2) < Sdp. (I_2)

b) Sdp. (C_3H_8) < Sdp. (C_4H_{10})

c) Sdp. (CCl_4) > Sdp. (CF_4)

Die größere Elektronenhülle ist leichter polarisierbar und es entstehen stärkere Wechselwirkungen durch induzierte Dipole.

Je voluminöser die Elektronenhülle ist, umso größer sind daher die zwischenmolekularen Anziehungskräfte. Dies hat höhere Schmelzpunkte und Siedepunkte zur Folge (siehe van-der-Waals-Kräfte, Antworten zu Aufg. 2.174–2.181).

Der metallische Zustand

Kristallstrukturen der Metalle

2.112 a) Kubisch-dichteste Packung: I, II und V; KZ = 12.

Dass es sich bei diesen Atomanordnungen um dieselbe Struktur handelt, zeigt die folgende Abbildung.

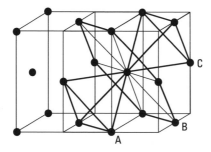

Kubisch-raumzentriert: III; KZ = 8

Hexagonal-dichteste Packung: IV; KZ = 12

b) Die Raumerfüllung ist gleich, weil bei den Strukturen mit kdp und hdp die Abstände zwischen den Schichten dichtester Packung gleich sind. Die Strukturen unterscheiden sich nur in der Schichtenfolge.

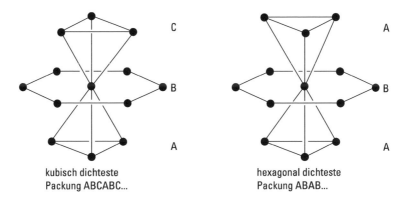

kubisch dichteste Packung ABCABC...   hexagonal dichteste Packung ABAB...

2.113 Senkrecht zu den 4 Raumdiagonalen des Würfels liegen die Ebenen dichtester Packung (vgl. Antwort von Aufg. 2.112a).

2.114 In der Struktur mit kubisch-dichtester Packung gibt es 4 Scharen dichtest besetzter Ebenen, die senkrecht zu den vier Raumdiagonalen des Würfels liegen. Bei Verformung ist die Wahrscheinlichkeit, dass Gleitebenen dichtester Packung parallel zur Angriffskraft liegen, größer als bei Metallen mit hexagonal-dichtester Packung.

2.115 Ein Metall ist polymorph, wenn es in mehreren Kristallstrukturen auftritt. Beispiel: α-Fe ⇌ γ-Fe

Oberhalb 906 °C tritt γ-Fe mit der kdp-Struktur auf, unterhalb 906 °C ist α-Fe mit der krz-Struktur die stabile Modifikation.

2.116 Roheisen enthält 3,5–4,5% Kohlenstoff gelöst und ist daher weder schmiedbar noch walzbar. Stahl enthält meist weniger als 1% Kohlenstoff und ist verformbar.

Physikalische Eigenschaften von Metallen · Elektronengas

2.117 Typische Eigenschaften von Metallen sind:
– gute elektrische Leitfähigkeit ($> 10^4 \, \Omega^{-1} \, cm^{-1}$),
– gute Wärmeleitfähigkeit,
– plastische Verformbarkeit (Duktilität),
– hohes Lichtreflexionsvermögen (Metallglanz).

Der Metallglanz tritt nur bei glatten Oberflächen auf. Bei feiner Verteilung (Pulver) sehen die Metalle grau oder schwarz aus, z. B. fein verteiltes Silber in der fotografischen Schicht.

2.118 Ähnlich wie sich die Gasatome im Gasraum frei bewegen können, können sich die Valenzelektronen der Metallatome im Metallgitter frei bewegen. Diese frei beweglichen Elektronen werden daher als Elektronengas bezeichnet. Beim Anlegen eines elektrischen Feldes wandern die Valenzelektronen in Richtung des Feldes.

2.119 Beim Gleiten von Gitterebenen bleibt bei den Metallen der Gitterzusammenhalt durch das Elektronengas erhalten.

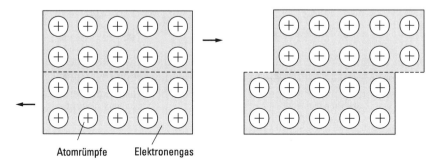

Bei Ionenkristallen führt Gleitung zum Bruch, da bei der Verschiebung von Gitterebenen gleichartig geladene Ionen übereinander zu liegen kommen und Abstoßung erfolgt. Bei Atomkristallen werden durch mechanische Deformation Elektronenpaarbindungen zerstört, so dass ein Kristall in kleine Einheiten zerbricht. Ionenkristalle und Atomkristalle sind spröde.

2.120

	Valenzelektronen	Bindungen
Metallgitter	delokalisiert	ungerichtet
Ionengitter	lokalisiert	ungerichtet
Atomgitter	lokalisiert	gerichtet

In Metallkristallen sind die Gitterplätze durch positive Atomrümpfe besetzt. Zwischen den Metallionen und dem Elektronengas, in das sie eingebettet sind, treten ungerichtete Anziehungskräfte auf.

2.121 Zwischen den Natriumatomen im Metallgitter ist eine geringe Elektronendichte vorhanden, die von dem bindenden Elektronengas herrührt. Bei der gerichteten Atombindung zwischen den Kohlenstoffatomen im Diamantgitter ist die Elektronendichte wesentlich größer (vgl. Aufg. 2.69).

Der metallische Zustand 161

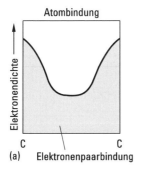
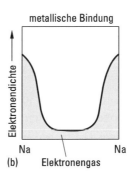

(a) Atombindung — C   C   Elektronenpaarbindung

(b) metallische Bindung — Na   Na   Elektronengas

2.122 Da die Bindungskräfte nicht gerichtet sind und die Gitterbausteine gleich groß sind, treten bei Metallstrukturen die hohen Koordinationszahlen 12 und 8 auf. Bei Ionenkristallen kommen wegen der unterschiedlichen Radienquotienten Koordinationszahlen von 2 bis 12 vor. Außerdem können in einem Ionengitter verschiedene Koordinationszahlen gleichzeitig auftreten.

2.123 Es gibt kein Element das 12-bindig ist.

Energiebandschema von Metallen

2.124 a) Die s-Orbitale der N Atome spalten in ein Energieband mit N Energiezuständen auf.

b) Da jedes s-Niveau eines Atoms aus 2 Quantenzuständen besteht (Spin $+\frac{1}{2}$ und $-\frac{1}{2}$), gibt es im s-Band eines Kristalls mit N Atomen 2 N Quantenzustände.

2.125 6 N Quantenzustände.

Jede p-Unterschale eines Atoms besteht aus drei p-Orbitalen, also 6 Quantenzuständen.

2.126 Die Bänder überstreichen einen Energiebereich der Größenordnung von 1 eV (vgl. Abb. der Aufg. 2.124).

Die Abstände bei 10^{20} Energieniveaus liegen in der Größenordnung von 10^{-20} eV. Die Folge der Energieniveaus ist also quasi kontinuierlich, daher die Bezeichnung Energieband.

2.127 b) und e) sind richtig.

2.128 b) ist richtig.

Da das Pauli-Prinzip gilt, kann jeder Quantenzustand nur mit einem Elektron besetzt werden. Also ist die Antwort 6 N richtig.

2.129 Da jedes Natriumatom *ein* 3s-Elektron besitzt, sind im 3s-Band gerade die Hälfte aller Quantenzustände besetzt (halbbesetztes Band).

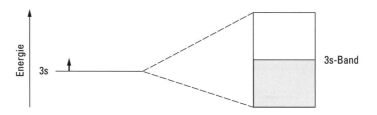

2.130 Da sich die meisten 3s-Elektronen im Metall auf niedrigeren Energieniveaus befinden als in den isolierten Atomen, wird bei der Bildung des Natriumkristalls Energie frei. Im Natriumkristall sind also die 3s-Elektronen die bindenden Elektronen, die den Zusammenhalt der Atome bewirken (vgl. Aufg. 2.120 und 2.121).

Metalle · Isolatoren · Halbleiter

2.131 a) Isolator   b) Metall   c) Eigenhalbleiter

Bei Metallen ist immer ein teilweise besetztes Band vorhanden. Sowohl Isolatoren als auch Eigenhalbleiter besitzen bei T = 0 K ein vollbesetztes Valenzband und ein leeres Leitungsband, die durch eine verbotene Zone getrennt sind. Bei Isolatoren ist die verbotene Zone breit (einige eV), bei Eigenhalbleitern schmal (Größenordnung 1 eV und darunter).

Die Bänderschemata a) und c) gelten z. B. für Stoffe, die im Diamantgitter kristallisieren.

Aus den s- und p-Orbitalen der Valenzschale einzelner Atome entstehen im Diamantgitter zwei Bänder, die durch eine verbotene Zone getrennt sind und die jeweils 4 Quantenzustände pro Atom besitzen.

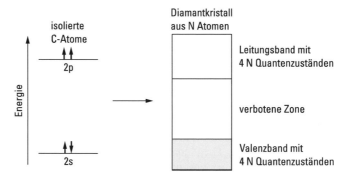

2.132 a) Mindestens 5 eV.

b) Der Energiebetrag liegt in der Größenordnung von 10^{-20} eV.

c) Mindestens 1 eV.

2.133 Alle Quantenzustände im Valenzband sind besetzt. Kein Elektron kann seinen Quantenzustand verlassen, da es ja keine unbesetzten Quantenzustände vorfindet. Für die Elektronen gibt es daher keine Bewegungsmöglichkeit. Ein Quantensprung

Der metallische Zustand

in das Leitungsband wäre nur durch Aufnahme der hohen Energie von 5 eV möglich. Dies kommt bei Zimmertemperatur nur äußerst selten vor.

2.134 Im obersten Energieband gibt es unbesetzte Quantenzustände. Schon bei der geringen Energiezufuhr von etwa 10^{-20} eV können Elektronen ihre Quantenzustände ändern. Die Elektronen sind beweglich. Sie sind nicht bestimmten Atomen zugeordnet, sie sind delokalisiert. Die Elektronen dieses Bandes entsprechen dem frei beweglichen Elektronengas der klassischen Theorie.

2.135 Da die Energieunterschiede zwischen den s- und p-Orbitalen gleicher Hauptquantenzahl klein sind, überlappen die aufgespalteten Bänder. Das 3s- und das 3p-Band verhalten sich wie ein einziges teilweise besetztes Band. Die Elektronen besetzen nun teilweise auch 3p-Zustände.

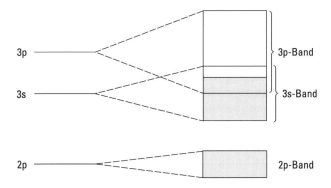

Bei den Metallen überlappt das von den Orbitalen der Valenzelektronen gebildete Valenzband immer mit dem nächsthöheren Band. Auch bei den Alkalimetallen überlappen das s- und das p-Band.

2.136 a) Da die verbotene Zone schmal ist, besitzen schon bei Zimmertemperatur einige Elektronen genügend thermische Energie, um aus dem Valenzband in das Leitungsband zu gelangen.

b) Je höher die Temperatur ist, umso mehr Elektronen gelangen ins Leitungsband, da die Zahl der Elektronen, die die dazu erforderliche Energie besitzen, mit wachsender Temperatur zunimmt. Die Zunahme der Leitfähigkeit durch Erhöhung der Zahl der Leitungselektronen ist wesentlich größer als die Abnahme der Beweglichkeit durch Gitterschwingungen, die bei Metallen zu einer Abnahme der Leitfähigkeit mit steigender Temperatur führt.

Bei Eigenhalbleitern findet auch Leitung im Valenzband statt. Vergleichen Sie dazu die folgenden Aufgaben.

2.137 Durch den Übergang von Elektronen aus dem Valenzband in das Leitungsband entstehen im Valenzband positiv geladene Stellen (Löcher). Durch das Nachrücken von Elektronen des Valenzbandes in die Löcher wandern diese durch den Kristall.

Man beschreibt daher zweckmäßig die Leitung im Valenzband so, als ob Teilchen mit einer positiven Elementarladung für die Leitung verantwortlich seien. Diese fiktiven Teilchen nennt man Defektelektronen.

2.138

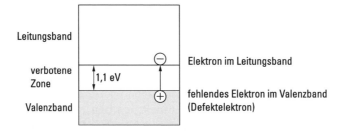

Im Leitungsband findet Elektronenleitung, im Valenzband Defektelektronenleitung (Löcherleitung) statt.

2.139 a) Die Elektronen des Valenzbandes sind die bindenden Elektronen. Jedes Si-Atom ist mit vier Si-Atomen in tetraedrischer Koordination durch Atombindungen (Elektronenpaarbindungen) verknüpft. Die Atombindungen können durch Überlappung von sp^3-Hybridorbitalen beschrieben werden. Damit übereinstimmend enthält das Valenzband pro Si-Atom vier Quantenzustände (vgl. Aufg. 2.131).

b) Dem Übergang eines Elektrons aus dem Valenzband in das Leitungsband im Bändermodell entspricht im Bindungsbild das Herauslösen eines Elektrons aus einer Atombindung. Die Energie, die dazu erforderlich ist, ist umso größer, je fester die Bindung ist.

⊕ Defektelektron (das fehlende Elektron hinterlässt ein positives Loch)

⊖ Leitungselektron

2.140 Mit geringerer Bindungsfestigkeit wird die Breite der verbotenen Zone kleiner. Das Herauslösen eines Elektrons aus der Bindung erfordert weniger Energie.

	Breite der verbotenen Zone in eV
C (Diamant)	5,3
Si	1,1
Ge	0,7
Sn (grau)	0,08

Der metallische Zustand 165

2.141 III-V-Verbindungen besitzen das gleiche Bänderschema wie Stoffe, die im Diamantgitter kristallisieren. Die verbotene Zone kann sehr unterschiedlich breit sein; es treten Isolatoren (z. B. AlP) und Halbleiter (z. B. GaAs) auf. Mit wachsender Ordnungszahl der Atome nimmt die Breite der verbotenen Zone ab.

	Breite der verbotenen Zone in eV
GaP	2,3
GaAs	1,4
GaSb	0,7

2.142 a) Arsen besitzt ein Valenzelektron mehr als Silicium. Dieses wird nicht zur Ausbildung von Atombindungen im Gitter benötigt. Durch dieses Elektron wird die elektrische Leitfähigkeit verursacht.

b)

Das nicht an der Bindung beteiligte Elektron des As-Atoms kann durch geringe Energieaufnahme in das Leitungsband gelangen und sich dann frei bewegen. Man bezeichnet daher die Energieniveaus dieser Elektronen als Donatorniveaus.

c) Die Ladungsträger sind negative Teilchen, daher entsteht ein n-Leiter.

2.143 a) Indium besitzt ein Valenzelektron weniger als Silicium. Zur Ausbildung von 4 Atombindungen fehlt also ein Elektron. Das fehlende Elektron kann durch geringe Energieaufnahme von einem Si-Atom zur Verfügung gestellt werden. Am Si-Atom entsteht ein Defektelektron. Durch die Defektelektronen wird die elektrische Leitfähigkeit verursacht.

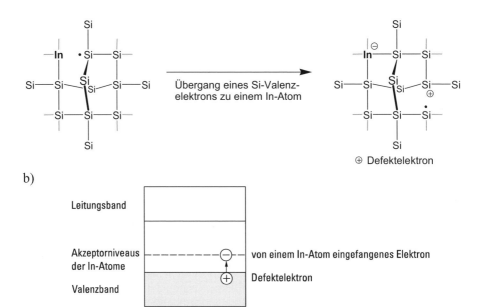

b)

Man bezeichnet das leere Energieniveau eines In-Atoms als Akzeptorniveau. Durch Übergang eines Elektrons aus dem Valenzband auf ein Akzeptorniveau entsteht ein frei bewegliches Defektelektron.

c) Die Ladungsträger sind positive Teilchen, daher entsteht ein p-Leiter.

2.144 Durch geringe Verunreinigungen werden die Leitfähigkeit und der Leitungsmechanismus des Siliciums in unkontrollierter Weise stark beeinflusst.

2.145 Die Aussage b) ist richtig.

Elektrolyte sind Ionenleiter, Halbleiter sind wie Metalle Elektronenleiter.

Die Aussagen a) und c) sind falsch. Es gibt sowohl feste als auch flüssige Ionenleiter, ebenso feste und flüssige Halbleiter. Bei Halbleitern steigt mit zunehmender Temperatur die Anzahl der beweglichen Ladungsträger (Elektronen, Defektelektronen); bei Elektrolyten nimmt die Beweglichkeit der Ionen mit steigender Temperatur zu.

2.146 a) Die elektrische Leitung erfolgt nicht durch Elektronenbewegung in Leitungsbändern, sondern durch thermisch angeregtes „Hüpfen" der Elektronen von einem Atom zu einem benachbarten Atom.

b) Beispiele sind die Spinelle $Fe^{3+}(Fe^{2+}Fe^{3+})O_4$ und $Li(Mn^{3+}Mn^{4+})O_4$. Auf den Oktaederplätzen des Spinellgitters erfolgt ein schneller Elektronenaustausch zwischen Fe^{2+}- und Fe^{3+}- bzw. Mn^{3+}- und Mn^{4+}-Ionen.

2.147 Leuchtdioden sind keine Temperaturstrahler wie Glühlampen und Halogenlampen, sondern Halbleiterlichtquellen. Bei Übergang von Elektronen aus dem Leitungsband in das Valenzband eines n- und p-dotierten Halbleiters erfolgt Emission von Lichtquanten. Beim dotierten Halbleiter GaN (Bandlücke 3,4 eV) z. B. wird blaues Licht emittiert.

Etwa 19% (!) der weltweit erzeugten elektrischen Energie wird für Beleuchtungszwecke verwendet und häufig verschwendet. Verschwendung auch deshalb, da bei Glüh- und Halogenlampen ca. 95% der eingesetzten elektrischen Energie in Wärme und nur 5% in Licht umgewandelt wird.

Supraleitung

2.148 Unterhalb einer charakteristischen Temperatur (Sprungtemperatur) sinkt der elektrische Widerstand schlagartig auf null. Meist ist dazu eine Abkühlung mit flüssigem Helium (Siedepunkt 4 K, –269 °C) erforderlich. Beispiele: Nb_3Ge 23K, MgB_2 39K.

2.149 Es sind oxidische Verbindungen, deren Sprungtemperatur höher ist als die Siedetemperatur von Stickstoff (Siedepunkt 77 K, –196 °C). Bekannt sind Cupratverbindungen, wie $YBa_2Cu_3O_{7-\delta}$ („Y-Ba-Cu's"), deren Strukturen sich von der Perowskit-Struktur ableiten. Der Leitungsmechanismus wird – wenn auch noch nicht vollständig geklärt – mit weit voneinander entfernten Elektronen, die als Paare assoziiert sind (Cooper-Paare), nach der modifizierten BCS-Theorie gedeutet (BCS = Bardeen, Cooper, Schrieffer).

Schmelzdiagramme von Zweistoffsystemen

2.150 b), c) und d) sind richtig.

Mischkristalle werden auch als feste Lösungen bezeichnet.

2.151 Substitutionsmischkristalle treten z. B. im System Silber-Gold auf. Die Gitterpunkte können statistisch durch Au- und Ag-Atome besetzt werden. Bei Einlagerungsmischkristallen werden Lücken im Metallgitter durch kleine Atome, z. B. C oder N, besetzt.

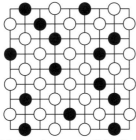
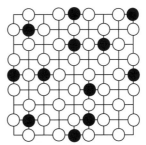

(a) Substitutionsmischkristall   (b) Einlagerungsmischkristall

2.152 Zwei kristalline Stoffe sind im festen Zustand unbegrenzt mischbar, wenn sie in jedem Verhältnis miteinander Mischkristalle bilden. Es erfolgt lückenlose Mischkristallbildung.

Unbegrenzte Mischbarkeit tritt z. B. zwischen Silber und Gold auf. Beide Metalle kristallisieren im kubisch-flächenzentrierten Gitter. Die Gitterpunkte können in jedem beliebigen Verhältnis mit Ag- und Au-Atomen besetzt werden.

2.153 Die Bedingungen b), c) und d) müssen gleichzeitig erfüllt sein. Stoffe, die im gleichen Gittertyp kristallisieren, nennt man isotyp. Beispiele für Systeme mit unbegrenzter Mischbarkeit sind Ag-Au, Cu-Ni, Au-Pd. Völlige Nichtmischbarkeit im festen Zustand liegt z. B. bei den Systemen Na-K und Au-Bi vor.

2.154 a) und b)

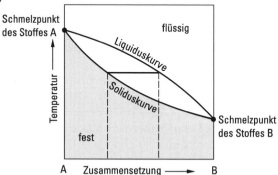

Die Liquiduskurve begrenzt den Existenzbereich der flüssigen Phase, die Soliduskurve den der festen Phase.

c) Die Zusammensetzung einer Schmelze und die Zusammensetzung des Mischkristalls, der mit dieser Schmelze im Gleichgewicht steht, werden durch die Schnittpunkte der waagerechten Linie (Isotherme) mit der Liquiduskurve und der Soliduskurve angegeben.

2.155 a)

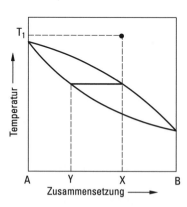

Wird eine Schmelze der Zusammensetzung X abgekühlt, entspricht das im Diagramm einer senkrecht nach unten verlaufenden Linie. Beim Erreichen der Liquiduskurve setzt eine Kristallisation ein. Zeichnet man bei dieser Temperatur die

Isotherme ein, dann erhält man aus dem Schnittpunkt mit der Soliduskurve die Zusammensetzung der sich ausscheidenden Kristalle (im Diagramm durch Y gekennzeichnet).

b) Im Mischkristall nimmt nach innen die Konzentration an A zu.

Da sich Kristalle ausscheiden, die reicher an A sind als die Schmelze, reichert sich im Verlauf der Kristallisation die Schmelze an B an. Beim Wachsen eines Kristalls muss daher die Konzentration an A im Kristall abnehmen.

c) Die Schmelze besteht am Ende der Kristallisation aus B.

d) Beim extrem langsamen Abkühlen homogenisieren sich die Mischkristalle. Die Mischkristalle müssen die Zusammensetzung X haben, denn nach vollständigem Erstarren der Schmelze müssen ja die homogenen Mischkristalle dieselbe Zusammensetzung haben wie die Ausgangsschmelze.

2.156

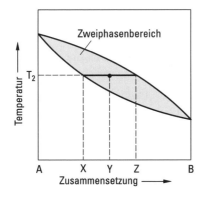

Aus Mischkristallen der Zusammensetzung Y entstehen bei der Temperatur T_2 Mischkristalle der Zusammensetzung X und eine Schmelze der Zusammensetzung Z. Die Zusammensetzung Y liegt bei T_2 im Zweiphasenbereich.

2.157 a) Es scheiden sich Kristalle des Metalls Cadmium aus.

b) Die gesamte Schmelze erstarrt. Es scheidet sich ein Gemisch zweier Kristallsorten, nämlich des Metalls Cadmium und des Metalls Bismut, aus. Dieses Gemisch nennt man eutektisches Gemisch. Es darf nicht mit Mischkristallen verwechselt werden. Im System Cd-Bi ist keine Mischkristallbildung möglich.

c) Das eutektische Gemisch besitzt den tiefsten Schmelzpunkt des Systems.

d) Da im Verlauf der Kristallisation die Schmelze ärmer an Cadmium wird, nimmt die Erstarrungstemperatur laufend ab, und zwar so lange, bis der eutektische Punkt erreicht ist. Dann kristallisiert das eutektische Gemisch aus.

2.158 Das Kristallgemisch schmilzt. Der Stoff A schmilzt vollständig, der Stoff B nur teilweise. Die Schmelze der Zusammensetzung C befindet sich im Gleichgewicht mit festem B.

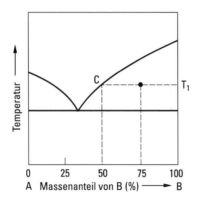

2.159 a) Am eutektischen Punkt erstarrt die gesamte Schmelze. Dabei bilden sich zwei Sorten von Mischkristallen mit den Zusammensetzungen U und V. Bei U ist die maximal mögliche Menge Pb in Sn gelöst, bei V die maximal mögliche Menge von Sn in Pb.

b) Die Breite der Mischungslücke bei 150 °C ist durch die dick ausgezogene Linie wiedergegeben.

c) Die Löslichkeit von Sn in Pb nimmt mit fallender Temperatur ab.

d) Nein, diese Zusammensetzung liegt bei allen Temperaturen innerhalb der Mischungslücke.

e) Ja, aber nur zwischen den Temperaturen T_1 und T_2.

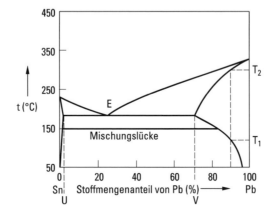

2.160

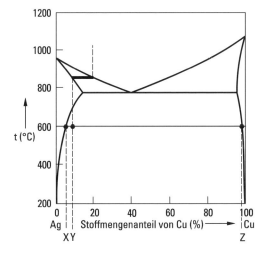

a) Die Mischkristalle haben die Zusammensetzung Y.

b) Bei 600 °C liegt die Zusammensetzung Y innerhalb der Mischungslücke. Im Gleichgewichtszustand können nur Kristalle mit der Zusammensetzung X und Z vorliegen. In diesen Mischkristallen ist jeweils die bei 600 °C maximal mögliche Menge von Cu in Ag bzw. Ag in Cu gelöst. Aus den Kristallen der Zusammensetzung Y scheidet sich daher das überschüssige Kupfer als kupferreicher Mischkristall Z aus. Die im Gleichgewicht neben Z vorliegenden Mischkristalle X sind natürlich im Überschuss vorhanden.

c) Beim Abschrecken stellt sich kein Gleichgewicht ein. Die Mischkristalle der Zusammensetzung Y sind bei Zimmertemperatur metastabil.

2.161

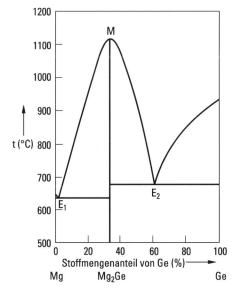

a) Die eutektischen Punkte sind E_1 und E_2. M bezeichnet das Schmelzpunktsmaximum.

b) Mg und Ge bilden die intermetallische Verbindung Mg_2Ge. Mg_2Ge kristallisiert in einem anderen Gittertyp als Mg und Ge.

c) Nein, die drei Phasen Mg, Ge und Mg_2Ge bilden miteinander keine Mischkristalle.

2.162

Zusammensetzung der Schmelze	Stoff
X	Mg_2Ge
Y	Mg_2Ge + Ge
Z	Ge

2.163 a) Beim inkongruenten Schmelzen zerfällt die intermetallische Phase in eine andere feste Phase und eine Schmelze. Die neu entstehende feste Phase und die Schmelze haben natürlich eine andere Zusammensetzung als die zerfallende Phase.

b) Beim kongruenten Schmelzen geht die intermetallische Phase unmittelbar in die Schmelze gleicher Zusammensetzung über. Kongruent schmelzende Phasen haben ein Schmelzpunktsmaximum (vgl. Aufg. 2.161).

2.164 a) 1. Es tritt jeweils eine intermetallische Phase auf.

2. Es bilden sich keine Mischkristalle.

b) 1. Die Phase Mg_2Ge schmilzt kongruent, die Phase Na_2K inkongruent.

2. Im System Mg-Ge existieren zwei Eutektika, im System Na-K gibt es nur ein Eutektikum.

2.165

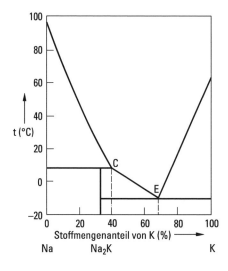

a) Am peritektischen Punkt zerfällt Na_2K in Na und eine Schmelze der Zusammensetzung C. Na_2K schmilzt inkongruent.

b) Na_2K kristallisiert nur aus Schmelzen aus, deren Zusammensetzungen zwischen C und E liegen.

2.166 Nach Erreichen der Erstarrungstemperatur scheidet sich solange nur Natrium aus, bis die peritektische Temperatur erreicht wird. Bei der peritektischen Temperatur bildet sich Na_2K, das mit festem Natrium und der Schmelze der Zusammensetzung C (vgl. Abb. der Aufg. 2.165) im Gleichgewicht steht. Unterhalb der peritektischen Temperatur ist nur noch die Verbindung Na_2K vorhanden. Das feste Natrium hat sich mit der Schmelze zu Na_2K umgesetzt.

2.167 Im System Mg-Sn bildet sich die stöchiometrisch zusammengesetzte intermetallische Verbindung Mg_2Sn. Im System Hg-Tl hat die intermetallische Phase einen Homogenitätsbereich, d. h., ihre Zusammensetzung kann innerhalb gewisser Grenzen schwanken. Formal lässt sich der Homogenitätsbereich als Mischkristallbereich zwischen der stöchiometrisch zusammengesetzten Phase Hg_5Tl_2 mit Hg bzw. Tl auffassen.

2.168 a) In beiden Systemen tritt eine intermetallische Phase auf, die inkongruent schmilzt.

b) Im System Au-Bi bilden sich keine Mischkristalle, die Phase Au_2Bi hat keinen Homogenitätsbereich. Im System Pb-Bi besitzt die intermetallische Phase einen Homogenitätsbereich. Außerdem bildet Pb mit Bi und Bi mit Pb in begrenztem Umfang Mischkristalle.

2.169 Ionenverbindungen und kovalente Verbindungen sind stöchiometrisch zusammengesetzt. Die Zusammensetzung ist durch die Zahl der Valenzelektronen der Bindungspartner festgelegt. Bei Verbindungen zwischen Metallen schwankt die Zusammensetzung häufig innerhalb weiter Grenzen (vgl. Aufg. 2.167 und 2.168). Treten in intermetallischen Systemen stöchiometrisch zusammengesetzte Verbindungen auf, z. B. Na_2K, so entsteht die Stöchiometrie meist auf Grund der möglichen geometrischen Anordnung der Bausteine im Gitter und nicht auf Grund der chemischen Wertigkeit. Daher wird statt des Begriffs intermetallische Verbindung häufig die Bezeichnung intermetallische Phase verwendet.

2.170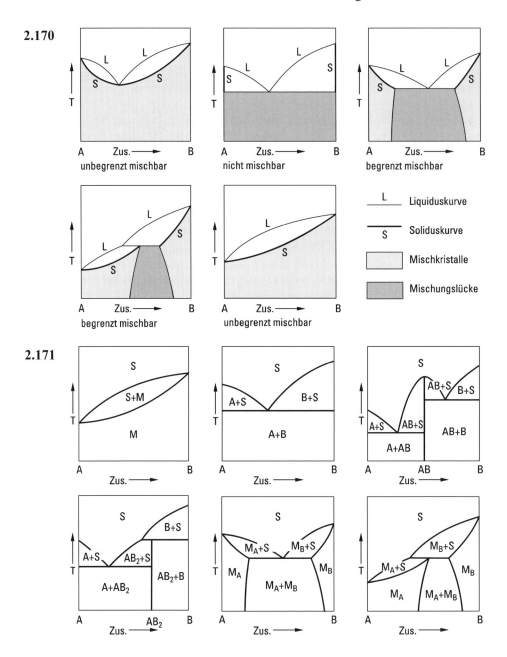

2.171

2.172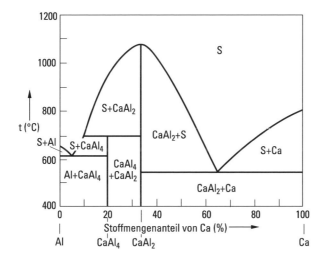

2.173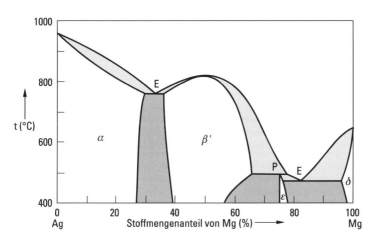

Van-der-Waals-Kräfte

2.174 Wechselwirkung permanenter Dipol – permanenter Dipol (Richteffekt)
Wechselwirkung permanenter Dipol – induzierter Dipol (Induktionseffekt)
Wechselwirkung fluktuierender Dipol – induzierter Dipol (Dispersionseffekt)

2.175 Am stärksten ist die Wechselwirkung beim Dispersionseffekt.

2.176 Bei allen Atomen und Molekülen entstehen durch Schwankungen der Ladungsdichte der Elektronenhülle fluktuierende (sich dauernd verändernde) Dipole.

2.177 Mit zunehmender Größe der Atome sind die Elektronen leichter verschiebbar und Dipole lassen sich leichter induzieren. Der Dispersionseffekt nimmt zu und damit auch die erforderliche Temperatur um die zunehmende Verdampfungsenergie zu erzeugen.

2.178 Weiche Atome sind leicht, harte Atome schwer zu polarisieren.

2.179 Die Polarisierbarkeit wächst mit der Atomgröße. F ist härter als Br, O härter als Se und N härter als As.

2.180 a) Molekülkristalle (ohne Wasserstoffbrücken!). Beispiele: CO_2, H_2, Cl_2, $P_{weiß}$.
b) Typische Eigenschaften: niedrige Schmelzpunkte, geringe Härte, elektrisch nichtleitend.

2.181 Se_{grau} kristallisiert in einer Kettenstruktur bei der zwischen den Se-Ketten van-der-Waals-Kräfte wirksam sind. Graphit und $Arsen_{grau}$ kristallisieren in Schichtstrukturen bei denen zwischen den Schichten aus Kohlenstoff oder Arsen van-der-Waals-Kräfte wirksam sind. Im Talk existieren zwischen Schichtpaketen aus Mg-Silicaten nur schwache van-der-Waals-Bindungen. Se_{grau}, Graphit und As_{grau} unterscheiden sich dadurch wesentlich von den jeweils anderen Se-, C- und As-Modifikationen. Talk ist das weichste aller Mineralien.

Molekülsymmetrie

2.182 a) $-x, -y, z$
b) $x, y, -z$
c) $-x, -y, -z$
d) $-x, -y, -z$ (S_2 entspricht Punktspiegelung i)

2.183 a) 180°-Drehung um die y-Achse (C_2-Achse kolinear mit y-Achse)
b) mehrere Möglichkeiten:

- $(x, y, z) \xrightarrow{\text{Spiegelung in xy-Ebene}} (x, y, -z) \xrightarrow{\text{Spiegelung in xz-Ebene}} (x, -y, -z)$
- $(x, y, z) \xrightarrow{\text{Spiegelung in xz-Ebene}} (x, -y, z) \xrightarrow{\text{Spiegelung in xy-Ebene}} (x, -y, -z)$
- $(x, y, z) \xrightarrow{\text{Punktspiegelung im Ursprung}} (-x, -y, -z) \xrightarrow{\text{Spiegelung in yz-Ebene}} (x, -y, -z)$
- $(x, y, z) \xrightarrow{\text{Spiegelung in yz-Ebene}} (-x, y, z) \xrightarrow{\text{Punktspiegelung im Ursprung}} (x, -y, -z)$
- $(x, y, z) \xrightarrow{\text{180°-Drehung um y-Achse}} (-x, y, -z) \xrightarrow{\text{180°-Drehung um z-Achse}} (x, -y, -z)$
- $(x, y, z) \xrightarrow{\text{180°-Drehung um z-Achse}} (-x, -y, z) \xrightarrow{\text{180°-Drehung um y-Achse}} (x, -y, -z)$

Die Punktspiegelung i kann durch eine S_2-Operation ersetzt werden.

Molekülsymmetrie

c) C_4-Operation (Drehung um 90°) mit C_4-Achse kolinear zur z-Achse:

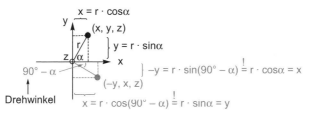

2.184 a) C_2-Drehachse durch N-Atom entlang Winkelhalbierender; 2 Spiegelebenen (σ_v) in Molekülebene und senkrecht zu Molekülebene durch N-Atom:

(Punktgruppe C_{2v})

b) C_3-Drehachse kolinear mit As–O-Bindung; 3 Spiegelebenen (σ_v) in jeweils O–As–Cl-Ebene:

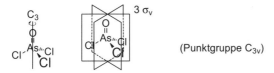

(Punktgruppe C_{3v})

c) C_3-Drehachse und S_3-Drehspiegelachse senkrecht zu Molekülebene durch N-Atom; 3 C_2-Drehachsen senkrecht zu C_3-Hauptachse und jeweils kolinear mit N–O-Bindung; Spiegelebene senkrecht zu Hauptachse (σ_h) in Molekülebene; 3 Spiegelebenen (σ_v) jeweils eine N–O-Bindung enthaltend und senkrecht zu Molekülebene:

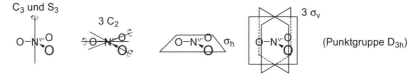

(Punktgruppe D_{3h})

d) siehe c) mit C_3- und S_3-Achse kolinear mit F–P–F-Achse usw.

e) Einziges Symmetrieelement ist Spiegelebene (σ) in Molekülebene:

(Punktgruppe C_s)

f) C_2-Drehachse senkrecht zu As_2O_2-Ringebene durch Ringmittelpunkt; Spiegelebene senkrecht zu Hauptachse (σ_h) in As_2O_2-Ringebene; Inversionszentrum (i oder S_2) in As_2O_2-Ringmittelpunkt:

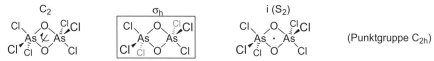

(Punktgruppe C_{2h})

g) C_2-Drehachse durch mittlere Xe–F-Bindung; 2 Spiegelebenen (σ_v) in Molekülebene und senkrecht zu Molekülebene entlang mittlerer Xe–F-Bindung:

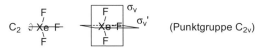

(Punktgruppe C_{2v})

h) C_2-Drehachse (Hauptachse) senkrecht zu Molekülebene durch Mittelpunkt der C=C-Bindung; Spiegelebene senkrecht zu Hauptachse (σ_h) in Molekülebene; Inversionszentrum (i oder S_2) in Mittelpunkt der C=C-Bindung:

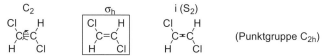

(Punktgruppe C_{2h})

i) C_2-Drehachse (Hauptachse) senkrecht zu Molekülebene durch Mittelpunkt der inneren C=C-Bindung; 2 C_2-Drehachsen senkrecht zu C_2-Hauptachse – entlang und senkrecht zu innerer C=C-Bindung; Spiegelebene senkrecht zu Hauptachse (σ_h) in Molekülebene; 2 Spiegelebenen (σ_v, enthalten Hauptachse) senkrecht zu Molekülebene und entlang sowie senkrecht zu innerer C=C-Bindung; Inversionszentrum (i oder S_2) in Mittelpunkt der inneren C=C-Bindung:

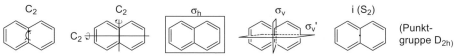

(Punktgruppe D_{2h})

j) C_3-Drehachse (Hauptachse) senkrecht zu Molekülebene durch Mittelpunkt; 3 C_2-Drehachsen senkrecht zu C_2-Hauptachse – durch Mittelpunkte der jeweils gegenüberliegenden C–C-Bindungen; 3 Spiegelebenen (σ_d, enthalten Hauptachse) – jeweils durch gegenüberliegende C-Atome; Inversionszentrum (i oder S_2) in Mittelpunkt; S_6-Achse kolinear mit C_3-Achse:

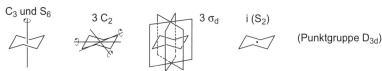

(Punktgruppe D_{3d})

k) C_2-Drehachse durch Winkelhalbierende; 2 Spiegelebenen (σ_v) in F–S–F-Ebenen:

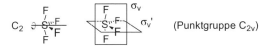   (Punktgruppe C_{2v})

l) C_6-Drehachse (Hauptachse) senkrecht zu Molekülebene durch Mittelpunkt; 6 C_2-Drehachsen senkrecht zu C_6-Hauptachse – 3 durch Mittelpunkte der jeweils gegenüberliegenden C–C-Bindungen und 3 durch jeweils gegenüberliegende C-Atome; Spiegelebene senkrecht zu Hauptachse (σ_h) in Molekülebene; 6 Spiegelebenen (σ_v, enthalten Hauptachse) senkrecht zu Molekülebene – 3 durch Mittelpunkte der jeweils gegenüberliegenden C–C-Bindungen und 3 durch jeweils gegenüberliegende C-Atome; Inversionszentrum (i oder S_2) in Mittelpunkt; S_6-Achse kolinear mit C_6-Achse:

   (Punktgruppe D_{6h})

3. Die chemische Reaktion

Mengenangaben bei chemischen Reaktionen

Mol · Avogadro-Konstante · Stoffmenge

3.1 Ein Mol ist die Stoffmenge, in der so viele Teilchen enthalten sind, wie Atome in 12 g des Kohlenstoffisotops ^{12}C. Die Teilchen können Atome, Moleküle, Ionen, Elektronen oder Formeleinheiten sein. Die Teilchenzahl, die ein Mol eines jeden Stoffes enthält, beträgt

$$N_A = 6{,}022 \cdot 10^{23} \text{ mol}^{-1}.$$

Sie wird als Avogadro-Konstante bezeichnet. Das Einheitszeichen für das Mol ist mol.

3.2 Masse = Stoffmenge · molare Masse

a) Molekülmasse: $(32{,}1 + 2 \times 16{,}0)$ g mol^{-1} = 64,1 g mol^{-1}

Die Masse von 1 mol SO$_2$ beträgt 1 mol × 64,1 g mol^{-1} = 64,1 g

b) Formelmasse: $(2 \times 23{,}0 + 32{,}1 + 4 \times 16{,}0)$ g mol^{-1} = 142,1 g mol^{-1}

1 mol Na$_2$SO$_4$ sind 142,1 g.

Die Formelmasse ist zahlenmäßig gleich der molaren Masse in g mol^{-1}. Oder anders ausgedrückt: Ein Mol eines Stoffes sind so viel Gramm, wie die Formelmasse angibt. Die Formelmasse ist gleich der Summe der Atommassen der in der Formel enthaltenen Atome. Der Begriff Molekülmasse (Molekulargewicht) bezieht sich strenggenommen nur auf einen Stoff, der tatsächlich aus Molekülen aufgebaut ist, wie z. B. SO$_2$.

3.3 a) 120,3 g Ca sind $\dfrac{120{,}3 \text{ g}}{40{,}1 \text{ g mol}^{-1}} = 3$ mol

b) 120 g CaO sind 2,14 mol.

c) 120 g MgO sind 2,98 mol.

3.4 2 mol Fe verbinden sich mit 3 mol O: 111,6 g Fe verbinden sich also mit 48 g O.

100 g Eisen verbinden sich folglich mit $\dfrac{48 \text{ g} \times 100 \text{ g}}{111{,}6 \text{ g}} = 43$ g Sauerstoff.

3.5 Es reagiert 1 mol H$_2$ mit $\frac{1}{2}$ mol O$_2$, also 2 g H$_2$ mit 16 g O$_2$.

Das Massenverhältnis ist 1 : 8.

3.6 a) 0,54 g H_2O enthalten 0,06 g H, das sind 0,06 mol H.

1,32 g CO_2 enthalten 0,36 g C, das sind 0,03 mol C.

Das Atomverhältnis von C zu H ist 1 : 2. Die allgemeine Formel lautet C_nH_{2n}. Es könnte sich um ein Alken (Olefin) wie C_2H_4 (Ethen) oder CH_3–CH=CH_2 (Propen), ein Polyolefin wie $(CH_2)_n$ (Polyethylen) oder $(-CH(CH_3)-CH_2-)$ (Polypropen), ein Cycloalkan wie C_3H_6 (Cyclopropan) oder C_6H_{12} (Cyclohexan) handeln.

b) Es genügt eine Angabe, da man die Masse des anderen Elements als Differenz zur Masse der verbrannten Verbindung erhält.

Beispiel:

Masse der Verbindung − Masse des Wasserstoffs = Masse des Kohlenstoffs

    0,42 g   −   0,06 g   =   0,36 g

3.7 2,24 g Fe sind 0,04 mol Fe.

Der Sauerstoffgehalt des Eisenoxids beträgt 3,20 g − 2,24 g = 0,96 g, das sind 0,06 mol O.

Das Atomverhältnis Fe zu O beträgt 0,04 : 0,06 = 2 : 3.

Die Formel lautet Fe_2O_3.

3.8 Bei der Reaktion von einem Mol eines Stoffes A mit einem Mol eines Stoffes B nach der Reaktionsgleichung A + B → AB reagieren dieselben Teilchenzahlen von A und B miteinander. Im Gegensatz zur Mengenangabe in Gramm erhält man bei Verwendung von Stoffmengen sofort das Verhältnis der miteinander reagierenden Teilchen.

3.9 Mol-/Formelmasse BCl_3: 117,3 g/mol; $LiAlH_4$: 37,9 g/mol; B_2H_6: 27,6 g/mol.

a) 3,0 g BCl_3 entsprechen $\frac{3,0 \text{ g}}{117,3 \text{ g/mol}} = 0,0256$ mol = 25,6 mmol.

Es werden ¾ × 25,6 mmol = 19,2 mmol $LiAlH_4$,

entsprechend 19,2 mmol × 37,9 g/mol = 0,73 g $LiAlH_4$ benötigt.

b) Bei quantitativer Ausbeute sollten ½ × 25,6 mmol = 12,8 mmol B_2H_6, entsprechend 12,8 mmol × 27,6 g/mol = 0,35 g B_2H_6 entstehen

c) 0,24 g / 0,35 g × 100% = 69%

d) 4 BCl_3 + 3 $LiAlH_4$ → 2 B_2H_6 + 3 $LiAlCl_4$
    3,0 g   0,73 g   0,35 g
    25,6   19,2   12,8
    mmol   mmol   mmol
                                 100%

3.10 Formelmassen $CuCl_2$ 134,5 g/mol; KI 166,0 g/mol; CuI 190,4 g/mol.

2,0 g CuI entsprechen $\frac{2,0 \text{ g}}{190,4 \text{ g/mol}} = 0,0105$ mol = 10,5 mmol.

Bei nur erwarteten 80% Ausbeute ist diese Stoffmenge für die Edukte mit $\frac{1}{0,8} = 1,25$ zu multiplizieren. Es müssen also 13,2 mmol $CuCl_2$, entsprechend 13,2 mmol × 134,5 g/mol = 1,77 g $CuCl_2$ und 2 × 13,2 mmol = 26,4 mmol KI, entsprechend 26,4 mmol × 166,0 g/mol = 4,38 g KI eingesetzt werden.

$$CuCl_2 + 2\ KI \rightarrow CuI + 2\ KCl + \tfrac{1}{2} I_2$$

| 1,77 g | 4,38 g | 2,51 g |
| 13,2 mmol | 26,4 mmol | 13,2 mmol 100% |

3.11 Summenformel: $C_{30}H_{24}FeN_8O_6$, Formelmasse: 648,42 g/mol.

$$\%C = \frac{30 \times 12,011}{648,42} 100\% = 55,57;\quad \%H = \frac{24 \times 1,008}{648,42} 100\% = 3,73;$$

$$\%N = \frac{8 \times 14,007}{648,42} 100\% = 17,28.$$

Zustandsänderungen, Gleichgewichte und Kinetik

Gasgesetz · Partialdruck

3.12 Gase verhalten sich ideal, wenn die Anziehungskräfte zwischen den Gasteilchen vernachlässigt werden können und wenn das Volumen der Gasteilchen vernachlässigbar klein ist gegen das Volumen des Gasraums.

Das ist der Fall, wenn wenige Teilchen pro Volumen vorhanden sind (geringer Druck) und wenn ihre Geschwindigkeit so groß ist, dass diese durch die Anziehungskräfte praktisch nicht beeinflusst wird (hohe Temperatur).

Die Tendenz, den idealen Zustand zu erreichen, ist also in den Fällen b), c) und e) gegeben.

3.13 123 K sind –150 °C.

Zwischen der absoluten Temperatur T in K und der Temperatur t in °C besteht die Beziehung T/K = 273,15 + t/°C.

3.14 a) 4 K, –269 °C; b) 77 K, –196 °C.

3.15 Die Zustandsgleichung für ideale Gase lautet

$$pV = nRT$$

$$V = \frac{nRT}{p} = \frac{1\ \text{mol} \cdot 0,083\ l\ \text{bar}\ \text{mol}^{-1}\text{K}^{-1} \cdot 273\ \text{K}}{1,013\ \text{bar}} = 22,4\ l$$

Alle Gase, die sich ideal verhalten, haben bei 0 °C und 1,013 bar dasselbe Molvolumen von 22,4 *l*. Es heißt molares Normvolumen.

> In der Chemie sind eine Reihe von Größen auf einen Standarddruck bezogen. Die lange gebräuchlichste Druckeinheit war die Atmosphäre (atm). Als Standarddruck wurde 1 atm gewählt. Im SI (Système International d'Unités) sind die Einheiten des Drucks das Pascal und das Bar
>
> $$1 \text{ Pa} = 1 \text{ Nm}^{-2}$$
> $$1 \text{ bar} = 10^5 \text{ Pa}$$
> $$1 \text{ atm} = 1,013 \text{ bar}$$
>
> Im SI beträgt der Standarddruck also 1,013 bar (vgl. Aufg. 3.31, 3.36 und 3.156).

3.16 Wenn sich die Stoffmenge nicht ändert, kann man verschiedene Zustände einer beliebigen Gasmenge unmittelbar vergleichen:

Aus $p_1 V_1 = n R T_1$ und $p_2 V_2 = n R T_2$ erhält man durch Division

$$\frac{p_1 V_1}{p_2 V_2} = \frac{T_1}{T_2}.$$

Da $V_1 = V_2$ ist, erhält man den Druck bei 100 °C nach

$$\frac{p}{0,98 \text{ bar}} = \frac{373 \text{ K}}{293 \text{ K}} = 1,27$$

$$p = 1,25 \text{ bar}$$

3.17 $V = 1,27 \; l$

3.18 a) Die Zahl der Mole des Gases erhält man aus der Masse des Gases (m) dividiert durch die molare Masse (M).

$$n = \frac{m}{M}$$

Aus $\quad p V = \frac{m}{M} R T \quad$ folgt

$$M = \frac{m R T}{p V}$$

$$M = \frac{0,229 \text{ g} \cdot 0,083 \; l \text{ bar K}^{-1} \text{ mol}^{-1} \cdot 373 \text{ K}}{0,5 \text{ bar} \cdot 0,5 \; l} = 28 \text{ g mol}^{-1}$$

Die Molekülmasse beträgt 28 g/mol (vgl. Aufg. 3.2).

b) Es könnte sich z. B. um N_2, CO oder C_2H_4 (Ethen) handeln.

Zustandsänderungen, Gleichgewichte und Kinetik

3.19 Gleiche Volumina verschiedener idealer Gase enthalten bei gleicher Temperatur und gleichem Druck dieselbe Anzahl von Teilchen (Avogadro'sches Gesetz).

Danach ist im Gasgemisch das Verhältnis der Volumenanteile von H_2 und N_2 gleich dem Verhältnis der Stoffmengen von H_2 und N_2.

$$\frac{n_{H_2}}{n_{N_2}} = \frac{70}{30}$$

Für die Partialdrücke gilt nach der Zustandsgleichung für ideale Gase

$$p_{H_2} V = n_{H_2} R T \text{ und}$$

$$p_{N_2} V = n_{N_2} R T$$

Daraus folgt

$$\frac{p_{H_2}}{p_{N_2}} = \frac{n_{H_2}}{n_{N_2}} = \frac{70}{30}$$

Die Summe der Partialdrücke ist gleich dem Gesamtdruck:

$$p_{H_2} + p_{N_2} = 10 \text{ bar}$$

$$p_{H_2} = 7 \text{ bar}$$

$$p_{N_2} = 3 \text{ bar}$$

3.20 Der Partialdruck von Argon beträgt 0,01 bar.

Phasendiagramm · Dampfdruck · Kritischer Punkt

3.21 a) $p V = n R T$ geht über in

$p V = $ const.   (Boyle-Mariotte'sches Gesetz)

b) Aus $p V = $ const. folgt

$$p = \frac{\text{const.}}{V}$$

Diese Funktion wird durch eine Hyperbel wiedergegeben. Dafür gilt

$$p_1 V_1 = p_2 V_2 = \text{const.}$$

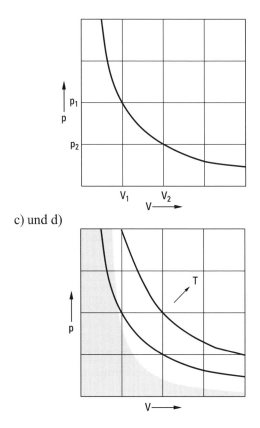

c) und d)

Mit steigender Temperatur wird die Konstante größer. Die eingezeichneten Kurven nennt man Isothermen.

Bei kleinen Volumina und bei tiefen Temperaturen sind die Wechselwirkungen zwischen den Teilchen nicht mehr zu vernachlässigen. In diesem Bereich darf das ideale Gasgesetz nicht angewendet werden. Im schraffierten Bereich müssen die Isothermen daher einen anderen Verlauf haben.

3.22 Beim Komprimieren steigt der Druck mit abnehmendem Volumen bis der Punkt K erreicht wird. Von K bis S nimmt das Volumen von V_D auf V_F ab, ohne dass dabei der Druck weiter steigt. Den Vorgang, der bei K einsetzt, nennt man Kondensation eines Gases (Verflüssigung). Bei S ist die Kondensation beendet. Weiteres Komprimieren bewirkt auch bei sehr starkem Druckanstieg nur eine äußerst geringe Volumenabnahme der Flüssigkeit (V_D = Volumen des Dampfes, V_F = Volumen der Flüssigkeit).

3.23

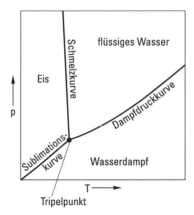

Die drei Kurven geben die Beziehung zwischen Druck und Temperatur an, bei der sich immer zwei Phasen miteinander im Gleichgewicht befinden. Innerhalb der Gebiete I, II und III kann jeweils nur eine Phase existieren.

b) Der Schnittpunkt der drei Gleichgewichtskurven heißt Tripelpunkt. Nur bei dem Druck und der Temperatur des Tripelpunktes sind alle drei Phasen miteinander im Gleichgewicht. Der Tripelpunkt des Wassers liegt bei 0,01 °C und 0,0061 bar.

3.24 a) Der Tripelpunkt des CO_2 muss oberhalb von 1 bar liegen. Er liegt bei 5,2 bar.

b) CO_2 kann nur bei Temperaturen unterhalb –57 °C sublimieren. Bei 1 bar muss festes CO_2 (Trockeneis) demnach kälter als –57 °C sein.

3.25 a) Wasserstoff und Sauerstoff sind permanente Gase, da die kritische Temperatur unterhalb der Raumtemperatur liegt. Sie lassen sich daher bei Raumtemperatur nicht verflüssigen. Propan und Butan liegen verflüssigt vor.

b) Bei H_2 und O_2 nimmt der Druck kontinuierlich ab. Bei Propan und Butan bleibt der Druck solange konstant, bis die Flüssigkeit verbraucht ist, dann nimmt er schnell ab (wie beim Gasfeuerzeug).

3.26 Die in Spraydosen verwendeten Treibgase müssen bei Raumtemperatur verflüssigbar sein. Nach einer Gasentnahme stellt sich durch Verdampfen der Flüssigkeit immer wieder der Gleichgewichtsdampfdruck ein. Bei permanenten Gasen könnte eine entsprechende Gasmenge nur bei sehr hohen Drücken in der Dose vorhanden sein.

Reaktionsenthalpie · Satz von Heß · Standardbildungsenthalpie

3.27 Die Reaktionsgleichung gibt an, in welchen Stoffmengenverhältnissen die Stoffe miteinander reagieren. Die Gleichung bedeutet also:

1. Ein Wasserstoffmolekül verbindet sich mit einem Chlormolekül zu zwei Chlorwasserstoffmolekülen.

2. Ein Mol H_2 verbindet sich mit einem Mol Cl_2 zu zwei Mol HCl.

3.28 a) Δ vor einer Größe, die sich auf eine chemische Reaktion bezieht, bedeutet die Änderung dieser Größe pro Formelumsatz. Formelumsatz heißt für dieses Beispiel die gesamte Umsetzung von 1 mol H_2 mit 1 mol Cl_2 zu 2 mol HCl.

b) Bei jeder chemischen Reaktion wird Energie umgesetzt. ΔH ist die frei werdende oder aufgenommene Reaktionswärme pro Formelumsatz, wenn die Reaktion bei konstantem Druck abläuft. Man nennt diese Größe Reaktionsenthalpie. Auch wenn eine Reaktion unvollständig abläuft, bezieht sich ΔH immer auf den gesamten, durch die Gleichung angegebenen Umsatz, also auf die Differenz zwischen dem durch die Gleichung angegebenen Endzustand und Anfangszustand.

c) $\frac{1}{2} H_2 + \frac{1}{2} Cl_2 \rightarrow HCl$ ΔH = –92,5 kJ/mol

Bei der Bildung von 1 mol HCl aus $\frac{1}{2}$ mol H_2 und $\frac{1}{2}$ mol Cl_2 werden 92,5 kJ abgegeben.

Im internationalen Einheitensystem SI werden die Reaktionswärmen in kJ angegeben, die vorher übliche Einheit war kcal.
  1 kcal = 4,187 kJ

3.29

			Beispiel
Energie wird frei	ΔH negativ	exotherme Reaktion	$C + O_2 \rightarrow CO_2$ ΔH = –394 kJ/mol
Energie muss zugeführt werden	ΔH positiv	endotherme Reaktion	$N_2 + O_2 \rightarrow 2\,NO$ ΔH = +181 kJ/mol

3.30 Die Angabe von Druck und Temperatur ist notwendig, weil ΔH druck- und temperaturabhängig ist.

3.31 a) Durch den Index ° werden Standardgrößen gekennzeichnet.

Für Standardgrößen, wie z. B. die Standardreaktionsenthalpie ΔH°, wird festgelegt, dass alle Ausgangsstoffe und Endprodukte in Standardzuständen vorliegen sollen. Als Standardzustände wählt man bei Gasen den idealen Zustand, bei festen und flüssigen Stoffen den Zustand der reinen Phase, jeweils bei 1,013 bar Druck. Bei Elektrolytlösungen wählt man als Standardzustand eine Lösung der Konzentration 1 mol/l.

Die Aggregatzustände werden durch die Zusätze (s – „solid", fest), (l – „liquid", flüssig) und (g – „gaseous", gasförmig) gekennzeichnet. Stoffe ohne Indizes liegen gasförmig vor.

b) ΔH°_{293} ist die Standardreaktionsenthalpie für 293 K.

3.32 Bei dieser Reaktion ist der gasförmige Aggregatzustand bei 1,013 bar und 298 K der Standardzustand von H_2O. Dieser Zustand ist für H_2O zwar nicht realisierbar, kann aber rechnerisch erfasst werden.

3.33 ΔH ist nur vom Anfangs- und Endzustand abhängig und unabhängig davon, auf welchem Reaktionsweg der Endzustand erreicht wird.

3.34
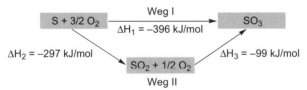

Nach dem Satz von Heß gilt:

$\Delta H_I = \Delta H_{II}$

$\Delta H_1 = \Delta H_2 + \Delta H_3$

$\Delta H_3 = -396$ kJ/mol $+ 297$ kJ/mol $= -99$ kJ/mol

Einfacher erhält man das Ergebnis direkt aus den Reaktionsgleichungen. Zur Berechnung der Reaktionsenthalpien kann man die chemischen Gleichungen wie mathematische Gleichungen behandeln.

$S(s) + \frac{3}{2} O_2 = SO_3 \quad\quad \Delta H_1 = -396$ kJ/mol

$S(s) + \phantom{\frac{3}{2}} O_2 = SO_2 \quad\quad \Delta H_2 = -297$ kJ/mol

Durch Subtraktion erhält man

$\frac{1}{2} O_2 = SO_3 - SO_2 \quad\quad \Delta H_1 - \Delta H_2 = -99$ kJ/mol

und hieraus durch Umformung die gewünschte Gleichung:

$SO_2 + \frac{1}{2} O_2 = SO_3 \quad\quad \Delta H_3 = \Delta H_1 - \Delta H_2$

3.35 $\Delta H_I = \Delta H_{II} - \Delta H_{III}$

$\Delta H_I = -394$ kJ/mol $+ 283$ kJ/mol $= -111$ kJ/mol

Für die Reaktion $C(s) + \frac{1}{2} O_2 \rightarrow CO$ beträgt $\Delta H^o_{298} = -111$ kJ/mol.

3.36 Die Standardbildungsenthalpie einer Verbindung ist die Enthalpie, die bei der Bildung von 1 mol der Verbindung im Standardzustand aus den Elementen auftritt. Diese Bildungsenthalpie ist bezogen auf die bei 298 K und 1,013 bar stabile Modifikation der Elemente. Als Reaktionstemperatur hat man die Standardtemperatur 298 K festgelegt.

3.37 Die Bildungsenthalpien sind stets auf 1 mol bezogen. Die stabilen Modifikationen bei 1,013 bar und 298 K sind bei den Elementen Sauerstoff und Wasserstoff die Moleküle O_2 und H_2 nicht aber die Atome O und H oder das Molekül O_3.

Aus b) erhält man den Wert für die Standardbildungsenthalpie von H_2O (g):

$\Delta H^o_B = -242$ kJ/mol. d) gibt die Standardbildungsenthalpie für H_2O (l) an:

$\Delta H^o_B = -286$ kJ/mol.

3.38 Die bei 298 K und 1,013 bar stabile Modifikation von Kohlenstoff ist Graphit. Die Standardbildungsenthalpie von CO_2 ist daher $\Delta H_B^o(CO_2) = -394$ kJ/mol.

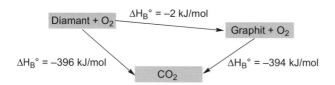

3.39 a) $\quad \frac{1}{2} O_2 \rightarrow O \qquad \Delta H_B^o(O) = +249$ kJ/mol

b) $\quad \Delta H_{298}^o = \Delta H_B^o(NO) - \Delta H_B^o(O)$

$\Delta H_{298}^o = +90$ kJ/mol $- 249$ kJ/mol $= -159$ kJ/mol

Während die Bildung von NO aus den Molekülen N_2 und O_2 eine endotheme Reaktion ist, ist die Bildung von NO aus N_2 und Sauerstoffatomen eine exotherme Reaktion.

Chemisches Gleichgewicht · Massenwirkungsgesetz (MWG) · Prinzip von Le Chatelier

3.40 a) 1. Bei der Bildung von 1 mol SO_3 muss sich 1 mol SO_2 mit $\frac{1}{2}$ mol O_2 umsetzen.

2. Die Reaktion ist exotherm.

3. Bei vollständigem Umsatz von 1 mol SO_2 mit $\frac{1}{2}$ mol O_2 zu SO_3 bei 25 °C und 1,013 bar werden 99 kJ frei.

b) Nein, eine Reaktionsgleichung sagt nichts über die Vollständigkeit des Ablaufs einer Reaktion aus.

3.41 Ein chemisches Gleichgewicht wird durch einen Doppelpfeil gekennzeichnet:

$SO_2 + \frac{1}{2} O_2 \rightleftharpoons SO_3$

3.42

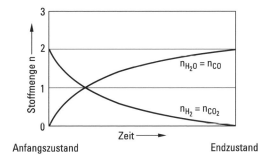

Die Aufgabe ist richtig gelöst, wenn Sie erkannt haben, dass die Abnahme von H_2 gleich der Abnahme von CO_2 ist und dass eine entsprechende Menge an H_2O und CO gebildet wird.

3.43 a)

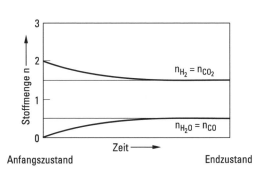

Im Endzustand ist von allen vier Stoffen eine endliche Menge vorhanden. Dieser Zustand ist der Gleichgewichtszustand. Die Zusammensetzung im Gleichgewichtszustand hängt von der jeweiligen Reaktionstemperatur ab.

b)

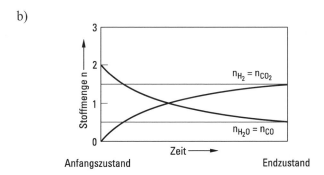

Da die Reaktion bei derselben Temperatur wie unter a) abläuft, ist Ihre Antwort nur dann richtig, wenn Sie dieselbe Gleichgewichtszusammensetzung wie bei a) eingezeichnet haben.

c)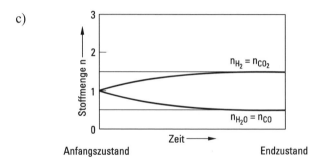

Auch in diesem Fall muss sich derselbe Gleichgewichtszustand einstellen. Der Schnittpunkt der Kurven im Diagramm b) entspricht dem Anfangszustand in Aufgabe c).

3.44 a) Die möglichen Konzentrationsverhältnisse der Reaktionsteilnehmer im Gleichgewicht sind durch das Massenwirkungsgesetz (MWG) festgelegt. Für die Reaktion

$$H_2 + CO_2 \rightleftharpoons H_2O\ (g) + CO$$

lautet das MWG:

$$\frac{[H_2O]\,[CO]}{[H_2]\,[CO_2]} = K$$

Die Konzentrationen werden in mol/l angegeben und durch eckige Klammern symbolisiert.

Für den Gleichgewichtszustand mit 1,5 mol/l H_2O, 1,5 mol/l CO, 0,5 mol/l H_2 und 0,5 mol/l CO_2 (vgl. Aufg. 3.43) erhält man:

$$K = \frac{0,5 \cdot 0,5}{1,5 \cdot 1,5} = 0,11$$

Auf Grund des MWG gilt bei gleicher Temperatur für alle möglichen Gleichgewichtszustände K = 0,11. Für den Zustand mit 0,5 mol/l H_2O, 0,5 mol/l CO, 3,5 mol/l H_2 und 1,5 mol/l CO_2 erhält man:

$$\frac{0,5 \cdot 0,5}{3,5 \cdot 1,5} = 0,05$$

Das MWG ist nicht erfüllt, dieser Zustand kann also kein Gleichgewichtszustand sein.

b) Wenn 0,7 mol CO entstanden sind, müssen außerdem 0,7 mol H_2O, 1,3 mol CO_2 und 3,3 mol H_2 vorhanden sein.

$$\frac{0,7 \cdot 0,7}{3,3 \cdot 1,3} = 0,11$$

Zustandsänderungen, Gleichgewichte und Kinetik

Das MWG ist erfüllt. Das Gleichgewicht ist erreicht.

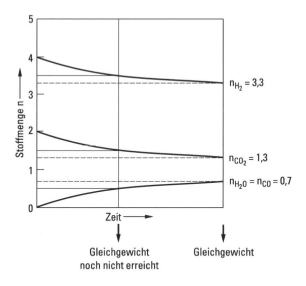

3.45

a) $\dfrac{[NO_2]^2}{[NO]^2\,[O_2]} = K_c$

b) $\dfrac{[H_2]\,[CO]}{[H_2O]} = K_c$

c) $\dfrac{p_I^2}{p_{I_2}} = K_p$

d) $\dfrac{p_{CO}^2}{p_{CO_2}} = K_p$

Die Gleichgewichte a) und c) sind homogene Gleichgewichte, b) und d) sind heterogene Gleichgewichte.

Die Konzentrationen und Partialdrücke im MWG sind die Konzentrationen oder Partialdrücke, die sich im Gleichgewicht eingestellt haben. Die Konzentrationen werden in mol/l angegeben und durch eckige Klammern symbolisiert. Die Konzentrationen oder Partialdrücke werden multiplikativ verknüpft. Stöchiometrische Zahlen treten daher als Exponenten auf.

Beispiel:

$I_2 \rightleftharpoons 2\,I$

$K_c = \dfrac{[I]\,[I]}{[I_2]} = \dfrac{[I]^2}{[I_2]}$

Achten Sie darauf, dass im MWG die Konzentrationen der *reagierenden Teilchen* stehen. Sie müssen z. B. die Konzentration der I_2-Moleküle von der Konzentration der I-Atome unterscheiden.

Bei homogenen Gleichgewichten liegt nur *eine* Phase vor, z. B. die Gasphase oder *eine* flüssige Phase. Bei heterogenen Gleichgewichten treten mehrere Phasen auf.

Bei heterogenen Gleichgewichten treten im MWG die Konzentrationen reiner fester Phasen, wie z. B. C, CaO, $CaCO_3$, nicht auf.

3.46
$$K_p = \frac{p_{HI}}{p_{I_2}^{1/2} \cdot p_{H_2}^{1/2}}$$

$$K_p' = \frac{p_{HI}^2}{p_{I_2} \cdot p_{H_2}}$$

$$K_p' = K_p^2$$

Bei der Benutzung von Gleichgewichtskonstanten ist darauf zu achten, für welche Reaktionsgleichungen diese angegeben sind.

3.47 a) $K_p' = K_p^2$ $\lg K_p' = 2 \lg K_p$ $\lg K_p' = 33{,}4$

b) $K_p'' = \dfrac{1}{K_p}$ $\lg K_p'' = -\lg K_p$ $\lg K_p'' = -16{,}7$

Bei der Benutzung von Tabellen müssen Sie darauf achten, auf welcher Seite der Reaktionsgleichung die Reaktionsteilnehmer stehen.

3.48 Das MWG lautet:
$$\frac{[H_2O]\,[CO]}{[H_2]\,[CO_2]} = 1$$

Auf Grund der Beziehung $c = \dfrac{n}{V}$ erhält man das MWG in der Form:

$$\frac{n_{H_2O} \cdot n_{CO}}{n_{H_2} \cdot n_{CO_2}} = 1$$

Zustandsänderungen, Gleichgewichte und Kinetik

Stoffmengen (mol) des Ausgangszustandes	Stoffmengen (mol) im Gleichgewichtszustand
$n_{CO} = 0$	$n_{CO} = x$
$n_{H_2} = 1$	$n_{H_2} = 1-x$
$n_{CO_2} = 2$	$n_{CO_2} = 2-x$
$n_{H_2O} = 1$	$n_{H_2O} = 1+x$
$n_{ges.} = 4$	$n_{ges.} = 4$

Durch Einsetzen der Gleichgewichtsstoffmengen in das MWG erhält man

$$\frac{(1+x)\,x}{(1-x)\,(2-x)} = 1 \qquad \text{und} \qquad x = 0{,}5 \text{ mol}.$$

Da das Reaktionsvolumen 100 l beträgt, sind die Gleichgewichtskonzentrationen in mol/l:

$[CO] = 0{,}005$; $[H_2O] = 0{,}015$; $[H_2] = 0{,}005$; $[CO_2] = 0{,}015$

3.49 Die Gleichgewichtskonzentrationen in mol/l betragen:

$[CO] = 0{,}0025$; $[H_2O] = 0{,}0225$; $[H_2] = 0{,}0075$; $[CO_2] = 0{,}0075$

3.50 $K_p = \dfrac{p_I^2}{p_{I_2}} \qquad K_c = \dfrac{c_I^2}{c_{I_2}}$

Auf Grund des idealen Gasgesetzes gilt: $p = \dfrac{n}{V} R T = c R T$.

Für die Partialdrücke von I und I_2 gelten also die Beziehungen

$p_I = c_I R T \qquad \text{und} \qquad p_{I_2} = c_{I_2} R T$

$K_p = \dfrac{(c_I R T)^2}{c_{I_2} R T} = \dfrac{c_I^2}{c_{I_2}} R T$

$K_p = K_c R T$

K_p ist nur dann gleich K_c, wenn keine Stoffmengenänderung der gasförmigen Komponenten auftritt. Ein Beispiel für eine Reaktion ohne Stoffmengenänderung ist die Reaktion $I_2 + H_2 \rightleftharpoons 2\,HI$.

3.51 Übt man auf ein System, das sich im Gleichgewicht befindet, durch Konzentrations-, Druck- oder Temperaturänderung einen Zwang aus, so verschiebt sich die Gleichgewichtslage derart, dass sich ein neues Gleichgewicht einstellt, bei dem dieser Zwang vermindert ist.

3.52 Nach dem Prinzip von Le Chatelier verschiebt sich die Gleichgewichtslage mit steigendem Druck nach links.

Dem Zwang durch Druckerhöhung wird durch Verminderung der Teilchenzahl im Gasraum ausgewichen.

3.53 Durch Anwendung des MWG erhält man

$$\frac{p_{CO}^2}{p_{CO_2}} = K_p$$

Die Summe der Partialdrücke ist gleich dem Gesamtdruck.

$$p_{CO} + p_{CO_2} = p$$

Die Kombination beider Gleichungen ergibt

$$p_{CO} + \frac{p_{CO}^2}{K_p} = p$$

$$p_{CO} = -\frac{K_p}{2} + \sqrt{\frac{K_p^2}{4} + p \cdot K_p}$$

a) $p_{CO} = 1$ bar, $p_{CO_2} = 1$ bar

Bei 2 bar enthält das Gas im Gleichgewicht 50% CO und 50% CO_2.

b) $p_{CO} = 9{,}5$ bar, $p_{CO_2} = 90{,}5$ bar

Bei 100 bar enthält das Gas im Gleichgewicht 9,5% CO und 90,5% CO_2. Die Rechnung bestätigt also das Prinzip von Le Chatelier, dass durch Erhöhung des Druckes das Gleichgewicht in Richtung der Seite kleinerer Stoffmengen der gasförmigen Stoffe verschoben wird.

3.54 a) $p_2 = 1$ bar

$$p_{CO_2} = K_p$$

Auf Grund des MWG muss p_{CO_2} konstant bleiben, solange noch $CaCO_3$ und CaO vorhanden sind. Der Druck des Kohlenstoffdioxids bleibt bei der Volumenverkleinerung dadurch konstant, dass sich gerade die Hälfte der ursprünglichen Menge CO_2 mit CaO zu $CaCO_3$ umsetzt. Das Gleichgewicht verschiebt sich also nach links.

b) $p_2 = 2$ bar

$$\frac{p_{CO_2}}{p_{CO}} = K_p$$

Die Gleichgewichtslage dieser Reaktion wird durch Druckänderung nicht beeinflusst, da bei der Reaktion die Stoffmengen der gasförmigen Stoffe konstant bleiben. Die Partialdrücke verdoppeln sich, also beträgt der Gesamtdruck 2 bar.

c) 1 bar < p_2 < 2 bar

$$\frac{p_{CO} \cdot p_{H_2}}{p_{H_2O}} = K_p$$

Würde keine Reaktion eintreten, dann würden sich alle Partialdrücke verdoppeln, das MWG wäre nicht mehr erfüllt. Bei der Volumenverminderung muss daher H_2 mit CO zu H_2O und C reagieren. Die Partialdrücke von H_2 und CO nehmen daher weniger stark zu als der Partialdruck von H_2O. Der Gesamtdruck liegt zwischen 1 bar und 2 bar. Das Gleichgewicht ist druckabhängig und verschiebt sich mit steigendem Druck nach links.

3.55

	Verschiebung der Gleichgewichtslage bei	
	Temperaturerhöhung	Druckerhöhung
Reaktion a	nach rechts	keine Verschiebung
Reaktion b	nach links	nach rechts

Dem Zwang der Temperaturerhöhung kann nur durch Wärmeverbrauch ausgewichen werden. Daher verschiebt sich bei exothermen Reaktionen das Gleichgewicht in Richtung der Ausgangsprodukte, bei endothermen Reaktionen in Richtung der Endprodukte. Die Verschiebung der Gleichgewichtslage bei Temperaturänderungen ist auf die Temperaturabhängigkeit der Gleichgewichtskonstante zurückzuführen.

3.56 a) nach rechts

b) nach links

3.57 a) $W + 3 I_2 \underset{\geq 700\,°C}{\overset{\leq 700\,°C}{\rightleftharpoons}} WI_6$

b) Durch Rücktransport von verdampftem Wolfram zum W-Glühfaden kann dessen Temperatur und damit die Lichtausbeute gesteigert werden.

c) Chemische Transportreaktion.

3.58 a) Reinstdarstellung von Ti, Zr, Hf, V und Ni (Mond-Verfahren).

b) $Ti + 2 I_2 \rightleftharpoons TiI_4$

$Ni + 4 CO \rightleftharpoons Ni(CO)_4$

Reaktionsgeschwindigkeit · Aktivierungsenergie · Katalyse

3.59 a) falsch

b) richtig

Da bei höherer Temperatur Wasser gebildet wird, muss nach dem Prinzip von Le Chatelier bei tieferer Temperatur das Gleichgewicht noch weiter auf der rechten Seite liegen. Die Ursache dafür, dass sich H_2 und O_2 bei Raumtemperatur nicht umsetzen, ist also nicht die Gleichgewichtslage, sondern eine Reaktionshemmung. Reaktionshemmung bedeutet, dass die Reaktionsgeschwindigkeit sehr klein ist.

3.60 Die Reaktionsgeschwindigkeit hängt im Wesentlichen ab

– von der Temperatur,

– der Größe der Aktivierungsenergie und

– der Konzentration der Reaktionsteilnehmer.

3.61 Die Ausgangsstoffe können nur miteinander reagieren, wenn sie zunächst in einen aktivierten Zwischenzustand übergehen. Um die Teilchen in diesen Zwischenzustand zu bringen, ist ein bestimmter Energiebetrag, die Aktivierungsenergie, erforderlich. Der aktivierte Zwischenzustand kann u. a. dadurch erreicht werden, dass die Teilchen mit einer bestimmten Mindestenergie zusammenstoßen.

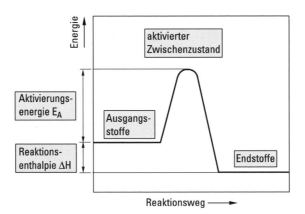

3.62 a) Durch Logarithmieren der Gleichung $v = A\, e^{-E_A/RT}$ erhält man

$$\lg v = \lg A - \frac{E_A}{RT} \lg e = \lg A - \frac{E_A}{2{,}3\, RT}$$

Zustandsänderungen, Gleichgewichte und Kinetik

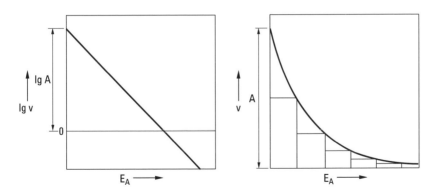

Bei konstanter Temperatur nimmt die Reaktionsgeschwindigkeit mit wachsender Aktivierungsenergie exponentiell ab.

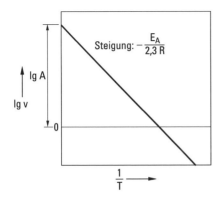

Bei konstanter Aktivierungsenergie nimmt die Reaktionsgeschwindigkeit mit steigender Temperatur zu. Im (lg v)–1/T-Diagramm erhält man eine Gerade, aus deren Steigung sich E_A ermitteln lässt.

3.63 Je höher die Temperatur ist, umso mehr Teilchen besitzen die für die Reaktion erforderliche Mindestenergie und können den aktivierten Zwischenzustand erreichen (vgl. Aufg. 3.61). Die Reaktionsgeschwindigkeit wird also größer, wenn die Temperatur erhöht wird.

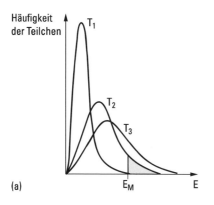
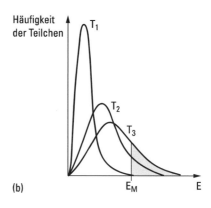
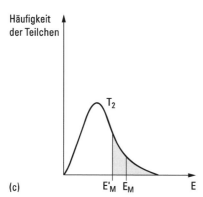

Je kleiner die Aktivierungsenergie ist, umso geringer ist auch die für die Reaktion notwendige Mindestenergie der Teilchen. Da bei gegebener Temperatur mit abnehmender Mindestenergie die Zahl der reaktionsfähigen Teilchen wächst, nimmt die Reaktionsgeschwindigkeit zu (vgl. Aufg. 3.62).

3.64 a) Ein metastabiles System befindet sich nicht im Gleichgewicht. Das Gleichgewicht $2\,NO \rightleftharpoons N_2 + O_2$ liegt bei Zimmertemperatur auf der rechten Seite.

b) Die Aktivierungsenergie ist so groß, dass die Reaktion bei Zimmertemperatur nicht abläuft und daher NO als metastabile Verbindung existieren kann.

Man muss aber beachten, dass der Begriff metastabil sich auf ein abgeschlossenes System bezieht. In Gegenwart von Sauerstoff z. B. reagiert NO bei Zimmertemperatur sofort zu NO_2.

3.65 a) ist falsch. Ein Katalysator verschiebt ein Gleichgewicht nicht.

b) ist falsch. Ein Katalysator liefert keine Energie.

c) ist richtig.

Zustandsänderungen, Gleichgewichte und Kinetik

3.66 a) und b) sind richtig.

c) ist falsch.

Durch einen Katalysator wird wie bei einer Temperaturerhöhung der Reaktionsablauf beschleunigt. Im Gegensatz zur Temperaturerhöhung beeinflusst aber ein Katalysator die Gleichgewichtslage nicht.

3.67 a) Nein.

b) Ja.

c) Ja.

d) Nein, nach dem Prinzip von Le Chatelier verringert sich die NH_3-Konzentration.

e) Ja, durch Erhöhung des Drucks erhöht sich auch die NH_3-Konzentration. Beim Haber-Bosch-Verfahren verwendet man Drücke größer als 200 bar.

3.68

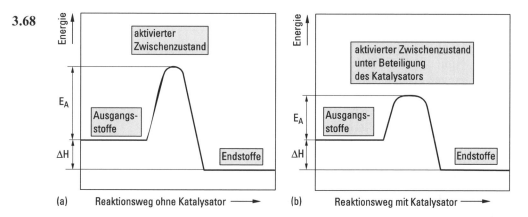

Durch den Katalysator wird die Aktivierungsenergie erniedrigt. Die Wirkungsweise des Katalysators besteht darin, dass er den Mechanismus der Reaktion verändert. Die Reaktion läuft in Gegenwart des Katalysators über einen anderen aktivierten Zwischenzustand ab. Die Energie der Ausgangsstoffe und der Endstoffe muss in beiden Fällen jeweils dieselbe sein.

Zusammengefasst ergibt sich folgender Sachverhalt:

Durch Temperaturerhöhung wird den reagierenden Teilchen Energie zugeführt. Dadurch wird die Zahl der Teilchen, die die zur Reaktion notwendige Aktivierungsenergie besitzen, vergrößert. Durch den Katalysator wird die Aktivierungsenergie erniedrigt, dadurch haben bei gleichbleibender Temperatur mehr Teilchen die notwendige erniedrigte Aktivierungsenergie. Die Gleichgewichtslage wird durch den Katalysator nicht verändert.

3.69 a) $SO_2 + \frac{1}{2}O_2 \rightleftharpoons SO_3$

$SO_3 + H_2SO_4 \rightarrow H_2S_2O_7$

$H_2S_2O_7 + H_2O \rightarrow 2\, H_2SO_4$

SO_3 wird in H_2SO_4 gelöst, da sich SO_3 nur langsam in Wasser löst.

b) $V_2O_5 + SO_2 \rightarrow V_2O_4 + SO_3$

$V_2O_4 + \frac{1}{2}O_2 \rightarrow V_2O_5$

Der Katalysator verringert die Aktivierungsenergie der Oxidation von SO_2, verglichen mit der Oxidation mit O_2. Der Katalysator ist bei 420–440 °C wirksam und bei dieser Temperatur sind 90% SO_3 im Gleichgewicht vorhanden.

3.70 An der Katalysatoroberfläche werden Gasmoleküle nicht nur physikalisch adsorbiert, sondern es findet auch eine chemische Aktivierung statt. Dadurch wird die Aktivierungsenergie einer Reaktion herabgesetzt und die Reaktion beschleunigt.

3.71 Der geschwindigkeitsbestimmende Schritt ist die dissoziative Adsorption (Chemisorption) von N_2. Es erfolgt dann eine stufenweise Reaktion von N-Atomen mit H-Atomen der chemisorbierten H_2-Moleküle.

3.72 Durch unterschiedliche Katalysatoren entstehen aus gleichen Ausgangsstoffen unterschiedliche Reaktionsprodukte.

Gleichgewichte bei Säuren, Basen und Salzen

Elektrolyte · Konzentration

3.73 a) und b) richtig

c) falsch

Elektrolyte bilden in Lösungen oder Schmelzen bewegliche Ionen. Dazu ist das Anlegen eines elektrischen Feldes nicht erforderlich. Bei Anlegen eines elektrischen Feldes erfolgt Ionenleitung. Kristallisieren die Elektrolyte bereits im festen Zustand in Ionengittern, so nennt man sie echte Elektrolyte. Die Ionenleitung erfolgt bei diesen Stoffen auch in der Schmelze. Polare Molekülverbindungen, die mit Wasser unter Bildung von Ionen reagieren, nennt man potentielle Elektrolyte.

3.74 a) KCl, NaF

b) NH_3, HCl

c) Zucker, Alkohol

Nur die unter a) und b) genannten Stoffe bilden in wässriger Lösung Ionen. Bei Zucker und Alkohol liegen in der Lösung neutrale Moleküle vor.

Gleichgewichte bei Säuren, Basen und Salzen

3.75

$$KCl \xrightarrow{Wasser} K^+(aq) + Cl^-(aq) \qquad \text{echter Elektrolyt}$$

$$\left. \begin{array}{l} NH_3 + H_2O \rightarrow NH_4^+(aq) + OH^-(aq) \\ HCl + H_2O \rightarrow H_3O^+(aq) + Cl^-(aq) \end{array} \right\} \text{potentielle Elektrolyte}$$

Die Ionen sind in wässriger Lösung hydratisiert.

3.76

 Wassermoleküle sind Dipole:

Die Wasserdipole lagern sich mit der negativen Seite an das Kation an.

3.77 Die Konzentration ist die Stoffmenge, die in einem bestimmten Volumen vorhanden ist. Die übliche Einheit ist mol/l.

Für die Konzentration eines Stoffes A benutzt man die beiden Schreibweisen c_A oder [A].

Zur Vereinfachung der Schreibweise werden manchmal nur die Zahlenwerte der Konzentrationen angegeben, ihre Einheit ist dann immer mol/l.

3.78 b) ist richtig, denn 58 g NaCl in 1 *l* Wasser gelöst, ergeben nicht genau 1 *l* Lösung.

3.79 a) In 100 ml sind 0,01 mol NaCl enthalten.

b) 0,01 mol · 58 g/mol = 0,58 g

c) 0,58% NaCl

Bei kleinen Konzentrationen ist die Masse von 1 *l* einer wässrigen Lösung näherungsweise 1 kg.

3.80 Die Stoffmenge n in einem Lösungsvolumen ändert sich bei dessen Verdünnen nicht: n_1(vor Verdünnung) = n_2(nach Verdünnung)

Verdünnungsgesetz: $\qquad c_1 V_1 = c_2 V_2$

$$0{,}5 \text{ mol/l} \cdot V_1 = 0{,}03 \text{ mol/l} \cdot 1000 \text{ ml}$$

V_1 = 60 ml der ursprünglichen Lösung werden mit einer Vollpipette entnommen, in einen 1 *l* Messkolben gegeben und bis zur Markierung aufgefüllt.

Säuren · Basen

3.81 Säuren sind Wasserstoffverbindungen, die in wässriger Lösung durch Dissoziation H^+-Ionen bilden. Basen sind Hydroxide, die in wässriger Lösung durch Dissoziation OH^--Ionen bilden.

3.82 Säuren sind Stoffe, die Protonen abspalten können. Basen sind Stoffe, die Protonen anlagern können.

Nach der Theorie von Brönsted steht eine Säure im Gleichgewicht mit ihrer konjugierten Base.

Säure $\rightleftharpoons$ konjugierte Base + Proton

S $\rightleftharpoons$ B + Proton

3.83

Säure	konjugierte Base
HCN	CN^-
HS^-	S^{2-}
NH_4^+	NH_3
H_2O	OH^-
H_3O^+	H_2O
HSO_4^-	SO_4^{2-}
H_2SO_4	HSO_4^-
HF	F^-

3.84

Säure	konjugierte Base
HCl	Cl^-
HCO_3^-	CO_3^{2-}
H_2SO_4	HSO_4^-
H_3O^+	H_2O
$[Fe(H_2O)_6]^{3+}$	$[Fe(OH)(H_2O)_5]^{2+}$

3.85 a) Anionensäuren: HSO_4^-

b) Anionenbasen: OH^-, HSO_4^-, Cl^-

c) Neutralsäuren: H_2O, HCl

d) Neutralbasen: H_2O, NH_3

3.86 Beispiele für Kationensäuren sind: H_3O^+, NH_4^+, $[Fe(H_2O)_6]^{3+}$

3.87 Bei chemischen Reaktionen treten freie Protonen nicht auf. Eine Säure kann daher nur dann Protonen abgeben, wenn gleichzeitig eine Base vorhanden ist, die die Protonen aufnimmt.

Gleichgewichte bei Säuren, Basen und Salzen

3.88 a) Säure
b) Säure
c) Base
d) Säure
e) Base

3.89 H_2O und $H_2PO_4^-$ sind Ampholyte.

Teilchen, die sowohl als Säure als auch als Base reagieren können, nennt man Ampholyte.

3.90 a)

S_1	+	B_2	⇌	B_1	+	S_2
HCl	+	H_2O	⇌	Cl^-	+	H_3O^+
H_2S	+	H_2O	⇌	HS^-	+	H_3O^+
H_2O	+	H_2O	⇌	OH^-	+	H_3O^+
NH_4^+	+	H_2O	⇌	NH_3	+	H_3O^+

b) Bei diesen Protolysereaktionen tritt immer das Säure-Base-Paar H_3O^+/H_2O auf.

3.91 a)

B_1	+	S_2	⇌	S_1	+	B_2
NH_3	+	H_2O	⇌	NH_4^+	+	OH^-
CO_3^{2-}	+	H_2O	⇌	HCO_3^-	+	OH^-
CN^-	+	H_2O	⇌	HCN	+	OH^-
S^{2-}	+	H_2O	⇌	HS^-	+	OH^-

b) Bei diesen Protolysereaktionen tritt das Säure-Base-Paar H_2O/OH^- auf.

3.92 Nach Arrhenius sind Säuren und Basen bestimmte Stoffklassen. Bei Brönsted sind Säuren und Basen nicht fixierte Stoffklassen, sondern sie sind durch ihre Funktion, Protonen abgeben oder aufnehmen zu können, charakterisiert. Dies zeigt sich z. B. darin, dass bestimmte Teilchen je nach Reaktionspartner sowohl als Säure als auch als Base reagieren können (H_2O, HSO_4^-).

Basen sind nach Arrhenius nur die Metallhydroxide. Nach Brönsted können auch Stoffe, die keine Hydroxidionen enthalten, als Basen fungieren (NH_3, CO_3^{2-}).

Nach Arrhenius sind Säuren und Basen neutrale Stoffe. Nach Brönsted können auch Ionen Säuren und Basen sein (NH_4^+, S^{2-}).

Stärke von Säuren und Basen · pK$_S$-Wert · pH-Wert

3.93 Die Reaktionsgleichung lautet:

$$HF + H_2O \rightleftharpoons H_3O^+ + F^-$$

Die Anwendung des MWG ergibt:

$$\frac{[H_3O^+][F^-]}{[HF][H_2O]} = K$$

In verdünnten wässrigen Lösungen wird im Vergleich zur Gesamtmenge des Wassers so wenig H_2O umgesetzt, dass die Konzentration des Wassers praktisch konstant bleibt. $[H_2O]$ kann daher in die Konstante einbezogen werden. In reinem Wasser ist $[H_2O] = 55{,}5$ mol/l.

$$\frac{[H_3O^+][F^-]}{[HF]} = K_S$$

K_S nennt man Säurekonstante.

3.94 Der pK$_S$-Wert ist der negative dekadische Logarithmus des numerischen Wertes der Säurekonstante.

$$pK_S = -\lg K_S$$

Der pK$_S$-Wert von HF beträgt 3,15.

3.95 Eine Säure ist umso stärker, je größer ihr K_S-Wert und je kleiner ihr pK$_S$-Wert ist.

3.96
$$CN^- + H_2O \rightleftharpoons HCN + OH^-$$

$$\frac{[HCN][OH^-]}{[CN^-]} = K_B$$

Diese Massenwirkungskonstante wird Basenkonstante genannt. Eine Base ist umso stärker, je größer der K_B-Wert und je kleiner der pK$_B$-Wert ist.

3.97
$$NH_3 + H_2O \rightleftharpoons NH_4^+ + OH^-$$

$$\frac{[NH_4^+][OH^-]}{[NH_3]} = K_B$$

3.98 a) Man erhält das Ionenprodukt des Wassers durch Anwendung des MWG auf die Autoprotolyse des Wassers.

$$2\,H_2O \rightleftharpoons H_3O^+ + OH^-$$
$$[H_3O^+][OH^-] = K\,[H_2O]^2$$
$$[H_3O^+][OH^-] = K_W \text{ (Ionenprodukt des Wassers)}$$

Gleichgewichte bei Säuren, Basen und Salzen

Die Konstante K_W hat bei 25 °C den Wert 10^{-14} mol²/l², sie wird mit steigender Temperatur etwas größer.

b) Der pH-Wert ist der negative dekadische Logarithmus des Zahlenwertes der in mol/l angegebenen H_3O^+-Konzentration.

$$pH = -\lg\left(\frac{[H_3O^+]}{1\ mol\ l^{-1}}\right)$$

Der pH-Wert ist – wie der pK-Wert – ein dimensionsloser Zahlenwert.

In reinem Wasser ist:
$[H_3O^+] = [OH^-]$
$[H_3O^+] = 10^{-7}$ mol/l
pH = 7

3.99 Für die Reaktion $HCN + H_2O \rightleftharpoons H_3O^+ + CN^-$ gilt:

$$\frac{[H_3O^+][CN^-]}{[HCN]} = K_S$$

Für die Reaktion $CN^- + H_2O \rightleftharpoons HCN + OH^-$ gilt:

$$\frac{[HCN][OH^-]}{[CN^-]} = K_B$$

Durch Multiplikation beider Gleichungen erhält man

$$K_S \cdot K_B = [H_3O^+][OH^-] = 10^{-14}\ mol^2/l^2$$

und daraus durch Logarithmieren:

$$pK_S + pK_B = 14$$

Diese Beziehung gilt für jedes Säure-Base-Paar. Es genügt also, für Säure-Base-Paare nur die pK_S-Werte zu tabellieren.

Der pK_B-Wert von CN^- ist 14 – 9,2 = 4,8.

3.100

Säure-stärke	Säure	Base	Basen-stärke	pK_S	pK_B
↑	HCl	Cl⁻	↓	↓	↑
	H_3O^+	H_2O			
	CH_3COOH	CH_3COO^-			
	NH_4^+	NH_3			
	HCO_3^-	CO_3^{2-}			
	H_2O	OH^-			

Je stärker eine Säure ist, umso schwächer ist die konjugierte Base und umgekehrt (vgl. Tab. 7 im Anhang).

3.101 a) links

b) links

c) rechts

d) rechts

e) links

f) rechts

Bei einer Säure-Base-Reaktion liegt das Gleichgewicht immer auf der Seite der schwächeren Säure und der schwächeren Base.

$$S_1(\text{stark}) + B_2(\text{stark}) \rightleftharpoons B_1(\text{schwach}) + S_2(\text{schwach})$$

zunehmende Säurestärke

$S_1 \rightarrow B_1$

Proton

$S_2 \leftarrow B_2$

zunehmende Basenstärke

Ordnet man die Säure-Base-Paare wie in Aufg. 3.100, so gilt die Regel „links oben reagiert mit rechts unten".

3.102 a) Der Säurecharakter von hydratisierten Metallionen beruht darauf, dass H_2O-Moleküle der Hydrathülle Protonen abgeben können, weil diese vom positiv geladenen Zentralion „abgestoßen" werden:

$$[Al(H_2O)_6]^{3+} \rightarrow [Al(H_2O)_5OH]^{2+} + \text{Proton}$$

b) Die Säurestärke eines hydratisierten Metallions ist umso größer, je kleiner und höher geladen das Zentralion ist.

3.103

K_2CO_3	basisch	$CO_3^{2-} + H_2O \rightarrow HCO_3^- + OH^-$
KNO_3	neutral	–
Na_2S	basisch	$S^{2-} + H_2O \rightarrow HS^- + OH^-$
$Al_2(SO_4)_3$	sauer	$[Al(H_2O)_6]^{3+} + H_2O \rightarrow [Al(OH)(H_2O)_5]^{2+} + H_3O^+$

Als erster Schritt findet eine Dissoziation des Salzes unter gleichzeitiger Hydratation der Ionen statt. Ob dann eine saure oder basische Reaktion erfolgt, hängt davon ab, wie stark die vorliegenden Ionen als Brönsted-Säuren bzw. Brönsted-Basen reagieren. Wenn für eine Säure $pK_S > 14$ und für eine Base $pK_B > 14$ ist, macht sich die saure oder basische Reaktion in wässriger Lösung nicht mehr bemerkbar, d. h., es findet praktisch keine Protolyse statt.

Gleichgewichte bei Säuren, Basen und Salzen   209

Beispiel: $K_2CO_3 \to 2\,K^+ + CO_3^{2-}$ (Dissoziation)

$CO_3^{2-} + H_2O \to HCO_3^- + OH^-$ (Protolyse)

Die extrem schwache Säure $K^+(aq)$ protolysiert nicht.

3.104

sauer	neutral	basisch
$FeCl_3$	$NaClO_4$	$NaCN$
$(NH_4)_2SO_4$	$BaCl_2$	Na_3PO_4

Berechnung von pH-Werten

3.105 Die Konzentration der OH^--Ionen ist gleich der NaOH-Konzentration: $[OH^-] = 10^{-2}$ mol/l. Aus dem Ionenprodukt des Wassers erhält man:

$$[H_3O^+] = \frac{K_W}{[OH^-]}$$

$$[H_3O^+] = \frac{10^{-14}\text{ mol}^2/l^2}{10^{-2}\text{ mol/l}} = 10^{-12}\text{ mol/l} \Rightarrow pH = 12$$

3.106 $pH = -\lg c_{\text{Säure}}$

Es handelt sich um eine HNO_3-Lösung der Konzentration 10^{-3} mol/l.

3.107 $pH = 6{,}99 \approx 7$

In reinem Wasser ist $[H_3O^+] = [OH^-] = 10^{-7}$ mol/l. Eine 10^{-9} mol/l H_2SO_4-Lösung liefert dazu $2 \cdot 10^{-9}$ mol/l H_3O^+. Die Menge ist im Vergleich zu 10^{-7} mol/l verschwindend klein, so dass $pH = -\lg(10^{-7} + (2 \cdot 10^{-9})) = 6{,}99 \approx 7$.

Diese Aufgabe zeigt, dass die Beziehung $pH = -\lg c_{\text{Säure}}$ nur anwendbar ist, wenn $c_{\text{Säure}} > 10^{-7}$ mol/l ist.

3.108 $pH = 2{,}1$

$$\frac{[H_3O^+][F^-]}{[HF]} = K_S$$

Bei der Reaktion von einem Molekül HF mit einem Molekül H_2O entstehen ein F^--Ion und ein H_3O^+-Ion, also gilt:

$[H_3O^+] = [F^-]$

Durch Einsetzen in das MWG erhält man:

$$\frac{[H_3O^+][H_3O^+]}{c_{Säure}} = K_S$$

$$[H_3O^+] = \sqrt{K_S \cdot c_{Säure}}$$

$$pH = \tfrac{1}{2}(pK_S - \lg c_{Säure})$$

$$pH = \tfrac{1}{2}(3,2 - \lg 0,1)$$

Man sollte nicht vergessen, dass diese Formel eine Näherungsformel ist, die nur gilt, wenn $[HF] \approx c_{Säure}$ ist. Exakt gilt:

[HF]	=	$c_{Säure}$	–	$[H_3O^+]$
Konzentration der HF-Moleküle im Gleichgewicht		Konzentration der HF-Moleküle vor der Protolyse		Konzentration der protolysierten HF-Moleküle

Die Anwendbarkeit von Näherungsformeln wird in Aufg. 3.112 näher behandelt.

3.109

Konzentration	10^{-1} mol/l	10^{-3} mol/l
a) pH-Wert	3	4
b) Protolysegrad α	0,01	0,1

Bei hundertfacher Verdünnung nimmt die H_3O^+-Konzentration der Essigsäure nur auf $\tfrac{1}{10}$ ab, da gleichzeitig der Protolysegrad von 1% auf 10% anwächst.

a) Der pH-Wert wird nach der Gleichung $pH = \tfrac{1}{2}(pK_S - \lg c_{Säure})$ berechnet (s. Aufg. 3.108).

b) Protolysegrad = $\dfrac{\text{Konzentration protolysierter Säuremoleküle}}{\text{Konzentration der Säuremoleküle vor der Protolyse}}$

$$\alpha = \frac{[H_3O^+]}{c_{Säure}}$$

Durch Einsetzen der Näherungsformel $[H_3O^+] = \sqrt{K_S \cdot c_{Säure}}$ (s. Aufg. 3.108) erhält man:

$$\alpha = \sqrt{\frac{K_S}{c_{Säure}}}$$

Man beachte, dass auch diese Gleichung eine Näherung ist.

3.110 pH = 10,6

KCN dissoziiert vollständig in K^+ und CN^-. K^+(aq) protolysiert nicht, braucht also nicht berücksichtigt zu werden. CN^- ist eine Brönsted-Base und reagiert nach

Gleichgewichte bei Säuren, Basen und Salzen

$$CN^- + H_2O \rightleftharpoons HCN + OH^-$$

Da aus jedem mit H_2O reagierenden CN^- ein HCN und ein OH^- entsteht, ist [HCN] = [OH$^-$]. Mit Hilfe des MWG erhält man:

$$\frac{[OH^-][HCN]}{[CN^-]} = \frac{[OH^-]^2}{[CN^-]} = K_B$$

$$[OH^-] = \sqrt{K_B [CN^-]}$$

Da nur wenig CN^--Ionen mit H_2O reagieren, kann man für die Gleichgewichtskonzentration [CN$^-$] die Gesamtkonzentration an gelöstem KCN setzen.

$$[OH^-] = \sqrt{K_B \cdot c_{Base}}$$

$$pOH = \tfrac{1}{2}(pK_B - \lg c_{Base})$$

Mit den Werten $c_{Base} = 10^{-2}$ mol/l und $pK_B = 14 - pK_S = 4{,}8$ erhält man:

$$pOH = \tfrac{1}{2}(4{,}8 + 2) = 3{,}4$$

$$pH = 14 - pOH = 10{,}6$$

3.111 a) $pH = \tfrac{1}{2}(3{,}75 + 0{,}15) = 1{,}95$

b) $pOH = \tfrac{1}{2}(6{,}8 + 3) = 4{,}9$

  $pH = 9{,}1$

3.112 Nach der Näherungsformel erhält man pH = 4,6.

Dieses Ergebnis muss jedoch falsch sein, da selbst bei vollständiger Protolyse der pH-Wert nicht kleiner als 6 werden kann. Sie sehen also, dass man diese Formel nicht kritiklos anwenden darf. Man muss sich bei Näherungsformeln über die Grenzen der Anwendbarkeit im Klaren sein.

Anwendbarkeit von Näherungsformeln zur pH-Berechnung.
Für eine exakte Berechnung des pH-Wertes muss man die Gleichung

$$\frac{[H_3O^+]^2}{c_{Säure} - [H_3O^+]} = K_S$$

lösen. Sie folgt aus dem MWG

$$\frac{[H_3O^+][A^-]}{[HA]} = K_S$$

unter Berücksichtigung der Beziehungen $[H_3O^+] = [A^-]$ und
$[HA] = c_{Säure} - [H_3O^+]$. Da diese Berechnung umständlich ist, benutzt man Näherungsgleichungen. Die Näherungsgleichung I

$$pH = -\lg c_{Säure}$$

gilt für den Fall praktisch vollständiger Protolyse. Mit I kann man ohne großen Fehler rechnen, wenn die Bedingung

$$c_{\text{Säure}} \leq K_S$$

gilt. In diesem Bereich ist der Protolysegrad

$$\alpha \geq 0{,}62$$

Die Näherungsgleichung II

$$\text{pH} = \tfrac{1}{2}(\text{p}K_S - \lg c_{\text{Säure}})$$

gilt für den Fall, dass wenige Säuremoleküle protolysieren:

$$[\text{HA}] \approx c_{\text{Säure}}$$

Mit II kann man dann rechnen, wenn die Bedingung

$$c_{\text{Säure}} \geq K_S$$

erfüllt ist; hier ist $\alpha \leq 0{,}62$.

Die Näherungsgleichungen I und II werden identisch, wenn

$$c_{\text{Säure}} = K_S$$

ist. Der Protolysegrad beträgt dann gerade $\alpha = 0{,}62$. Der Fehler der Näherungsberechnung ist an diesem Punkt am größten. Da aber auch dann nur ein um 0,2 pH-Einheiten zu kleiner Wert berechnet wird, ist eine exakte Berechnung nur notwendig, wenn man sehr genaue pH-Werte braucht.

Bei der Anwendung der Näherungsgleichungen ist also nicht nur der $\text{p}K_S$-Wert, sondern auch die Konzentration der Säure zu beachten.

Zur Berechnung des pH-Wertes einer HF-Lösung der Konzentration 10^{-6} mol/l muss die Näherungsgleichung I benutzt werden, da $\text{p}K_S = 3{,}2$ ist. Man erhält

$$\text{pH} = 6$$

Diese HF-Lösung hat einen Protolysegrad von annähernd 1. Die Näherung II kann also auf keinen Fall richtig sein.

3.113 pH = 10

Für die pOH-Berechnung von Basen gelten analoge Näherungsgleichungen wie für die pH-Berechnung von Säuren.

Im Bereich $c_{\text{Base}} \leq K_B$ gilt:

$$\text{pOH} = -\lg c_{\text{Base}}$$

Im Bereich $c_{\text{Base}} \geq K_B$ gilt:

$$\text{pOH} = \tfrac{1}{2}(\text{p}K_B - \lg c_{\text{Base}})$$

Für PO_4^{3-} ist $\text{p}K_B = 1{,}7$. Man muss also mit der ersten Näherungsgleichung rechnen

$$\text{pOH} = 4 \text{ und pH} = 10.$$

Mit der zweiten Näherungsgleichung erhielte man die falschen Werte

$$\text{pOH} = 2{,}85 \text{ und pH} = 11{,}15.$$

Pufferlösungen · Indikatoren

3.114 Der pH-Wert nimmt zu, da das Gleichgewicht

$$HAc + H_2O \rightleftharpoons H_3O^+ + Ac^-$$

durch Zugabe von Ac⁻ nach links verschoben wird (HAc = CH$_3$COOH, Ac⁻ = CH$_3$COO⁻).

3.115 Der pH-Wert nimmt ab. Das Gleichgewicht

$$NH_3 + H_2O \rightleftharpoons NH_4^+ + OH^-$$

wird durch Erhöhung der NH_4^+-Konzentration nach links verschoben.

3.116 pH = 4,8

Aus dem MWG
$$\frac{[H_3O^+][Ac^-]}{[HAc]} = K_S$$

erhält man
$$[H_3O^+] = K_S \cdot \frac{[HAc]}{[Ac^-]}$$

und
$$pH = pK_S + \lg \frac{[Ac^-]}{[HAc]}$$

Für [Ac⁻] = [HAc] ist pH = pK$_S$.

3.117 a) Pufferlösungen werden zur Konstanthaltung von pH-Werten benutzt.

Bei Zugabe kleiner Mengen Säure oder Base ändert sich der pH-Wert einer Pufferlösung nur geringfügig.

b) Pufferlösungen bestehen aus einem Gemisch einer Säure und ihrer konjugierten Base. Beide dürfen nur unvollständig protolysieren.

3.118 a) Ein Acetatpuffer besteht aus einem Gemisch von Essigsäure und Natriumacetat.

b) H$_3$O⁺-Ionen reagieren mit Acetationen unter Bildung von Essigsäuremolekülen.

$$H_3O^+ + Ac^- \rightarrow HAc + H_2O$$

OH⁻-Ionen reagieren mit Essigsäuremolekülen unter Bildung von Acetationen.

$$HAc + OH^- \rightarrow Ac^- + H_2O$$

3.119 a) Den pH-Wert erhält man nach $pH = pK_S + \lg \frac{[Ac^-]}{[HAc]}$ (vgl. Aufg. 3.116).

$\frac{[Ac^-]}{[HAc]}$	pH	$\frac{[Ac^-]}{[Ac^-]+[HAc]} \cdot 100\%$
0,01	3	1,0
0,1	4	9,1
1	5	50
10	6	90,9
100	7	99,0

Die im Diagramm eingezeichnete Kurve wird als Pufferkurve bezeichnet.

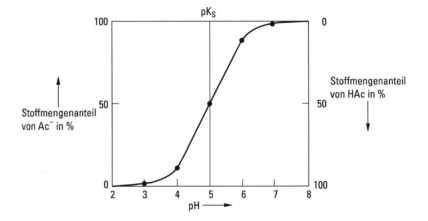

c) Die beste Pufferwirkung hat ein Acetatpuffer bei $pH = pK_S = 5$, $\frac{[Ac^-]}{[HAc]} = 1$. Sowohl bei Zugabe von H_3O^+- als auch von OH^--Ionen ändert sich bei diesem pH-Wert das Verhaltnis $\frac{[Ac^-]}{[HAc]}$ und damit der pH-Wert am wenigsten.

d) Bei einer Essigsäure der Konzentration 0,1 mol/l ist pH = 3 und das Verhältnis $\frac{[Ac^-]}{[HAc]} = 0,01$ (vgl. Aufg. 3.109).

3.120 Geeignet ist das Puffergemisch NH_3 / NH_4^+. Es puffert am besten bei $pH = pK_S = 9,2$.

Gleichgewichte bei Säuren, Basen und Salzen 215

3.121 Man muss Natriumacetat und Essigsäure im Verhältnis 4 : 1 mischen.

$$\lg \frac{[Ac^-]}{[HAc]} = pH - pK_S$$

$$\lg \frac{[Ac^-]}{[HAc]} = 5{,}35 - 4{,}75 = 0{,}6$$

$$\frac{[Ac^-]}{[HAc]} = 10^{0,6} = 4$$

3.122 Der pH-Wert ändert sich von 4,75 auf 4,74.

Durch Zugabe der Säure läuft die Reaktion

$$Ac^- + H_3O^+ \rightleftharpoons HAc + H_2O$$

praktisch vollständig nach rechts ab. Dadurch wächst [HAc] um denselben Betrag um den [Ac$^-$] abnimmt. Die Zugabe von 1 ml der HCl-Lösung zu einem Liter entspricht einer Zunahme der H$_3$O$^+$-Konzentration um 10^{-3} mol/l.

$$pH = pK_S + \lg \frac{[Ac^-]}{[HAc]}$$

Vor der Zugabe ist

$$pH = pK_S = 4{,}75$$

Nach der Zugabe ist

$$pH = 4{,}75 + \lg \frac{0{,}1 - 0{,}001}{0{,}1 + 0{,}001} = 4{,}74$$

Durch Zugabe von 1 ml NaOH-Lösung der Konzentration 1 mol/l würde sich der pH-Wert auf 4,76 erhöhen.

3.123

Lösung	pH-Wert vor dem Zusatz	pH-Wert nach dem Zusatz
a)	5	3
b)	9	3
c)	4,75	4,66
d)	4,75	4,74

Das Ergebnis c) erhält man nach

$$pH = 4{,}75 + \lg \frac{0{,}01 - 0{,}001}{0{,}01 + 0{,}001} = 4{,}66$$

Verglichen mit den Lösungen a) und b) hat sich bei den Pufferlösungen c) und d) der pH-Wert nur unwesentlich geändert. Die Pufferwirkung der konzentrierten Lösung ist besser.

3.124 In wässrigen Lösungen existiert das pH-abhängige Gleichgewicht

Ind⁻ + H_3O^+ ⇌ HInd + H_2O

Farbe 1   Farbe 2
Indikatorbase   Indikatorsäure

Bei Änderung des pH-Wertes ändert sich das Konzentrationsverhältnis [HInd]/[Ind⁻] und damit die Farbe.

3.125 a) Der pH-Bereich, in dem sich die Farbe des Indikators sichtbar ändert, nennt man den Umschlagbereich.

b) Durch Anwendung des MWG auf die Reaktion

HInd + H_2O ⇌ H_3O^+ + Ind⁻

erhält man:

$$pH = pK_S + \lg \frac{[Ind^-]}{[HInd]}$$

Das Auge nimmt im Wesentlichen nur die Farbe der Indikatorbase Ind⁻ bzw. der Indikatorsäure HInd wahr, wenn das Verhältnis [Ind⁻] zu [HInd] größer als 10 oder kleiner als 0,1 ist. In dem dazwischen liegenden Bereich, der dem Bereich pH = $pK_S \pm 1$ entspricht, treten Mischfarben auf.

3.126 Man verwendet immer nur so geringe Indikatormengen, dass sie den pH-Wert der zu messenden Lösung praktisch nicht beeinflussen.

Löslichkeitsprodukt · Aktivität

3.127 a) $[Ba^{2+}][SO_4^{2-}] = L_{BaSO_4}$

b) $[Ca^{2+}][F^-]^2 = L_{CaF_2}$

Das Löslichkeitsprodukt L ist eine von der Temperatur abhängige Konstante. Die Zahlenwerte der Löslichkeitsprodukte sind für 25 °C tabelliert. (Vgl. Tabelle 8 im Anhang.)

3.128 $[Ca^{2+}][SO_4^{2-}] = 10^{-2} \cdot 10^{-4}$ mol²/l² $= 10^{-6}$ mol²/l² $< L_{CaSO_4}$

Die Lösung ist also ungesättigt.

3.129 In dieser CaF_2-Lösung ist $[Ca^{2+}] = 10^{-4}$ mol/l und $[F^-] = 2 \cdot 10^{-4}$ mol/l, da $[F^-] = 2 [Ca^{2+}]$. Die Konzentration der F⁻-Ionen ist doppelt so groß wie die der Ca^{2+}-Ionen.

$$[Ca^{2+}][F^-]^2 = 10^{-4} \cdot (2 \cdot 10^{-4})^2 \text{ mol}^3/l^3 = 4 \cdot 10^{-12} \text{ mol}^3/l^3 < L_{CaF_2}$$

Die Lösung ist noch ungesättigt und kann also hergestellt werden.

Gleichgewichte bei Säuren, Basen und Salzen 217

3.130 $L_{BaF_2} = 9 \cdot 10^{-3} \cdot (2 \cdot 9 \cdot 10^{-3})^2 \text{ mol}^3/\text{l}^3 = 2,9 \cdot 10^{-6} \text{ mol}^3/\text{l}^3$

3.131 In 100 ml dieser NaCl-Lösung lösen sich 10^{-8} mol AgCl.

Für die Reaktion AgCl $\rightleftharpoons$ Ag$^+$ + Cl$^-$ gilt im Gleichgewicht:

$[Ag^+] [Cl^-] = 10^{-10}$ mol^2/l^2

Da NaCl vollständig dissoziiert, ist [Cl$^-$] = 10^{-3} mol/l. [Ag$^+$] kann daher maximal 10^{-7} mol/l betragen. In einem Liter lösen sich demnach 10^{-7} mol AgCl.

3.132 a) $[Ag^+] = [Cl^-]$

$[Ag^+][Cl^-] = [Ag^+]^2 = 10^{-10}$ mol^2/l^2

$[Ag^+] = 10^{-5}$ mol/l

Die Löslichkeit von AgCl beträgt 10^{-5} mol/l.

b) $[Ag^+] = 2 [CrO_4^{2-}]$

$[Ag^+]^2 [CrO_4^{2-}] = 4 [CrO_4^{2-}]^3 = 4 \cdot 10^{-12}$ mol^3/l^3

$[CrO_4^{2-}] = 10^{-4}$ mol/l

Die Löslichkeit von Ag$_2$CrO$_4$ beträgt 10^{-4} mol/l.

c) Ag$_2$CrO$_4$ ist besser löslich als AgCl.

Beim Vergleich von Löslichkeitsprodukten muss man die stöchiometrische Zusammensetzung beachten.

3.133 Zuerst fällt CaSO$_4$ aus.

Es liegt gerade eine gesättigte CaSO$_4$-Lösung vor. Die BaSO$_4$-Lösung ist noch untersättigt. Beim Verdunsten muss daher zuerst CaSO$_4$ ausfallen, obwohl BaSO$_4$ schwerer löslich ist.

3.134 c) ist richtig.

Um voraussagen zu können, welche Verbindung zuerst ausfällt, müssen die Konzentrationen der in der Lösung vorliegenden Ionen bekannt sein. Nur wenn die Löslichkeitsprodukte sehr unterschiedlich sind, ist eine Voraussage ohne Angabe der Konzentrationen möglich.

3.135 b) ist richtig.

Im Unterschied zur vorhergehenden Aufgabe sind die Löslichkeitsprodukte hier sehr unterschiedlich. Auch bei sehr kleinen Hg^{2+}-Konzentrationen fällt zuerst HgS aus.

3.136 Bei Erhöhung der H$_3$O$^+$-Konzentration muss sich das Gleichgewicht II nach rechts verschieben, die S^{2-}-Konzentration nimmt ab. Dadurch wird auch das Gleichgewicht I nach rechts verschoben, die Konzentration von Pb^{2+} muss zunehmen.

Bei Zugabe von genügend Säure löst sich PbS auf. Ob sich ein schwerlösliches Sulfid bei Zugabe von Säure auflöst oder nicht, hängt 1. von der Größe des Löslichkeitsproduktes und 2. von der H_3O^+-Konzentration ab.

3.137
$$H_2S + H_2O \rightleftharpoons H_3O^+ + HS^-$$
$$HS^- + H_2O \rightleftharpoons H_3O^+ + S^{2-}$$
$$Zn^{2+} + S^{2-} \rightleftharpoons ZnS$$

In saurer Lösung nimmt die Konzentration von S^{2-} so weit ab, dass das Löslichkeitsprodukt von ZnS nicht überschritten wird.

3.138 a) Konzentrationen dürfen im MWG nur bei idealen Lösungen verwendet werden. Ideale Lösungen sind sehr verdünnte Lösungen, in denen keine Wechselwirkungen zwischen den gelösten Teilchen auftreten. Bei konzentrierten Lösungen können diese Wechselwirkungskräfte nicht mehr vernachlässigt werden.

b) Die Wechselwirkung der Teilchen wird durch den Aktivitätskoeffizienten f berücksichtigt, mit dem die Konzentrationen zu multiplizieren sind. Die Aktivität $a = f \cdot c$ ist die „wirksame Konzentration", die ins MWG eingesetzt wird. Für ideale Lösungen ist f = 1, d. h., in diesem Fall ist die Aktivität gleich der Konzentration.

3.139 In einer konzentrierten KNO_3-Lösung sind die Wechselwirkungen zwischen den gelösten Teilchen nicht mehr zu vernachlässigen. Der Aktivitätskoeffizient der Ionen wird kleiner als eins. Da das Produkt der Aktivitäten

$$a_{Pb^{2+}} \cdot a_{Cl^-}^2 = f_{Pb^{2+}}[Pb^{2+}] \cdot f_{Cl^-}^2 [Cl^-]^2 = L$$

eine Konstante ist, müssen die Konzentrationen im Gleichgewicht zunehmen, wenn die Aktivitätskoeffizienten kleiner werden.

Redoxvorgänge

Oxidation · Reduktion · Redoxgleichungen

Oxidation ist Elektronenabgabe, dabei wird die Oxidationszahl erhöht:
$$A \rightleftharpoons A^{n+} + n\,e^-$$
Reduktion ist Elektronenaufnahme, dabei wird die Oxidationszahl erniedrigt:
$$B + m\,e^- \rightleftharpoons B^{m-}$$

3.140 a), d) und e) sind Oxidationsvorgänge,
b) und c) sind Reduktionsvorgänge.
Es treten vier Redoxpaare auf. Bei c) und e) handelt es sich um dasselbe Redoxpaar:

$$Fe^{2+} \underset{\text{Reduktion}}{\overset{\text{Oxidation}}{\rightleftharpoons}} Fe^{3+} + e^-$$

Für ein Redoxpaar gilt allgemein:

Reduzierte Form $\rightleftharpoons$ Oxidierte Form + Elektronen

3.141

Reduzierte Form	Oxidierte Form
Cu	Cu^+
Cu^+	Cu^{2+}
Cl^-	Cl_2
Al	Al^{3+}
Cu	Cu^{2+}

Beachten Sie, dass Cu^+ sowohl oxidierte Form als auch reduzierte Form sein kann.

Formulierung von Redoxsystemen

Etwas kompliziertere Redoxsysteme lassen sich nach folgendem Schema, das am Beispiel SO_3^{2-}/SO_4^{2-} erläutert sei, aufstellen:

1. Ermittlung der Oxidationszahlen.

$$\overset{+4}{S}O_3^{2-} \rightleftharpoons \overset{+6}{S}O_4^{2-}$$

2. Aus der Differenz der Oxidationszahlen erhält man die Zahl auftretender Elektronen.

$$\overset{+4}{S}O_3^{2-} \rightleftharpoons \overset{+6}{S}O_4^{2-} + 2\,e^-$$

3. Prüfung der Ladungsbilanz (Elektroneutralitätsbedingung):

Die Ladungssumme muss auf beiden Seiten gleich sein. Die Differenz kann für Reaktionen in wässriger Lösung durch Hinzuschreiben von H_3O^+ oder OH^- ausgeglichen werden.

$$SO_3^{2-} \rightleftharpoons SO_4^{2-} + 2\,e^- + 2\,H_3O^+$$

oder

$$SO_3^{2-} + 2\,OH^- \rightleftharpoons SO_4^{2-} + 2\,e^-$$

4. Prüfung der Stoffbilanz: Auf beiden Seiten muss für jede Atomsorte die gleiche Anzahl an Atomen vorhanden sein.

$$SO_3^{2-} + 3\,H_2O \rightleftharpoons SO_4^{2-} + 2\,e^- + 2\,H_3O^+$$

oder

$$SO_3^{2-} + 2\,OH^- \rightleftharpoons SO_4^{2-} + 2\,e^- + H_2O$$

Für Reaktionen in einer Carbonatschmelze muss man die Ladungsbilanz durch CO_3^{2-} ausgleichen.

Ladungsbilanz $\quad SO_3^{2-} + CO_3^{2-} \rightleftharpoons SO_4^{2-} + 2\,e^-$

Stoffbilanz $\quad SO_3^{2-} + CO_3^{2-} \rightleftharpoons SO_4^{2-} + 2\,e^- + CO_2$

3.142 a) $\overset{+2}{N}O + 5\,H_2O \rightleftharpoons H\overset{+5}{N}O_3 + 3\,H_3O^+ + 3\,e^-$

b) $\overset{+3}{Cr}(OH)_3 + 5\,OH^- \rightleftharpoons \overset{+6}{Cr}O_4^{2-} + 4\,H_2O + 3\,e^-$

c) $Mn^{2+} + 12\,H_2O \rightleftharpoons \overset{+7}{Mn}O_4^- + 8\,H_3O^+ + 5\,e^-$

3.143 a) $2\,Cr^{3+} + 21\,H_2O \rightleftharpoons \overset{+6}{Cr_2}O_7^{2-} + 14\,H_3O^+ + 6\,e^-$

b) $4\,\overset{-2}{O}H^- \rightleftharpoons \overset{0}{O_2} + 2\,H_2\overset{-2}{O} + 4\,e^-$

Zwei der OH⁻-Ionen werden oxidiert, die anderen beiden werden zum Ladungsausgleich benötigt.

c) $\overset{+3}{Cr_2}O_3 + 5\,CO_3^{2-} \rightleftharpoons 2\,\overset{+6}{Cr}O_4^{2-} + 5\,CO_2 + 6\,e^-$

3.144 a) $Mn^{2+} + 4\,CO_3^{2-} \rightleftharpoons \overset{+6}{Mn}O_4^{2-} + 4\,CO_2 + 4\,e^-$

b) $Pb^{2+} + 6\,H_2O \rightleftharpoons \overset{+4}{Pb}O_2 + 4\,H_3O^+ + 2\,e^-$

c) $\overset{-1}{H_2}O_2 + 2\,\overset{-2}{O}H^- \rightleftharpoons \overset{0}{O_2} + 2\,H_2\overset{-2}{O} + 2\,e^-$

d) $\overset{0}{H_2} + 2\,\overset{+1}{H}_2O \rightleftharpoons 2\,\overset{+1}{H}_3O^+ + 2\,e^-$

3.145 Bei chemischen Reaktionen treten freie Elektronen nicht auf. Die Oxidation (Reduktion) eines Stoffes kann nur dann erfolgen, wenn gleichzeitig ein anderer Stoff reduziert (oxidiert) wird.

3.146 Reaktionen mit gekoppelter Oxidation und Reduktion nennt man Redoxreaktionen. An einer Redoxreaktion sind immer zwei Redoxpaare beteiligt.

Aufstellen von Redoxgleichungen

Beispiel: $\quad Cu + NO_3^- \rightarrow Cu^{2+} + NO$

Redoxpaar 1: $\quad Cu \rightleftharpoons Cu^{2+} + 2\,e^- \qquad\qquad\qquad\qquad\qquad \times 3$

Redoxvorgänge

Redoxpaar 2: $NO_3^- + 3\,e^- + 4\,H_3O^+ \rightleftharpoons NO + 6\,H_2O$ $\times 2$

Redoxpaar 1 muss mit drei, Redoxpaar 2 mit zwei multipliziert werden, damit in der Redoxgleichung keine Elektronen auftreten. Die Redoxgleichung erhält man dann durch Addition beider Gleichungen.

Redoxgleichung: $3\,Cu + 2\,NO_3^- + 8\,H_3O^+ \rightarrow 3\,Cu^{2+} + 2\,NO + 12\,H_2O$

Man kann auch folgendermaßen verfahren:

1. Man schreibt die Zahlen der pro Redoxpaar ausgetauschten Elektronen auf:

$$Cu + \overset{+5}{N}O_3^- \rightarrow Cu^{2+} + \overset{+2}{N}O$$

(oben: 2; unten: 3)

2. Man multipliziert die beiden Redoxpaare wie oben angegeben:

$$3\,Cu + 2\,NO_3^- \rightarrow 3\,Cu^{2+} + 2\,NO$$

3. Ladungsbilanz und
4. Stoffbilanz

werden wie bei der Formulierung von Redoxsystemen ausgeglichen.

3.147

a) $3\,\overset{0}{Ag} + \overset{+5}{N}O_3^- + 4\,H_3O^+ \rightarrow 3\,\overset{+2}{Ag^+} + \overset{+2}{N}O + 6\,H_2O$ (1 oben, 3 unten)

b) $\overset{+7}{Mn}O_4^- + 5\,Fe^{2+} + 8\,H_3O^+ \rightarrow Mn^{2+} + 5\,Fe^{3+} + 12\,H_2O$ (5 oben, 1 unten)

c) $2\,\overset{+7}{Mn}O_4^- + 3\,\overset{-1}{H_2O_2} \rightarrow 2\,\overset{+4}{Mn}O_2 + 3\,\overset{0}{O}_2 + 2\,OH^- + 2\,H_2O$ (3 oben, 2 unten)

d) $\overset{+3}{Cr_2}O_3 + 3\,\overset{+5}{N}O_3^- + 2\,CO_3^{2-} \rightarrow 2\,\overset{+6}{Cr}O_4^{2-} + 3\,\overset{+3}{N}O_2^- + 2\,CO_2$ (6 oben, 2 unten)

3.148 a) $3\,Fe^{2+} + NO_3^- + 4\,H_3O^+ \rightarrow 3\,Fe^{3+} + NO + 6\,H_2O$

b) $Cr_2O_7^{2-} + 3\,SO_2 + 2\,H_3O^+ \rightarrow 2\,Cr^{3+} + 3\,SO_4^{2-} + 3\,H_2O$

c) $Mn^{2+} + H_2O_2 + 2\,OH^- \rightarrow MnO_2 + 2\,H_2O$

d) $Mn_2O_3 + 3\,NO_3^- + 2\,CO_3^{2-} \rightarrow 2\,MnO_4^{2-} + 3\,NO_2^- + 2\,CO_2$

Spannungsreihe · Nernst'sche Gleichung

3.149

wachsendes Reduktionsvermögen der reduzierten Form ↑

Reduzierte Form	Oxidierte Form	E° (V)
Na	Na^+	−2,71
Zn	Zn^{2+}	−0,76
$2\,H_2O + H_2$	$2\,H_3O^+$	0
Fe^{2+}	Fe^{3+}	+0,77
Ag	Ag^+	+0,80
$6\,H_2O + NO$	$NO_3^- + 4\,H_3O^+$	+0,96
$2\,Cl^-$	Cl_2	+1,36
$12\,H_2O + Mn^{2+}$	$MnO_4^- + 8\,H_3O^+$	+1,51

↓ wachsendes Oxidationsvermögen der oxidierten Form

Die Anordnung von Redoxsystemen nach ihrem Standardpotential nennt man Spannungsreihe.

Die Standardpotentiale sind ein Maß für das Redoxverhalten eines Redoxsystems in wässriger Lösung. Je positiver das Standardpotential ist, umso stärker ist die oxidierende Wirkung der oxidierten Form, je negativer das Standardpotential ist, umso stärker ist die reduzierende Wirkung der reduzierten Form.

3.150 Folgende Reaktionen können ablaufen:

a) $Zn + 2\,Ag^+ \rightarrow Zn^{2+} + 2\,Ag$

c) $Cl_2 + 2\,Fe^{2+} \rightarrow 2\,Cl^- + 2\,Fe^{3+}$

d) $2\,Na + 2\,H_3O^+ \rightarrow 2\,Na^+ + H_2 + 2\,H_2O$

h) $Cu + 2\,Fe^{3+} \rightarrow Cu^{2+} + 2\,Fe^{2+}$

Es ist natürlich klar, dass überhaupt nur eine „reduzierte Form" eines Redoxpaares und eine „oxidierte Form" eines anderen Redoxpaares miteinander reagieren können. Daher findet in den Fällen b), f) und g) keine Reaktion statt.

Die reduzierte Form eines Redoxpaares kann nur dann Elektronen an die oxidierte Form eines anderen Redoxpaares abgeben, wenn Letzteres ein positiveres Potential hat.

Ordnet man die Paare so wie in Aufg. 3.149, dann gilt die Regel „links oben reagiert mit rechts unten".

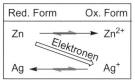

In den Fällen e) und i) kann daher ebenfalls keine Reaktion ablaufen.

3.151 Es können sich nur solche Metalle lösen, die ein negativeres Potential als das Paar H_2/H_3O^+ besitzen, also z. B. Na und Zn, nicht aber Ag.

Einige unendle Metalle lösen sich nicht in Säuren. Die Ursache wird in der Aufg. 3.193 behandelt.

3.152 Nach der Regel „links oben reagiert mit rechts unten" sind drei Reaktionen möglich:

$Sn^{2+} + 2\,Fe^{3+} \rightarrow Sn^{4+} + 2\,Fe^{2+}$

$5\,Fe^{2+} + MnO_4^- + 8\,H_3O^+ \rightarrow 5\,Fe^{3+} + Mn^{2+} + 12\,H_2O$

$5\,Sn^{2+} + 2\,MnO_4^- + 16\,H_3O^+ \rightarrow 5\,Sn^{4+} + 2\,Mn^{2+} + 24\,H_2O$

3.153 MnO_4^- reagiert mit Sn^{2+} (vgl. Aufg. 3.152).

Auf Grund der Standardpotentiale kann MnO_4^- sowohl mit Fe^{2+} als auch mit Sn^{2+} reagieren, es reagiert aber zuerst mit dem stärkeren Reduktionsmittel Sn^{2+}. Erst nach vollständiger Oxidation von Sn^{2+} wird auch Fe^{2+} oxidiert.

3.154 Es gibt drei Kombinationen.
1. $Sn^{2+}, Sn^{4+}, Fe^{2+}$
2. $Sn^{4+}, Fe^{2+}, Fe^{3+}$
3. $Sn^{4+}, Fe^{3+}, MnO_4^-$

3.155 $R = 8{,}314\,J\,mol^{-1}\,K^{-1}$ (J = V A s). $F = 96\,500\,C\,mol^{-1}$ (C = A s). Ein Faraday ist die Ladungsmenge von 1 mol Elektronen. Der Umrechnungsfaktor von ln in lg ist 2,30. Für die Temperatur wird die Standardtemperatur 25 °C (T = 298 K) gewählt.

$$\frac{RT}{F} \ln \frac{[Ox]}{[Red]} = \frac{8{,}314\,J\,mol^{-1}\,K^{-1} \cdot 298\,K}{96\,500\,C\,mol^{-1}} \, 2{,}30\,\lg \frac{[Ox]}{[Red]} = 0{,}059\,V\,\lg \frac{[Ox]}{[Red]}$$

Die Nernst'sche Gleichung in der Form

$$E = E° + \frac{0{,}059\,V}{z} \lg \frac{[Ox]}{[Red]}$$

gilt also nur für die Temperatur 25 °C.

3.156 a) $E = 0{,}77\text{ V} + \dfrac{0{,}059\text{ V}}{1} \lg \dfrac{[Fe^{3+}]}{[Fe^{2+}]}$

Bei diesem Redoxsystem tritt *ein* Elektron auf: $z = 1$. Für $[Fe^{3+}]$ und $[Fe^{2+}]$ sind die numerischen Werte der Konzentrationen einzusetzen.

b) $E = 0{,}80\text{ V} + 0{,}059\text{ V} \lg [Ag^+]$

Konzentrationen reiner fester Phasen treten in den Nernst'schen Gleichungen nicht auf.

c) $E = -2{,}71\text{ V} + 0{,}059\text{ V} \lg [Na^+]$

d) $E = -0{,}76\text{ V} + \dfrac{0{,}059\text{ V}}{2} \lg [Zn^{2+}]$

e) $E = 1{,}36\text{ V} + \dfrac{0{,}059\text{ V}}{2} \lg \dfrac{p_{Cl_2}}{[Cl^-]^2}$

Wie bei der Schreibweise des MWG erscheinen die stöchiometrischen Faktoren als Exponenten der Konzentrationen. Treten in einem Redoxsystem Gase auf, so ist in die Nernst'sche Gleichung der Partialdruck der Gase einzusetzen. Da das Standardpotential für den Standarddruck $p° = 1$ atm festgelegt ist, muss in die Nernst'sche Gleichung der auf 1 atm bezogene Partialdruck eingesetzt werden. Im SI wird der Druck in bar angegeben (vgl. Aufg. 3.15). Der Standarddruck beträgt 1,013 bar, in die Nernst'sche Gleichung wird der auf 1,013 bar bezogene Partialdruck eingesetzt. Beispiel: $p_{Cl_2} = 0{,}5$ atm $= 0{,}5065$ bar

$$\dfrac{p_{Cl_2}}{p°_{Cl_2}} = \dfrac{0{,}5\text{ atm}}{1\text{ atm}} = \dfrac{0{,}5065\text{ bar}}{1{,}013\text{ bar}} = 0{,}5$$

In die Nernst'sche Gleichung wird der Zahlenwert 0,5 eingesetzt.

f) $E = \dfrac{0{,}059\text{ V}}{2} \lg \dfrac{[H_3O^+]^2}{p_{H_2}}$

Da H_2O im großen Überschuss vorhanden ist, ist $[H_2O]$ praktisch konstant und im Zahlenwert des Standardpotentials enthalten.

g) $E = 0{,}96\text{ V} + \dfrac{0{,}059\text{ V}}{3} \lg \dfrac{[NO_3^-][H_3O^+]^4}{p_{NO}}$

Wie beim MWG werden die Konzentrationen multiplikativ verknüpft.

h) $E = 1{,}51\text{ V} + \dfrac{0{,}059\text{ V}}{5} \lg \dfrac{[MnO_4^-][H_3O^+]^8}{[Mn^{2+}]}$

Redoxvorgänge 225

3.157 a) $E = -0{,}76\text{ V} + \dfrac{0{,}059\text{ V}}{2}\lg 1 = -0{,}76\text{ V}$

b) $E = -0{,}76\text{ V} + \dfrac{0{,}059\text{ V}}{2}\lg 10^{-2} = -0{,}82\text{ V}$

Bei der Konzentration $[Zn^{2+}] = 1$ mol/l hat E gerade die Größe des Standardpotentials, da das konzentrationsabhängige Glied der Nernst'schen Gleichung null ist.

3.158 f), g) und h)

Alle Redoxsysteme, bei denen H_3O^+-Ionen an der Reaktion beteiligt sind, besitzen ein pH-abhängiges Redoxpotential.

3.159 $E = E° + \dfrac{0{,}059\text{ V}}{5}\lg\dfrac{[H_3O^+]^8\,[MnO_4^-]}{[Mn^{2+}]}$

$E = 1{,}51\text{ V} + \dfrac{0{,}059\text{ V}}{5}\lg [H_3O^+]^8$

$E = 1{,}51\text{ V} - 8\cdot\dfrac{0{,}059\text{ V}}{5}\,\text{pH}$

a) $E = 0{,}85\text{ V}$

b) $E = 1{,}04\text{ V}$

c) $E = 1{,}51\text{ V}$

In saurer Lösung wirkt MnO_4^- stärker oxidierend als in neutraler Lösung.

3.160 a) Bei pH = 0 nach rechts.

b) Bei pH = 5 nach links.

Das Redoxpotential des Redoxpaares Cl^-/Cl_2 beträgt

$E = E° + \dfrac{0{,}059\text{ V}}{2}\lg\dfrac{p_{Cl_2}}{[Cl^-]^2}$

$E = 1{,}36\text{ V} + \dfrac{0{,}059\text{ V}}{2}\lg\dfrac{1}{10^{-2}} = 1{,}42\text{ V}$

Es ist nicht pH-abhängig.

Das Potential des Redoxpaares Mn^{2+}/MnO_4^- ist bei pH = 0 positiver (E = 1,51 V) und bei pH = 5 negativer (E = 1,04 V) als das Potential des Redoxpaares Cl_2/Cl^- (E = 1,42 V).

Die Reaktionsrichtung ergibt sich aus der Regel „links oben reagiert mit rechts unten".

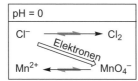
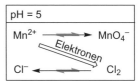

Galvanische Elemente

3.161 a) ist richtig.

b) Die Kombination zweier Redoxpaare ist zwar eine notwendige, aber nicht hinreichende Bedingung für ein galvanisches Element. Die Besonderheit eines galvanischen Elements ist, dass die beiden Redoxvorgänge räumlich getrennt ablaufen.

3.162 a) Die Zinkelektrode kann im Reaktionsraum I nur mit Zn^{2+}-Ionen ein Redoxpaar bilden. Entsprechend ist im Reaktionsraum II das Paar Cu/Cu^{2+} vorhanden.

b) $E_I = E^o_{Zn} + \dfrac{0{,}059\ V}{2} \lg [Zn^{2+}]$

$E_{II} = E^o_{Cu} + \dfrac{0{,}059\ V}{2} \lg [Cu^{2+}]$

c) I $\quad Zn \rightarrow Zn^{2+} + 2\ e^-$

II $\quad Cu^{2+} + 2\ e^- \rightarrow Cu$

Gesamtreaktion: $Zn + Cu^{2+} \rightarrow Zn^{2+} + Cu$

Die Reaktionsrichtung wird durch die Potentiale der beiden Redoxpaare bestimmt.

Red. Form		Ox. Form	E° (V)
Zn	→	Zn^{2+}	–0,76
Cu	← Elektronen	Cu^{2+}	+0,34

d) Da an der Zinkelektrode die Reaktion $Zn \rightarrow Zn^{2+} + 2\ e^-$ abläuft, entsteht dort ein Elektronenüberschuss. Die Elektronen fließen zur Kupferelektrode, die Kupferelektrode ist also der positive Pol.

e) Im Raum I entsteht durch die Reaktion $Zn \rightarrow Zn^{2+} + 2\ e^-$ in der Lösung ein Überschuss an positiven Ladungen. Im Raum II entsteht durch die Reaktion $Cu^{2+} + 2\ e^- \rightarrow Cu$ in der Lösung ein Mangel an positiven Ladungen. Diese Ladungsdifferenz kann dadurch ausgeglichen werden, dass ein Anionenstrom durch die Salzbrücke vom Raum II nach Raum I fließt.

3.163 a) und d) sind richtig.

Durch Stromentnahme sinkt die Spannung. Die EMK kann also nur stromlos gemessen werden.

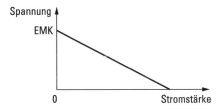

3.164 EMK: $\Delta E = E_{II} - E_I$

$$\Delta E = E^o_{Cu} + \frac{0{,}059\ V}{2} \lg [Cu^{2+}] - E^o_{Zn} - \frac{0{,}059\ V}{2} \lg [Zn^{2+}]$$

$$\Delta E = E^o_{Cu} - E^o_{Zn} + \frac{0{,}059\ V}{2} \lg \frac{[Cu^{2+}]}{[Zn^{2+}]}$$

$$\Delta E = 0{,}34\ V - (-0{,}76\ V) + \frac{0{,}059\ V}{2} \lg \frac{0{,}1}{0{,}1} = 1{,}10\ V$$

Wenn $[Cu^{2+}] = [Zn^{2+}]$, ist die EMK gleich der Differenz der Standardpotentiale.

3.165 An der Kupferelektrode müssen sich genauso viele Ionen abscheiden, wie an der Zinkelektrode in Lösung gehen.

a) $[Zn^{2+}] = 0{,}1 + 0{,}09$
$[Cu^{2+}] = 0{,}1 - 0{,}09$

$$\Delta E = 0{,}34\ V - (-0{,}76\ V) + \frac{0{,}059\ V}{2} \lg \frac{0{,}01}{0{,}19} = 1{,}10\ V - 0{,}04\ V = 1{,}06\ V$$

b) $[Zn^{2+}] = 0{,}1 + 0{,}0999$
$[Cu^{2+}] = 0{,}1 - 0{,}0999$

$$\Delta E = 0{,}34\ V - (-0{,}76\ V) + \frac{0{,}059\ V}{2} \lg \frac{0{,}0001}{0{,}1999} = 1{,}10\ V - 0{,}10\ V = 1{,}00\ V$$

Bei einem galvanischen Element nimmt beim Betrieb die EMK ab (Ausnahmen sind galvanische Elemente mit Elektroden 2. Art; vgl. Aufg. 3.169).

Die Abnahme der EMK durch Konzentrationsänderung darf nicht verwechselt werden mit dem Abfall der Spannung bei Stromentnahme.

3.166

$$\Delta E = E°_{Cu} - E°_{Zn} + \frac{0{,}059 \text{ V}}{2} \lg \frac{[Cu^{2+}]}{[Zn^{2+}]} = 0 \quad \left(-\lg \frac{[Cu^{2+}]}{[Zn^{2+}]} = \lg \frac{[Zn^{2+}]}{[Cu^{2+}]}\right)$$

$$\lg \frac{[Zn^{2+}]}{[Cu^{2+}]} = \frac{2(E°_{Cu} - E°_{Zn})}{0{,}059 \text{ V}} = \frac{2(0{,}34 + 0{,}76) \text{ V}}{0{,}059 \text{ V}} = 37$$

$$\frac{[Zn^{2+}]}{[Cu^{2+}]} = 10^{37}$$

Die Redoxreaktion $Zn + Cu^{2+} \rightarrow Zn^{2+} + Cu$ läuft vollständig nach rechts ab. Sie lässt sich durch Änderung der Konzentrationsverhältnisse nicht umkehren. Nur bei einem nicht realisierbaren Verhältnis $[Zn^{2+}]/[Cu^{2+}] > 10^{37}$ wäre das Potential Cu/Cu^{2+} negativer als das Potential Zn/Zn^{2+}.

3.167 a)

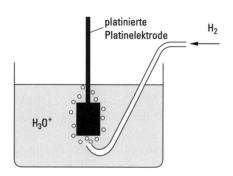

b) $H_2 + 2 H_2O \rightleftharpoons 2 H_3O^+ + 2 e^-$

c) $E = 0 \text{ V} + \dfrac{0{,}059 \text{ V}}{2} \lg \dfrac{[H_3O^+]^2}{p_{H_2}}$

d) $E = -0{,}059 \text{ pH}$
pH = 7; $E = -0{,}41$ V
pH = 0; $E = 0$ V

3.168 a) 25 °C

b) $[H_3O^+] = 1$ mol/l; pH = 0

c) $p_{H_2} = 1{,}013$ bar

d) $E = E° = 0$ V

Die Standardpotentiale aller Redoxpaare sind Relativwerte, bezogen auf die Standardwasserstoffelektrode, deren Standardpotential willkürlich null gesetzt wurde.

Redoxvorgänge

3.169 a) $\Delta E = E^o_{Ag} + 0{,}059\text{ V lg}[Ag^+]_I - E^o_{Ag} - 0{,}059\text{ V lg}[Ag^+]_{II}$

$\Delta E = 0{,}059\text{ V lg}\dfrac{[Ag^+]_I}{[Ag^+]_{II}}$

$\Delta E = 0{,}059\text{ V lg}\dfrac{10^{-1}}{10^{-5}} = 0{,}236\text{ V}$

b) Wenn die Cl$^-$-Konzentration größer als 10^{-5} mol/l ist, wird das Löslichkeitsprodukt L überschritten. Es fällt AgCl aus, die Ag$^+$-Konzentration nimmt ab. Dadurch wird die Potentialdifferenz vergrößert.

c) $\Delta E = E^o_{Ag} + 0{,}059\text{ V lg}[Ag^+]$

$[Ag^+][Cl^-] = L$

$\Delta E = E^o_{Ag} + 0{,}059\text{ V lg}\dfrac{L}{[Cl^-]}$

Das Potential dieser Elektrode ist also nicht mehr durch die Ag$^+$-Konzentration, sondern durch die Cl$^-$-Konzentration bestimmt. Man nennt solch eine Elektrode eine Elektrode 2. Art.

$\Delta E = E^o_{Ag} + 0{,}059\text{ V lg}[Ag^+]_I - E^o_{Ag} - 0{,}059\text{ V lg}\dfrac{L}{[Cl^-]}$

$\Delta E = 0{,}059\text{ V lg}\dfrac{[Ag^+]_I}{L} + 0{,}059\text{ V lg}[Cl^-]$

$\Delta E = 0{,}53\text{ V} + 0{,}059\text{ V lg}[Cl^-]$

3.170 Nur Sekundärelemente sind wiederaufladbar.

3.171 Negative Elektrode: $Pb + SO_4^{2-} \underset{\text{Ladung}}{\overset{\text{Entladung}}{\rightleftarrows}} PbSO_4 + 2\,e^-$

Positive Elektrode: $PbO_2 + SO_4^{2-} + 4\,H_3O^+ + 2\,e^- \underset{\text{Ladung}}{\overset{\text{Entladung}}{\rightleftarrows}} PbSO_4 + 6\,H_2O$

Gesamtreaktion: $Pb + PbO_2 + 2\,SO_4^{2-} + 4\,H_3O^+ \underset{\text{Ladung}}{\overset{\text{Entladung}}{\rightleftarrows}} 2\,PbSO_4 + 6\,H_2O$

$Pb + PbO_2 + 2\,H_2SO_4 \underset{\text{Ladung}}{\overset{\text{Entladung}}{\rightleftarrows}} 2\,PbSO_4 + 2\,H_2O$

3.172 Das nicht vollständig zu entsorgende toxische Cadmium wird durch das nicht toxische Metallhydrid ersetzt.

3.173 In Brennstoffzellen wird elektrochemisch ein gasförmiger Brennstoff (z. B. Wasserstoff, Erdgas) mit Sauerstoff (Luft) umgesetzt und damit Gleichspannungsenergie erzeugt.

3.174 Negative Elektrode: $H_2 \to 2\,H^+ + 2\,e^-$

Positive Elektrode: $\frac{1}{2} O_2 + 2\,e^- \to O^{2-}$

Gesamtreaktion: $H_2 + \frac{1}{2} O_2 \to H_2O$

Elektrolyse · Äquivalent · Überspannung

3.175 c) und d) sind richtig.

a) Selbst bei höchstmöglicher Zn^{2+}-Konzentration kann die Reaktion nicht nach links ablaufen; dies wäre nur bei einem Verhältnis $[Zn^{2+}] / [Cu^{2+}] > 10^{37}$ möglich (vgl. Aufg. 3.166).

b) Mit einer Wechselspannung würde sich die Reaktionsrichtung dauernd umkehren.

c) und d)

Durch Anlegen einer Gleichspannung kann die Reaktion nur dann umgekehrt werden, wenn der negative Pol am Zn und der positive Pol am Cu liegt. Diesen Vorgang nennt man Elektrolyse.

3.176 a) Da jedes Zn^{2+}-Ion 2 Elektronen bei der Abscheidung aufnehmen muss, benötigt man 2 mol Elektronen.

b) Man nennt diese Einheit ein Faraday.

1 Faraday = 96 500 Coulomb mol^{-1} = 26,8 Ah mol^{-1}.

3.177 a) Au^+, $\frac{1}{3} Au^{3+}$, $\frac{1}{2} O^{2-}$

b) 197 g Au (1 mol Au)

67,5 g Au ($\frac{1}{3}$ mol Au)

8 g O_2 ($\frac{1}{4}$ mol O_2)

> Ein Äquivalent ist der Bruchteil $\frac{1}{z^*}$ eines Teilchens. z^* heißt Äquivalentzahl. Ein Ionenäquivalent ist der Bruchteil eines Ions, der gerade eine positive oder eine negative Ladung besitzt. Für z. B. Mg^{2+}, Fe^{3+}, SO_4^{2-} sind die Ionenäquivalente $\frac{1}{2} Mg^{2+}$, $\frac{1}{3} Fe^{3+}$, $\frac{1}{2} SO_4^{2-}$. Durch 1 Faraday wird gerade die molare Masse eines Ionenäquivalents abgeschieden.

3.178 a) 107,9 g Ag (1 mol Ag)

b) 31,75 g Cu ($\frac{1}{2}$ mol Cu)

c) 63,5 g Cu (1 mol Cu)

d)   8,67 g Cr ($\frac{1}{6}$ mol Cr)

Redoxvorgänge 231

3.179 a) Zur Abscheidung der molaren Masse des Ionenäquivalents von Al^{3+}, das sind 9 g, benötigt man 26,8 Ah. Für 1 kg sind 2 980 Ah erforderlich.

b) Energie = Spannung × Stromstärke × Zeit

Zur Abscheidung von 1 kg Al braucht man 20,86 kWh. Sie kosten 2,09 EUR.

3.180 a) 1 mol Fe^{3+}

b) $\frac{1}{5}$ mol MnO_4^-

c) $\frac{1}{6}$ mol $Cr_2O_7^{2-}$

d) $\frac{1}{2}$ mol I_2

> Ein Redoxäquivalent ist der Bruchteil eines Teilchens, der bei Redoxreaktionen 1 Elektron aufnimmt oder abgibt. Beim Redoxsystem Mn^{2+}/MnO_4^- ist für MnO_4^- das Redoxäquivalent $\frac{1}{5} MnO_4^-$. Beträgt die Konzentration von MnO_4^- 1 mol/l, dann beträgt die Äquivalentkonzentration 5 mol/l.
> Bei gleichen Äquivalentkonzentrationen werden die gleichen Konzentrationen an Elektronen übetragen.

3.181 a) 0,1 mol

b) 0,1 mol

c) 0,05 mol

3.182 a) $Cu \rightarrow Cu^{2+} + 2\,e^-$

$Zn^{2+} + 2\,e^- \rightarrow Zn$

b) Die Elektronen fließen von der Kupferelektrode zum Pluspol der Spannungsquelle und vom Minuspol der Spannungsquelle zur Zinkelektrode.

c) $Cu + Zn^{2+} \rightarrow Cu^{2+} + Zn$

> Durch Zufuhr elektrischer Arbeit wird eine Umkehrung des freiwillig ablaufenden galvanischen Prozesses erzwungen.
> d) Die Umkehrung des Elektronenflusses kann nur erzwungen werden, wenn die angelegte Spannung größer ist als die EMK, die das entsprechende galvanische Element besitzt. (vgl. Aufg. 3.164.)
> Die Mindestspannung, die überschritten werden muss, damit eine Elektrolyse erfolgen kann, nennt man Zersetzungsspannung.
> Die Zersetzungsspannung ist bei den gegebenen Konzentrationen gleich der Differenz der Standardpotentiale, also 1,10 Volt.

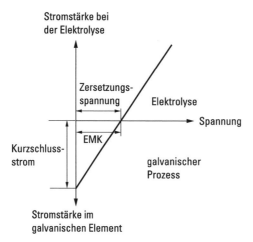

3.183 Man muss den negativen Pol der Spannungsquelle an den negativen Pol des galvanischen Elements legen. Das Aufladen eines galvanischen Elements ist eine Elektrolyse.

> In der Elektrochemie nennt man die Elektrode, an der eine Oxidation stattfindet, Anode und die Elektrode, an der eine Reduktion stattfindet, Kathode. Beim Wiederaufladen eines galvanischen Elements vertauschen sich also Anode und Kathode, nicht aber Pluspol und Minuspol.

3.184 a) Kathodenreaktion:
$$2\,H_3O^+ + 2\,e^- \rightarrow H_2 + 2\,H_2O$$
Anodenreaktion:
$$2\,Cl^- \rightarrow Cl_2 + 2\,e^-$$

b) $E_{Cl^-/Cl_2} = E^o_{Cl^-/Cl_2} + \dfrac{0{,}059\,V}{2} \lg \dfrac{p_{Cl_2}}{[Cl^-]^2}$

$E_{H_2/H_3O^+} = \dfrac{0{,}059\,V}{2} \lg \dfrac{[H_3O^+]^2}{p_{H_2}}$

Die Gase H_2 und Cl_2 können nur dann aus der Lösung austreten, wenn der Druck 1,013 bar erreicht hat. Für die Zersetzungsspannung gilt also $p_{H_2} = 1{,}013$ bar, $p_{Cl_2} = 1{,}013$ bar (vgl. Aufg. 3.156). Für $[H_3O^+] = 1$ mol/l und $[Cl^-] = 1$ mol/l erhält man:

$$\Delta E = E_{Cl^-/Cl_2} - E_{H_2/H_3O^+} = E^o_{Cl^-/Cl_2} = 1{,}36\,V$$

Die Zersetzungsspannung ist in diesem Fall gleich dem Standardpotential des Redoxpaares Cl^-/Cl_2.

Redoxvorgänge

Auf Grund der Standardpotentiale hätte sich an Stelle von Cl_2 eigentlich O_2 abscheiden müssen. Wegen der Überspannung von Sauerstoff scheidet sich Chlor ab (vgl. Aufg. 3.192.).

3.185

$$E_{Cl^-/Cl_2} = E^o_{Cl^-/Cl_2} + \frac{0,059\ V}{2} \lg \frac{1}{(10^{-3})^2}$$

$$E_{H_2/H_3O^+} = E^o_{H_2/H_3O^+} + \frac{0,059\ V}{2} \lg \frac{(10^{-3})^2}{1}$$

$$E = E_{Cl^-/Cl_2} - E_{H_2/H_3O^+}$$

$$E = 1,72\ V$$

3.186 Zuerst wird das edlere Metall Silber abgeschieden, dann das Kupfer.

An der Kathode werden zuerst die Stoffe mit dem jeweils positivsten Potential reduziert.

3.187 Zuerst werden die I^--Ionen, dann die Br^--Ionen entladen.

An der Anode werden zuerst die Stoffe mit dem jeweils negativsten Redoxpotential oxidiert.

3.188 An der Kathode werden nicht Na^+-Ionen, sondern H_3O^+-Ionen entladen, es entwickelt sich Wasserstoff. Das Redoxsystem H_2/H_3O^+ hat ein positiveres Potential als das Redoxsystem Na/Na^+.

$E^o_{Na} = -2,7\ V$; bei pH = 7 ist $E_{H_2/H_3O^+} = -0,41\ V$ (vgl. Aufg. 3.167).

3.189 Es scheidet sich zuerst Kupfer, dann Wasserstoff ab. Aluminium kann nicht durch Elektrolyse wässriger Lösungen hergestellt werden.

3.190 In vielen Fällen ist die Zersetzungsspannung größer als die Differenz der Elektrodenpotentiale (ΔE). Man bezeichnet diese Spannungserhöhung als Überspannung.

Zersetzungsspannung = Differenz der Elektrodenpotentiale + Überspannung

3.191

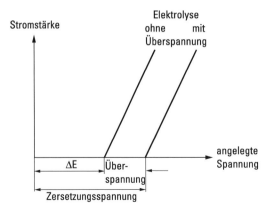

3.192 Die Aussagen b), d) und e) treffen zu.

Für die Abscheidung von Wasserstoff ist die Überspannung groß an Hg, Pb und Zn. An platiniertem Platin ist sie für Wasserstoff null. Für die Abscheidung von Sauerstoff ist die Überspannung an Platin groß.

3.193 a) Auf Grund des Standardpotentials von –0,76 Volt müsste sich Zink in H_2SO_4-Lösung lösen: $Zn + 2\,H_3O^+ \rightarrow Zn^{2+} + H_2 + 2\,H_2O$

Die große Überspannung, die für die Abscheidung von Wasserstoff an Zink erforderlich ist, verhindert die Auflösung.

b) Kupfer kann auf Grund des positiven Standardpotentials durch H_3O^+ nicht oxidiert werden.

c) Wenn $[Pb^{2+}] = 1$ mol/l ist, müsste sich bei pH < 2 Wasserstoff entwickeln.

Diese Reaktion findet jedoch wegen der Überspannung nicht statt. An der Anode müsste sich auf Grund der Standardpotentiale Sauerstoff entwickeln. Auch diese Reaktion läuft wegen der Überspannung nicht ab. Nur das Vorhandensein der Überspannung ermöglicht das Aufladen eines Bleiakkus.

4. Elementchemie

4.1 Isoelektronische Beziehungen:

$NO_2^+ - CO_2 - N_2O - NCO^- - N_3^-$ (16 VE – 22 Gesamtelektronen)

$SiO_4^{4-} - PO_4^{3-} - SO_4^{2-} - ClO_4^-$ (32 VE – 50 Gesamtelektronen)

$CN^- - CO - NO^+ - N_2$ (10 VE – 14 Gesamtelektronen)

$C_6H_6 - B_3N_3H_6$ (30 VE – 42 Gesamtelektronen)

$C_2H_6 - H_3BNH_3$ (14 VE – 18 Gesamtelektronen)

$NO_2^- - O_3$ (18 VE – 24 Gesamtelektonen)

Isovalenzelektronische Beziehungen

$NO_2^- - SO_2 - O_3$ (18 VE)

$I_3^- - XeF_2 - ICl_2^-$ (22 VE)

Die restlichen Teilchen in der Tabelle verbleiben ohne iso(valenz)elektronische Beziehungen.

> Als isoelektronisch bezeichnet man Moleküle, Ionen oder Formeleinheiten, in denen bei gleicher Anzahl der Atome die gleiche Zahl und Anordnung von Elektronen vorliegt. Die Ladung der Teilchen kann unterschiedlich sein.
>
> Im engeren Sinne bezieht sich „gleiche Zahl von Elektronen" auf die Gesamtzahl und nicht die Zahl der Valenzelektronen. Im weiteren Sinne werden auch Teilchen mit nur der gleichen Valenzelektronenzahl (und -konfiguration) als isoelektronisch (genauer dann isovalenzelektronisch) bezeichnet.
>
> Abweichend von „gleicher Anzahl der Atome" bezeichnet man auch Teilchen, in denen ein freies Elektronenpaar durch ein H-Atom ersetzt ist, als isoelektronisch. Diese speziellere isoelektronische Beziehung heißt Grimm'scher Hydrid-Verschiebungssatz.
>
> Beispiele: $CH_4 - NH_3 - H_2O - HF$
> $OH^- - F^-$
> $HC \equiv CH - N \equiv N$

4.2

	Ausgangsstoffe	Produkte
a) Rochow-Synthese	Si + RCl (R = Me, Ph)	$R_3SiCl, R_2SiCl_2, RSiCl_3$
b) Anthrachinon-Verfahren	$H_2 + O_2$	H_2O_2
	(Anthrachinon und Pd fungieren nur als Katalysator)	
c) Kontakt-Verfahren	$SO_2 + O_2$ $+ H_2O$	SO_3 H_2SO_4
	($H_2S_2O_7$ ist nur Zwischenprodukt)	
d) Steam-Reforming-Verfahren	Methan (CH_4), niedere Kohlenwasserstoffe + H_2O	H_2 + CO
e) Ostwald-Verfahren	$NH_3 + O_2$	NO (+ H_2O)
f) Solvay-Prozess	$NaCl/H_2O + CaCO_3$	$Na_2CO_3 \cdot 10\ H_2O$ (Soda + $CaCl_2$)
	($NH_3 + CO_2$ sind Intermediate, die im Kreis geführt werden)	

4.3 a) Kathode: $2\ H_2O + 2\ e^- \rightarrow H_2 + 2\ OH^-$

Anode: $2\ Cl^- \rightarrow Cl_2 + 2\ e^-$

Gesamtreaktion: $2\ Na^+ + 2\ Cl^- + 2\ H_2O \rightarrow H_2 + Cl_2 + 2\ Na^+ + 2\ OH^-$

b) Kathode: $Na^+ + e^- \xrightarrow{Hg} NaHg_x$ (Na-Amalgam)

Anode: $Cl^- \rightarrow \frac{1}{2} Cl_2 + e^-$

Zersetzung des Amalgams: $Na + H_2O \rightarrow Na^+ + OH^- + \frac{1}{2} H_2$

c) Anoden- und Kathodenraum sind durch eine ionenselektive Membran getrennt, die durchlässig für Na^+-Ionen, aber nicht durchlässig für Cl^--Ionen und OH^--Ionen ist. Man erhält eine chloridfreie Natronlauge.

d) Diese Trennung ist notwendig, um die Bildung von Chlorknallgas ($H_2 + Cl_2$), die Entladung von OH^- zu O_2 und die Reaktion von Chlor mit Lauge zu Hypochlorit zu verhindern.

4.4 a) Al_2O_3 ist amphoter. Amphotere Stoffe lösen sich sowohl in Säuren als auch in Basen. Fe_2O_3 löst sich nicht in Basen.

Bauxit + NaOH $\rightarrow Na[Al(OH)_4]$ (gelöst) + Fe_2O_3 (s)

b) Al_2O_3 wird in Kryolith, Na_3AlF_6, gelöst, der bei 1000 °C schmilzt. Mit Al_2O_3 bildet sich ein Eutektikum, das bei 960 °C schmilzt.

c) Dissoziation in der Schmelze: $Al_2O_3 \rightarrow 2\ Al^{3+} + 3\ O^{2-}$

Reaktion an der Kathode: $Al^{3+} + 6\,e^- \rightarrow 3\,Al$
Reaktion an der Anode: $3\,O^{2-} \rightarrow 1{,}5\,O_2 + 6\,e^-$
                           $1{,}5\,O_2 + 3\,C \rightarrow 3\,CO$

4.5 a) als P_4O_{10} mit Adamantanstruktur;

b) als S_8-Ring mit Kronenstruktur;

c) als B_2H_6;

d) als $HP(=O)(OH)_2$ oder anders formuliert H_2PHO_3, zweibasige Phosphonsäure;

e) As_4S_4 (Realgar) als Käfigstruktur mit S-Atomen in gedachter Ebene, isotyp zu S_4N_4 (dort N-Atome in gedachter Ebene);

f) als helikale (spiralige) Te_∞-Ketten;

g) als $P_{weiß}$, P_{rot} oder $P_{schwarz}$ mit P_4-Tetraedern, unregelmäßigem dreidimensionalem Netzwerk oder Doppelschichtstruktur; $P_{schwarz}$ ist die thermodynamisch stabilste Modifikation;

h) als hexagonales Bornitrid mit zweidimensionaler Graphitstruktur oder als kubisches Bornitrid mit dreidimensionaler Diamantstruktur, $(BN)_\infty$.

Für Zeichnungen der Strukturen siehe z. B. Riedel/Janiak, Anorganische Chemie, 8. Aufl., Kapitel 4.

4.6 a) Ursachen der Sonderstellung:

– In seinen ganz speziellen Modifikationen hat Bor Koordinationszahlen vier bis neun.

– Es gibt eine ungewöhnliche Vielzahl verschieder Metallboride.

– Einzigartig sind auch die Wasserstoffverbindungen und die Car(ba)borane.

b) Schrägbeziehung im Periodensystem.

4.7 a) B_4H_{10}: Gerüstelektronen $12\,(4B \times 3) + 10\,(10H) - 8\,(4BH \times 2) = 14$

7 Gerüstelektronenpaare = n + 3 (mit n = 4 Gerüstatomen)

Strukturtyp arachno-Boran, (n+2)-Ecken-(hier 6-Ecken-)Polyeder mit zwei freien Ecken, also Oktaeder mit zwei freien Ecken.

B_4H_{10} Bor-Polyeder:

Oktaeder mit zwei unbesetzten Ecken, arachno-Tetraboran(10)

$B_5H_8^-$ Bor-Polyeder:

Oktaeder mit einer unbesetzten Ecke, nido-Pentaboranat(8)

B_5CH_9 B,C-Polyeder:

pentagonale Bipyramide mit einer unbesetzten Ecke

b) $B_5H_8^-$: Gerüstelektronen $15\,(5B \times 3) + 8\,(8H) + 1\,(Ladung) - 10\,(5BH \times 2) = 14$

7 Gerüstelektronenpaare = n + 2 (mit n = 5 Gerüstatomen)

Strukturtyp nido-Boran, (n+1)-Ecken-(hier 6-Ecken-)Polyeder mit einer freien Ecke, also Oktaeder mit einer freien Ecke.

c) B_5CH_9:

Gerüstelektronen 15 (5B × 3) + 4 (C) + 9 (9H) – 12 ((5BH + CH) × 2) = 16

   8 Gerüstelektronenpaare = n + 2 (mit n = 5B + C = 6 Gerüstatomen)

Strukturtyp nido-Carboran, (n+1)-Ecken-(hier 7-Ecken-)Polyeder mit einer freien Ecke, also pentagonale Bipyramide mit einer freien Ecke.

d) $B_8C_2H_{10}$:

Gerüstelektronen 24 (8B × 3) + 8 (2C) + 10 (10H) – 20 ((8BH + 2CH) × 2) = 22

   11 Gerüstelektronenpaare = n + 1 (mit n = 8B + 2C = 10 Gerüstatomen)

Strukturtyp closo-Carboran, n-Ecken-(hier 10-Ecken-)Polyeder ohne freie Ecke, überkapptes quadratisches Antiprisma.

$B_8C_2H_{10}$ B,C-Polyeder:

überkapptes quadratisches Antiprisma, keine freie Ecke, Stellungsisomere der beiden C-Atome

$B_9C_2H_{11}^{2-}$ B,C-Polyeder:

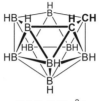

7,8-$B_9C_2H_{11}^{2-}$ 7,9-$B_9C_2H_{11}^{2-}$
Ikosaeder mit einer unbesetzten Ecke, Stellungsisomere der beiden C-Atome

e) $B_9C_2H_{11}^{2-}$: Gerüstelektronen 27 (9B × 3) + 8 (2C) + 11 (11H) + 2 (Ladungen) – 22 ((9BH + 2CH) × 2) = 26

   13 Gerüstelektronenpaare = n + 2 (mit n = 9B + 2C = 11 Gerüstatomen)

Strukturtyp nido-Carboran, (n+1)-Ecken-(hier 11-Ecken-)Polyeder mit einer freien Ecke, Ikosaeder mit einer unbesetzten Ecke.

4.8 Folgende Eigenschaften sind denen der Halogene ähnlich:

• Existenz von Dicyan, $(CN)_2$ (analog zu Dihalogen, X_2) mit photolytischer oder thermischer Spaltung in Cyan-Radikale, ·CN (analog zu Halogen-Radikalen, ·X).

• Dicyan gibt mit H_2 wie die Halogene eine radikalische Kettenreaktion.

• Es existiert die gasförmige, saure Wasserstoffverbindung HCN (analog zu Halogenwasserstoff, HX); HCN ist in wässriger Lösung allerdings schwächer sauer als HX.

• Es gibt Verbindungen mit Halogenen oder anderen Pseudohalogenen, z. B. Bromcyan, Br–CN, oder Cyanazid, NC–N_3 (analog zu Interhalogenverbindungen X–X').

• In alkalischer Lösung erfolgt Disproportionierung von $(CN)_2$ zu CN^- und OCN^- (analog zu $X_2 + OH^- \rightarrow X^- + OX^-$).

- Es existieren Cyanometallat-Komplexe, $[M(CN)_n]^{c-}$ (allgemein Pseudohalogenometallat-Komplexe analog zu Halogenometallat-Komplexen, $[MX_n]^{c-}$).

Es gibt aber auch Pseudohalogene, bei denen nicht alle Analogien erfüllt sind. So gibt es z. B. für das Pseudohalogenid Azid, N_3^-, kein neutrales Pseudo-Dihalogen $(N_3)_2$.

Weitere Pseudohalogenide sind Azid, N_3^-, Thiocyanat, SCN^- (Rhodanid), und Cyanat, OCN^-.

4.9 SiO_2, GeO_2, P_4O_{10}, As_2O_5, B_2O_3

4.10 physikalische Eigenschaften:

Links stehen mit Na_2O, MgO und Al_2O_3 höher bis hochschmelzende Feststoffe, die Ionengitter bilden.

Rechts stehen mit SO_2, SO_3, Cl_2O oder ClO_2 Gase (niedriger Schmelzpunkt), die aus kovalenten Molekülen bestehen.

Dazwischen steht mit SiO_2 ein kovalentes dreidimensionales Gitter mit polaren Bindungen und mit P_4O_6 oder P_4O_{10} ein Käfigmolekül.

chemische Eigenschaften:

Die links stehenden Metalloxide Na_2O und MgO reagieren in Wasser über das enthaltene Oxidion stark basisch, Al_2O_3 ist amphoter.

Die rechts stehenden Oxide, einschließlich der Phosphoroxide, sind Säureanhydride.

4.11 Hartstoff: Siliciumcarbid, kubisches Bornitrid;

Radikal: Chlordioxid, O_2 (Diradikal), Stickstoffdioxid, S_3^-;

Lewis-Säure: H_3BO_3, Arsenpentafluorid;

technisches Oxidationsmittel: Chlordioxid, H_2O_2, Nitrate, O_2, Hypochlorite, Ozon, N_2O;

technisches Reduktionsmittel: H_2, CO, SO_2, Natriumsulfit;

Desinfektionsmittel: Chlordioxid, H_2O_2, Hypochlorite, Ozon, SO_2, H_3BO_3;

Inertgas: Argon, N_2, CO_2 (mit Einschränkungen);

giftiges Gas: Chlordioxid, SO_2, Stickstoffdioxid, CO, Ozon;

Konservierungsmittel: SO_2, $NaNO_2$, Natriumsulfit;

Düngemittel: Nitrate, Hydrogenphosphate;

Treibhausgas: H_2O, Distickstoffoxid, CO_2.

(keine Zuordnungen: Silicone, $Ca_3(PO_4)_2$ – Düngemittel erst nach Aufschluss, Arsenik, Phosphazene)

4.12

Oxidations-stufe	−3	−2	−1	−1/3	0	+1	+2	+3	+4	+5
Beispiel	NH_3	N_2H_4	NH_2OH	N_3^-	N_2	N_2O	NO	N_2O_3 HNO_2	NO_2	N_2O_5 HNO_3

4.13 $B(OH)_3 + 2\,H_2O \rightarrow [B(OH)_4]^- + H_3O^+$

Borsäure ist eine Lewis- und keine Brönsted-Säure.

4.14 SiC (Siliciumcarbid, Carborundum), $B_{13}C_2$ (Borcarbid), TiC (Titancarbid), WC (Wolframcarbid).

SiC und $B_{13}C_2$ sind kovalente Carbide; TiC und WC sind metallische (interstitielle) Carbide.

4.15 Das Kohlenstoffatom bildet mit zwei Doppelbindungen zu den Sauerstoffatomen ein dreiatomiges kleines Molekül ohne Dipolmoment und mit nur geringen zwischenmolekularen Wechselwirkungen. Es ist daher ein Gas mit einem niedrigen Siede- und Schmelzpunkt.

Das Siliciumatom kann nicht wie das Kohlenstoffatom stabile (p–p)π-Bindungen zum Sauerstoffatom bilden (vgl. Doppelbindungsregel). Si bildet in SiO_2 vier Si–O-Einfachbindungen und ein dreidimensionales Kristallgitter, in dem jedes Si-Atom tetraedrisch von vier O-Atomen umgeben ist. Zusammen mit einer hohen Bindungsenergie für die Si–O-Bindung erklärt sich der hohe Schmelz- und Siedepunkt des polymeren Festkörpers (SiO_2 tritt in mehreren Modifikationen auf).

4.16

a) $NO_2 + O_2 \rightleftharpoons \boxed{NO} + \boxed{O_3}$ — Ozonbildung/-abbau in Troposphäre

b) $CaCO_3 + \boxed{SO_2} + \tfrac{1}{2}\,O_2 \rightarrow CaSO_4 + \boxed{CO_2}$ — Rauchgasentschwefelung

c) $\boxed{Si} + 3\,HCl \rightarrow SiHCl_3 + \boxed{H_2}$ — Reinigungsschritt bei Si-Herstellung

d) $2\,H_2S + \boxed{SO_2} \rightarrow 3\,S + \boxed{2\,H_2O}$ — Teil des Claus-Prozesses

e) $2\,NO + \boxed{2\,CO} \rightarrow \boxed{N_2} + 2\,CO_2$ — Autoabgasreinigung

f) $\boxed{PBr_3} + \boxed{3\,H_2O} \rightarrow 3\,HBr + H_3PO_3$ — techn. Herstellung von HBr

g) $\boxed{Ca_3(PO_4)_2} + 5\,C \rightarrow 3\,CaO + \boxed{5\,CO} + 2\,P$ — Darstellung von weißem Phosphor

h) $C + \boxed{H_2O} \rightarrow \boxed{CO} + H_2$ — Kohlevergasung zu Wassergas (Synthesegas)

4. Elementchemie

4.17 Die ^{19}F-, ^{31}P- oder ^{29}Si-NMR-Spektroskopie, da diese Nuklide den Kernspin ½ (wie ^{1}H und ^{13}C) haben. ^{19}F und ^{31}P sind darüber hinaus Reinelemente, d. h. ihre natürliche Häufigkeit ist 100%. Die NMR-Empfindlichkeit von ^{19}F entspricht der von ^{1}H.

4.18 Wiederholungseinheiten:

$$\ldots -\overline{\underline{N}}=\underset{R}{\overset{R}{P}}-\ldots \qquad \ldots -\overline{\underline{O}}-\underset{R}{\overset{R}{Si}}-\ldots$$

Die isoelektronische Beziehung zwischen der –N=P– und der –O–Si– Einheit des Polymerrückgrates macht die ähnlichen Eigenschaften plausibel.

4.19 a) $CO_2 + C\,(s) \rightleftharpoons 2\,CO \qquad \Delta H° = +173$ kJ/mol

b) Herstellung von Roheisen im Hochofen (Eisen ist das wichtigste Gebrauchsmetall).

c) Der Hochofen wird abwechselnd mit Schichten aus Koks und Erz beschickt. Wenn in unteren Schichten Eisenerz durch CO reduziert wird, entsteht CO_2. Dieses wird in der darüberliegenden Koksschicht nach dem Boudouard-Gleichgewicht wieder zu CO reduziert und steht erneut für die Reduktion von Erz zur Verfügung.

4.20 $4\,Ag_2S + 4\,CN^- + 2\,O_2 \rightarrow 2\,[Ag(CN)_2]^- + SO_4^{2-}$

$2\,[Ag(CN)_2]^- + Zn \rightarrow [Zn(CN)_4]^{2-} + 2\,Ag$

4.21 a) $Cu \rightarrow Cu^{2+}$

Unedle Metalle lösen sich ebenfalls, z. B. $Zn \rightarrow Zn^{2+}$.

Edle Metalle (Ag, Au, Pt) lösen sich nicht und setzen sich als „Anodenschlamm" ab.

b) $Cu^{2+} \rightarrow Cu$ (Feinkupfer)

4.22 $Ni + 4\,CO \underset{120\,°C}{\overset{80\,°C}{\rightleftharpoons}} Ni(CO)_4$

4.23 a) Mit Kohlenstoff entsteht Titancarbid TiC.

b) $TiO_2 + 2\,Cl_2 + 2\,C \rightarrow TiCl_4 + 2\,CO$

$TiCl_4 + 2\,Mg \rightarrow Ti + 2\,MgCl_2$ (Kroll-Verfahren)

oder $TiCl_4 + 4\,Na \rightarrow Ti + 4\,NaCl$ (Hunter-Verfahren)

4.24 Die Ozonschicht ist für das Leben auf der Erde absolut notwendig. Sie absorbiert die gefährliche UV-B-Strahlung (Bereich 240-310 nm).

4.25 Fluorchlorkohlenwasserstoffe (z. B. CCl_3F) und Halone (z. B. CF_3Br).

4.26 Cl-Atome (Radikale) entstehen durch Spaltung mit UV-Strahlung aus Fluorchlorkohlenwasserstoffen, z. B. $CF_3Cl \rightarrow \cdot CF_3 + \cdot Cl$. Die Cl-Atome zerstören die O_3-Moleküle, jedes Cl-Atom im Mittel Tausende O_3-Moleküle.

$$Cl\cdot + O_3 \rightarrow ClO\cdot + O_2$$
$$\underline{ClO\cdot + \cdot O\cdot \rightarrow Cl\cdot + O_2}$$
$$O_3 + \cdot O\cdot \rightarrow 2\, O_2$$

4.27 a) Über der Antarktis nimmt jährlich im Oktober und September die Ozonkonzentration deutlich ab. Später verschwindet dieses Ozonloch weitgehend (zum Mechanismus der Entstehung siehe Riedel/Janiak, Anorganische Chemie, 8. Aufl., Abschn. 4.11.1.1).

b) Das Ozonloch kann die Fläche von Nordamerika erreichen, das Doppelte der Fläche der Antarktis.

4.28 a) CO_2, CH_4, N_2O, FCKW; den größten Anteil hat CO_2

b) Von der Erde wird einfallende Sonnenstrahlung als Infrarot-(IR-)Strahlung reflektiert. Treibhausgase absorbieren IR-Strahlung und verursachen einen „Wärmestau" und damit eine Erhöhung der mittleren Temperatur der Erdoberfläche.

4.29 a) 385 ppm

b) Die Zunahme beträgt 35%. Der vorindustrielle Wert der CO_2-Konzentration war 280 ppm.

4.30 a) Verbrennung fossiler Brennstoffe.

b) Abholzen der Regenwälder

4.31 a) Zunahme der globalen Oberflächentemperatur (im 20. Jhdt. um 0,74 °C)

b) Anstieg des Meeresspiegels (im 20. Jhdt. um 0,17 m)

c) Gletscherschmelze und Schmelze des Meereises der Arktis

d) Wetterextreme (z. B. Starkniederschläge, Dürren, Zyklonintensität)

4.32 Es ist zwischen dem natürlichen und dem anthropogenen Treibhauseffekt zu unterscheiden. Der natürliche Treibhauseffekt ist für das hochentwickelte Leben auf der Erde essentiell. Ohne den natürlichen Treibhauseffekt läge die mittlere Temperatur der Erdoberfläche bei −18 °C und große Teile der Erde wären von Eis bedeckt. Es könnten höchstwahrscheinlich nur niedere Formen des Lebens existieren. Das Leben auf der Erde mit seinen vielfältigen und hochentwickelten Arten konnte sich über die Jahrmillionen nur durch die über den natürlichen Treibhauseffekt geschaffenen (warmen) Klimabedingungen entwickeln.

4.33 Kohlendioxid, CO_2 ist einer der Ausgangsstoffe für die Photosynthese und damit ein Nährstoff für die Pflanzen und Grundlage des Lebens. Ein Anstieg bedeutet für die Pflanzen ein erhöhtes Nährstoffangebot, eine erhöhte Photosyntheserate und in der Folge ein stärkeres Wachstum.

Ein Absinken des CO_2-Gehalts unter den vorindustriellen Wert von 280 ppm hätte eine deutliche Abkühlung des Klimas zur Folge und könnte sogar zu einer Eiszeit führen.

4.34 Die CO_2-Abtrennung aus Rauchgasen und nachfolgende Speicherung („CO_2-Sequestrierung") verbraucht etwa 30% der erzeugten Energie und verteuert die Energie erheblich. Die CCS-Technik (Carbon Dioxide Capture and Storage) wird bei dem wachsenden Energiebedarf aber in großtechnischem Maßstab nicht rechtzeitig verfügbar sein, um die CO_2-Konzentration zu stabilisieren.

5. Koordinationschemie

Aufbau und Eigenschaften von Komplexen

5.1 a) Zentralatom: Ag^+
b) Liganden: CN^-
c) Ladung: -1
d) Koordinationszahl: 2

> Komplexe Ionen werden in eckige Klammern gesetzt. Die Ladung wird außerhalb der Klammer hochgestellt hinzugefügt. Sie ergibt sich aus der Summe der Ladungen aller Teilchen, aus denen der Komplex zusammengesetzt ist.

5.2 a) $Ag^+ + 2\,NH_3 \rightleftharpoons [Ag(NH_3)_2]^+$
b) $Fe^{2+} + 6\,CN^- \rightleftharpoons [Fe(CN)_6]^{4-}$
c) $Cu^{2+} + 4\,H_2O \rightleftharpoons [Cu(H_2O)_4]^{2+}$
a) $Cu^{2+} + 4\,NH_3 \rightleftharpoons [Cu(NH_3)_4]^{2+}$
b) $Co^{2+} + 4\,Cl^- \rightleftharpoons [CoCl_4]^{2-}$
c) $Fe^{3+} + 6\,CN^- \rightleftharpoons [Fe(CN)_6]^{3-}$

5.3

	Komplex	KZ	Oxidationszahl
a)	$[Co(CN)_6]^{3-}$	6	+3
b)	$[Cu(CN)_4]^{3-}$	4	+1
c)	$[CrCl_2(H_2O)_4]^+$	6	+3

5.4 Durch Komplexbildung können typische Ionenreaktionen der einzelnen Teilchen des Komplexes ausbleiben. Man sagt, die Ionen sind maskiert.

Beispiele:

Fe^{3+} bildet mit OH^- schwerlösliches braunes $Fe(OH)_3$. Der Komplex $[Fe(CN)_6]^{3-}$ dagegen zeigt mit OH^- keine Reaktion.

Ag^+-Ionen reagieren mit Cl^--Ionen zu festem $AgCl$. In Gegenwart von NH_3 bilden sich $[Ag(NH_3)_2]^+$-Ionen und mit Cl^- erfolgt keine Fällung von $AgCl$.

5.5 – Bei Komplexbildung ist häufig eine Farbänderung zu beobachten.
Beispiele:
$[Cu(H_2O)_4]^{2+}$ ist in wässriger Lösung hellblau, $[CuCl_4]^{2-}$ hellgrün, $[Cu(NH_3)_4]^{2+}$ dunkelblau.
$[Ni(H_2O)_6]^{2+}$ ist in wässriger Lösung hellgrün, $[Ni(NH_3)_6]^{2+}$ blau.

– Wenn Komplexbildung mit geladenen Teilchen erfolgt, ist die elektrolytische Leitfähigkeit geringer, als bei Vorliegen der einzelnen Ionen zu erwarten wäre.
Beispiel:

$$\underbrace{[Fe(H_2O)_6]^{3+} + 6\ CN^-}_{7\ \text{Ionen}} \xrightarrow[\text{Abnahme der elektrolytischen Leitfähigkeit}]{\text{Komplexbildung mit } CN^-} \underbrace{[Fe(CN)_6]^{3-} + 6\ H_2O}_{1\ \text{Ion}}$$

5.6 Einzähnige Liganden besetzen in einem Komplex eine Koordinationsstelle, mehrzähnige Liganden mehrere Koordinationsstellen.
Beispiele für zweizähnige Liganden:

$C_2O_4^{2-}$, Oxalat-Ion: $C_2H_4(NH_2)_2$, Ethylendiamin:

5.7

	Oxidationszahl	d^n-Konfiguration	Koordinationsgeometrie
a) Diacetyldioxim-nickel(II)	+2	d^8	quadratisch-planar
b) $[Ag(NH_3)_2]^+$	+1	d^{10}	linear
c) $[Ni(PF_3)_4]$	0	d^{10}	tetraedrisch
d) $[Cu(CN)_4]^{3-}$	+1	d^{10}	tetraedrisch
e) $[Cd(CN)_4]^{2-}$	+2	d^{10}	tetraedrisch
f) $[PtCl_2(NH_3)_2]$	+2	d^8	quadratisch-planar
g) $[Co(NCS)_4]^{2-}$	+2	d^7	tetraedrisch
h) $[AuCl_4]^-$	+3	d^8	quadratisch-planar
i) $[HgI_4]^{2-}$	+2	d^{10}	tetraedrisch
j) $[RhCl(PPh_3)_3]$	+1	d^8	quadratisch-planar

Verallgemeinerungen:

Eine d^8-Konfiguration bedingt meistens einen quadratisch-planaren Koordinationspolyeder (Ausnahme Ni^{2+} mit schwachen Liganden, vgl. Aufg. 5.21).

Eine d^{10}-Konfiguration bedingt meistens einen tetraedrischen Koordinationspolyeder. Deutlich weniger häufig findet man für d^{10} eine lineare oder trigonale Koordination.

Für die d^7-Konfiguration bei Co^{2+} findet man neben der oktaedrischen Geometrie eine größere Zahl tetraedrischer Komplexe (Maximum der Ligandenfeldstabilisierungsenergie für d^7 beim Tetraeder).

Nomenklatur von Komplexverbindungen

Schema für die Nomenklatur von Komplexverbindungen

Beispiel $Na[Ag(CN)_2]$

Natrium	– di	cyanid o	argent	at	(I)
Kation	– Ligandenzahl	Ligand	Zentralatom	at	Oxidationszahl

Kation	–	komplexes Anion

Beispiel $[Ag(NH_3)_2]Cl$

Di	ammin	silber	(I)	– chlorid
Ligandenzahl	Ligand	Zentralatom	Oxidationszahl	– Anion

komplexes Kation	– Anion

Die Ligandenzahl wird durch griechische Zahlen angegeben (mono, di, tri, tetra, penta, hexa). Häufige Liganden sind: H_2O (aqua), NH_3 (ammin), CO (carbonyl), CN^- (cyanido, früher cyano), Cl^- (chlorido, früher chloro), OH^- (hydroxido, früher hydroxo). Anionische Liganden enden auf o. Bei komplexen Anionen erhält das Zentralatom die Endung at, dabei wird häufig der Stamm des lateinischen Namens des Zentralatoms verwendet, z. B. argent(um), cupr(um), ferr(um).

5.8 a) $[CoCl_4]^{2-}$
b) $K_3[Fe(CN)_6]$
c) $[Cu(NH_3)_4]SO_4$

5.9 a) Hexaamminchrom(III)-chlorid

b) Tetracyanidocuprat(I)

c) Tetraaquakupfer(II)

5.10 a) $[CrCl_2(H_2O)_4]^+$

b) $[PtCl_4]^{2-}$

c) $[FeF_6]^{3-}$

d) Tetracarbonylnickel(0)

e) Kalium-hexacyanidoferrat(II)

f) Natrium-tetrahydroxidoaluminat

Bei Aluminium ist die Angabe der Oxidationszahl überflüssig, da in anorganischen Komplexen nur die Oxidationszahl +3 vorkommt.

5.11 a) Trioxalatochromat(III); $[Cr(C_2O_4)_3]^{3-}$

b) drei zweizähnige Liganden

c) KZ = 6

d) Oktaeder. Es liegt allerdings nur noch eine pseudo-oktaedrische Symmetrie vor. Durch die Chelatliganden sind einige Symmetrieelemente des Oktaeders nicht mehr vorhanden. Es fehlen die $3C_4$-, drei der $4C_3$- und drei der $6C_2'$-Drehachsen, die $3\sigma_h$-, $6\sigma_d$-Spiegelebenen, das Inversionszentrum i, die $3S_4$- und $4S_6$-Drehspiegelachsen. Die einzigen Symmetrieelemente des Trioxalatochromat(III)-Komplexes sind eine C_3- und $3C_2'$-Drehachsen. Die $3C_2'$-Achsen stehen senkrecht auf der C_3-Achse. Die Punktgruppe ist D_3. Liegen die Liganden-Donoratome aber hinreichend nahe an den Eckpunkten eines Oktaeders, dann kann in guter Näherung eine Oktaederaufspaltung des Kristallfeldes verwendet werden.

e) Cr^{3+} hat drei ungepaarte Elektronen, Gesamtspin S = 3/2. Für die erste Hälfte der 3d-Ionen gilt die „spin-only"-Formel $\mu_{eff} = 2\sqrt{S(S+1)}\ \mu_B$. Mit S = 3/2 wird μ_{eff} = 3,87 μ_B.

Stabilität und Reaktivität von Komplexen

5.12 a) Jeder Komplex dissoziiert zum Teil in seine Bestandteile.

$[Ag(CN)_2]^- \rightleftharpoons Ag^+ + 2\ CN^-$

Je weiter das Gleichgewicht auf der Seite des Komplexes liegt, umso größer ist seine thermodynamische Stabilität.

b) $Ag^+ + 2\ CN^- \rightleftharpoons [Ag(CN)_2]^-$

$$\frac{[[Ag(CN)_2]^-]}{[Ag^+][CN^-]^2} = K$$

K nennt man Komplexbildungskonstante oder Stabilitätskonstante. K ist ein Maß für die thermodynamische Stabilität eines Komplexes. Beachten Sie, dass die eckigen Klammern sowohl zur Charakterisierung des Komplexes dienen als auch Konzentrationen bezeichnen.

Kinetisch stabile Komplexe, bei denen die Gleichgewichtseinstellung infolge einer hohen Aktivierungsenergie sehr langsam erfolgt, nennt man inerte Komplexe.

5.13 In einer wässrigen Lösung dissoziiert AgBr in sehr geringem Maße. Wenn durch die Bildung eines Komplexes die Ag^+-Konzentration so stark erniedrigt wird, dass das Löslichkeitsprodukt von AgBr unterschritten wird, tritt Auflösung ein.

Die größere Stabilitätskonstante muss der Komplex $[Ag(S_2O_3)_2]^{3-}$ besitzen. Bei $[Ag(S_2O_3)_2]^{3-}$ wird im Gleichgewicht die Ag^+-Konzentration so gering, dass das Löslichkeitsprodukt von AgBr nicht mehr erreicht wird. Daher muss sich AgBr auflösen. Bei dem stärker dissoziierten Komplex $[Ag(NH_3)_2]^+$ bleibt die Ag^+-Konzentration so groß, dass das Löslichkeitsprodukt nicht unterschritten wird, AgBr löst sich daher nicht auf (vgl. Aufg. 3.128).

5.14 a) NH_3 bildet im Reaktionsraum I den Komplex $[Ag(NH_3)_2]^+$, die Ag^+-Konzentration wird dadurch stark erniedrigt. Da dies eine Vergrößerung des Konzentrationsunterschieds der Kette bedeutet, muss sich die Potentialdifferenz erhöhen.

b) Da die Stabilitätskonstante von $[Ag(S_2O_3)_2]^{3-}$ größer ist als die von $[Ag(NH_3)_2]^+$, wird die Ag^+-Konzentration in I weiter erniedrigt, die Potentialdifferenz steigt daher weiter an.

5.15 Durch Komplexbildung wird die Au^{3+}-Konzentration sehr klein, so dass das Potential Au/Au^{3+} sehr stark erniedrigt wird ($E_{Au} = E_{Au}^o + \dfrac{0,059\,V}{3}\lg[Au^{3+}]$). Auf Grund des erniedrigten Oxidationspotentials kann HNO_3 in Gegenwart von HCl Gold oxidieren. Dasselbe gilt auch für Platin.

5.16 Chelate sind Komplexe mit mehrzähnigen Liganden. Als Chelateffekt bezeichnet man die erhöhte thermodynamische Stabilität dieser Komplexe gegenüber Komplexen mit vergleichbaren einzähnigen Liganden.

Beispiel:

Komplex	K
$[Ni(NH_3)_6]^{2+}$	10^9
$[Ni(en)_3]^{2+}$	10^{18}

en = Ethylendiamin (vgl. Aufg. 5.6)

5.17 (Lewis-)Basen sind Elektronenpaar-Donoren.

Viele Liganden sind konjugierte Basen zu schwachen Säuren und damit protonierbar. Der pH-Wert der wässrigen Lösung wird so zu einer wichtigen Einflussgröße. Die effektive Komplexstabilität (K_{eff}) hängt nicht nur von der Komplexbildungskonstanten (K), sondern auch vom pH-Wert ab:

Eine tabellierte Komplexbildungskonstante K für eine Komplexbildungsreaktion

$$M + L \rightleftharpoons [ML] \quad K = \frac{[ML]}{[M][L]}$$

gilt nur, wenn alle Ligandenteilchen für die Komplexbildung als L zur Verfügung stehen (vorliegen). K ist damit die maximal mögliche Komplexstabilität. (Aus Gründen der Übersichtlichkeit wird in diesem Abschnitt auf die Angabe evtl. Ladungen am Metall M, Proton H und Liganden L verzichtet. Der Ligand L wird nur als einfach protonierbar angenommen).

Ist der Ligand L als Base protonierbar, z. B. bei L = NH_3, CN^-, CH_3COO^-, F^- (allgemein konjugierte Base oder Anion von schwacher Säure), so ist er gleichzeitig Teil des Säure-Base-Gleichgewichts und liegt teilweise als HL vor:

$$\begin{array}{c} HL \\ \uparrow\downarrow \\ M + L \rightleftharpoons ML \quad \text{oder} \quad HL + M \rightleftharpoons [ML] + H \\ + \\ H \end{array}$$

Anschaulich konkurrieren Metallion und Proton um die Ligandenanbindung:

Ligand mit freiem Elektronenpaar am Donoratom — H / M — Konkurrenz von Proton und Metallion um Ligandenanbindung

Ist die Lösung sauer, d. h. die Protonenkonzentration [H] (= [H_3O^+]) hoch (pH-Wert niedrig), so wird das Komplexgleichgewicht auf die Seite des freien Metallions verschoben. Der Komplex wird zerstört.

Ist die Lösung neutral bis basisch, d. h. die Protonenkonzentration [H] niedrig (pH-Wert hoch), so wird das Komplexgleichgewicht auf die Seite des Metallkomplexes verschoben. Der Komplex wird optimal gebildet. Allerdings kann in diesem Fall die Konkurrenz der Metallhydroxidbildung und -fällung greifen. (Auch Hydroxid ist ein möglicher Komplexligand.)

Die pH-Abhängigkeit lässt sich durch Einführung einer effektiven Komplexbildungskonstante beschreiben, bei der [L'] die Konzentration aller nicht-komplexierten L-Anteile ist. Die Ligandenspezies können als L und als HL vorliegen:

$$K_{eff} = \frac{[ML]}{[M][L']} \quad \text{mit } [L'] = [L] + [HL]$$

Stabilität und Reaktivität von Komplexen   251

Die Konzentration von HL lässt sich über das Protolysegleichgewicht und die Säurekonstante K_S ausdrücken:

$$HL \xrightleftharpoons{H_2O} H + L \qquad K_S = \frac{[H][L]}{[HL]} \Rightarrow [HL] = \frac{[H][L]}{K_S}$$

$$\Rightarrow [L'] = [L] + [HL] = [L] + \frac{[H][L]}{K_S} = [L](1 + \frac{[H]}{K_S})$$

Der Ausdruck $(1 + \frac{[H]}{K_S}) = \alpha_H$ enthält die pH- Abhängigkeit und wird als Wasserstoffkoeffizient α_H bezeichnet. Mit $[L'] = [L]\,\alpha_H$ ergibt sich

$$K_{eff} = \frac{[ML]}{[M][L']\alpha_H}$$

Für $[H] \to 0$ (stark basisch) geht α_H gegen 1 (minimaler Wert) und $K_{eff} \to K$ (maximale Komplexstabilität).

Für $[H] = 1$ (pH = 0, stark sauer) und $K_S = 10^{-5}$ ($\approx$ Essigsäure/Acetat) bis 10^{-9} ($\approx$ HCN/CN$^-$, NH$_4^+$/NH$_3$) geht α_H gegen 10^5 bis 10^9. Der Ausdruck im Nenner von K_{eff} wird sehr groß und damit K_{eff} sehr klein (minimale Komplexstabilität).

5.18 Für die Erklärung siehe Aufg. 5.17. Der Cyanidligand ist das basische Anion der schwachen Säure HCN und damit Teil des HCN/CN$^-$-Protolysegleichgewichts, das im stark sauren auf die Seite von HCN verschoben ist. Die hohe Komplexbildungskonstante für den Cyanokomplex gilt nur, wenn alle Cyanidteilchen als CN$^-$ vorliegen.

Der Chloridligand als Anion der starken Säure HCl zeigt in wässriger Lösung kein merkliches Protolysegleichgewicht. Damit wird die Komplexstabilität des Chlorokomplexes durch den pH-Wert kaum beeinflusst.

5.19 a) Das Anion des gelben Blutlaugensalzes ist der oktaedrische Komplex $[Fe(CN)_6]^{4-}$ mit Fe(II).

Das Anion des roten Blutlaugensalzes ist der oktaedrische Komplex $[Fe(CN)_6]^{3-}$ mit Fe(III).

Das Anion $[Fe^{III}(CN)_6]^{3-}$ hat mit lgβ = 44 gegenüber $[Fe^{II}(CN)_6]^{4-}$ mit lgβ = 35 die höhere Komplexbildungskonstante (siehe Tabelle 5.4 in Riedel/Janiak, Anorganische Chemie, 8. Aufl.). Das Anion des roten Blutlaugensalzes ist thermodynamisch also deutlich (um den Faktor 10^9) stabiler als das Anion des gelben Blutlaugensalzes. Ursache ist die höhere Ladung des Fe(III)-Ions, die zu einem höheren Coulomb-Energiebeitrag aus der elektrostatischen Wechselwirkung mit den negativen Cyanid-Ionen führt als mit dem Fe(II)-Ion.

Allerdings ist das rote Blutlaugensalz in wässriger Lösung unbeständiger (labiler) als das gelbe und die Lösung von $[Fe^{III}(CN)_6]^{3-}$ enthält spurenweise Cyanid-Ionen oder Blausäure HCN (je nach pH-Wert). Die höhere Labilität kann mit der ionogeneren Fe(III)-cyanid-Bindung erklärt werden, die eine effektivere Hydratisierung der Ionen im Gleichgewicht ermöglicht im Vergleich zu einer kovalenteren Fe(II)-cyanid-Bindung.

Cyanid ist ein starker Ligand und die sechs d-Elektronen von Fe(II) besetzen gepaart das t_{2g}-Niveau, die Konfiguration ist t_{2g}^6. Die fünf d-Elektronen von Fe(III) besetzen die t_{2g}-Orbitale, die Konfiguration ist t_{2g}^5. Die etwas höhere Kristall-/Ligandenfeldstabilisierungsenergie bei $[Fe^{II}(CN)_6]^{4-}$ im Vergleich zu $[Fe^{III}(CN)_6]^{3-}$ fällt gegenüber dem deutlich höheren Coulomb-Energiebeitrag mit Fe(III) bei der thermodynamischen Stabilität kaum ins Gewicht.

Das Redoxpotential für $[Fe^{II}(CN)_6]^{4-} \rightleftharpoons [Fe^{III}(CN)_6]^{3-} + e^-$ mit E° = +0,355 V liegt über dem für $Fe^{2+} \rightleftharpoons Fe^{3+} + e^-$ mit E° = ~+0,77 V. Im Vergleich ist die Oxidationsstufe +3 in $[Fe^{III}(CN)_6]^{3-}$ also thermodynamisch noch stabiler als Fe^{3+} in saurer wässriger Lösung, $[Fe^{II}(CN)_6]^{4-}$ ist weniger stabil (stärker reduzierend) als Fe^{2+} in saurer wässriger Lösung (siehe unten).

Das rote Blutlaugensalz kann als schwaches Oxidationsmittel verwendet werden.

b) Genau genommen gilt die für uns scheinbar selbstverständliche höhere Stabilität von Fe^{3+} gegenüber Fe^{2+} nur im System mit (Luft-)Sauerstoff. In Abwesenheit von Luftsauerstoff und in Gegenwart von z. B. Schwefel ist Fe^{2+} die stabilere Oxidationsstufe.

Ein Vergleich der Redoxsysteme unter Berücksichtigung der pH-Abhängigkeiten zeigt die Instabilität von Fe^{2+} im System mit H_2O/O_2:

	E° in V, a_{H^+} = 1 saure Lösung	E° in V, a_{OH^-} = 1 basische Lösung
$Fe^{2+} \rightleftharpoons Fe^{3+} + e^-$	~+0,77	–0,56
$6\,H_2O \rightleftharpoons O_2 + 4\,H_3O^+ + 4\,e^-$	+1,23	+0,40

$[Fe(H_2O)_6]^{2+}$ hat daher gegenüber H_2O/O_2 reduzierende Eigenschaften und wird durch Abgabe eines Elektrons zum stabileren $[Fe(H_2O)_6]^{3+}$ oxidiert.

Wieder führt die höhere Ladung des Fe^{3+}-Ions zu einem höheren Coulomb-Energiebeitrag aus der elektrostatischen Wechselwirkung mit den H_2O-Dipolen als beim Fe^{2+}-Ion.

Eine Erklärung über die günstigere halbbesetzte d^5-Konfiguration bei high-spin Fe^{3+} in $[Fe(H_2O)_6]^{3+}$ mit $t_{2g}^3 e_g^2$ geht in die gleiche Richtung. Wasser ist ein schwacher Ligand. $[Fe(H_2O)_6]^{2+}$ ist ein d^6-high-spin-Komplex. Vier Elektronen besetzen das t_{2g}- und zwei Elektronen das e_g-Niveau. Die Konfiguration ist $t_{2g}^4 e_g^2$.

Bindung, Kristall- und Ligandenfeldtheorie

5.20

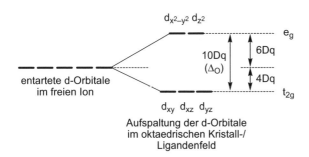

5.21 Nur eine Besetzung bei Elektronenkonfiguration d^1, d^2, d^3, d^8, d^9, d^{10}.

Zwei mögliche Besetzungen als Grundzustand bei Elektronenkonfigurationen d^4, d^5, d^6 und d^7 der 3d-Metallionen im oktaedrischen Ligandenfeld.

5.22 a)

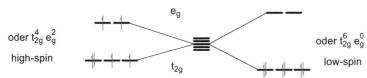

Beachten Sie, dass im Vergleich die Größe der Orbitalaufspaltung (10Dq) für den high-spin-Fall kleiner sein muss als für den low-spin-Fall.

b) Entgegen der Hund'schen Regel ist im low-spin-Zustand die geringstmögliche Zahl ungepaarter Elektronen vorhanden. Spinpaarung erfordert Energie. Nur wenn 10Dq größer ist als die Spinpaarungsenergie, entsteht ein low-spin-Komplex. Die Größe der Ligandenfeldaufspaltung 10Dq (Δ_O) bestimmt, welcher Spinzustand energetisch günstiger ist.

5.23 a) Starke Liganden sind z. B. CN^-, CO, NO^+.

b) Schwache Liganden sind z. B. Cl^-, F^-, OH^-.

c) Ein mittleres Ligandefeld erzeugen H_2O, NH_3.

5.24

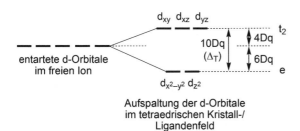

Bei gleichem Metallion, gleichen Liganden und gleichem Abstand Ligand-Metallion ist $\Delta_T \approx \frac{4}{9}\Delta_O$.

5.25 d^3, d^6 (low-spin) und d^8. Dies erklärt z. B. die bevorzugte oktaedrische Koordination von Cr^{3+} und Co^{3+}. Für d^8 kann mit der Aufspaltung im quadratisch-planaren Ligandenfeld allerdings ein noch höherer Energiegewinn erreicht werden. Nur für Ni^{2+} mit mittelstarken Liganden (H_2O, NH_3, Ethylendiamin) findet sich noch eine oktaedrische Anordnung, sonst wird bei Rh^+, Ir^+, Pd^{2+}, Pt^{2+} mit d^8-Konfiguration ein quadratischer Komplex ausgebildet (siehe auch Aufg. 5.26 und 5.28).

5.26 Am nächsten in Richtung der Liganden befindet sich das $d_{x^2-y^2}$-Orbital. Es wird dadurch relativ zu den anderen d-Orbitalen stark energetisch angehoben und bleibt unbesetzt. Energetisch am günstigsten ist – abhängig vom Metall – bei Pd^{2+} und Pt^{2+} das von den Liganden weit entfernte d_{z^2}-Orbital, bei Ni^{2+} die entarteten Orbitale d_{xy} und d_{xz} (siehe auch Aufg. 5.28).

5.27 Es sind harte Kationen, mit hoher Oxidationsstufe, kleinem Radius und hoher Ladungsdichte. Diese vorstehend benannten Sachverhalte bedingen einander gegenseitig.

Fluoridokomplexe (Fluorokomplexe) der 11. Gruppe:

$[\overset{+3}{Cu}F_6]^{3-}$, $[\overset{+4}{Cu}F_6]^{2-}$, $[\overset{+2}{Ag}F_3]^-$, $[\overset{+2}{Ag}F_4]^{2-}$, $[\overset{+2}{Ag}F_6]^{4-}$, $[\overset{+3}{Ag}F_6]^{3-}$, $[\overset{+3}{Au}F_4]^-$

Außerdem gibt es folgende Beispiele von Fluoridokomplexen bei den anderen Gruppen:

4. Gruppe: $[\overset{+4}{Ti}F_6]^{2-}$

7. Gruppe: $[\overset{+3}{Mn}F_6]^{3-}$, $[\overset{+4}{Mn}F_6]^{2-}$

8. Gruppe: $[\overset{+3}{Fe}F_6]^{3-}$, $[\overset{+4}{Ru}F_6]^{2-}$, $[\overset{+5}{Ru}F_6]^-$, $[\overset{+4}{Os}F_6]^{2-}$, $[\overset{+5}{Os}F_6]^-$

9. Gruppe: $[\overset{+3}{Co}F_6]^{3-}$, $[\overset{+4}{Co}F_6]^{2-}$, $[\overset{+3}{Rh}F_6]^{3-}$, $[\overset{+4}{Rh}F_6]^{2-}$, $[\overset{+4}{Ir}F_6]^{2-}$

10. Gruppe: $[\overset{+3}{Ni}F_6]^{3-}$, $[\overset{+4}{Ni}F_6]^{2-}$, $[\overset{+4}{Pd}F_6]^{2-}$, $[\overset{+5}{Pt}F_6]^-$

Lanthan: $[\overset{+3}{La}F_4]^-$, $[\overset{+3}{La}F_6]^{3-}$

Aluminium: $[\overset{+3}{Al}F_6]^{3-}$ in Kryolith $Na_3[AlF_6]$

5.28 a) Tetraeder und Quadrat

b)

	$[NiCl_4]^{2-}$	$[Ni(CN)_4]^{2-}$
sichtbare Komplexfarbe:	blau	gelb
absorbierte Komplementärfarbe:	orange	indigo

Energie der Absorption: niedriger << höher

Nach der Ligandenfeldtheorie führt das tetraedrische Ligandenfeld nur zu einer kleinen Aufspaltung (Δ_T) zwischen den d-Orbitalen. Das quadratisch-planare Ligandenfeld geht mit einer großen Aufspaltung (Δ_Q) zwischen dem d_{xy}- und dem $d_{x^2-y^2}$-Orbital einher:

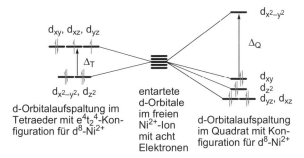

Unter der Annahme, dass der d→d-Übergang farbbestimmend ist, würde die kleinere Absorptionsenergie des $[NiCl_4]^{2-}$-Komplexes mit einer Tetraedergeometrie und die höhere Absorptionsenergie des $[Ni(CN)_4]^{2-}$-Komplexes mit der quadratisch-planaren Anordnung korrelieren.

c) Eine magnetische Suszeptibilitätsmessung erlaubt ebenfalls die Unterscheidung zwischen der tetraedrischen und paramagnetischen Anordnung (2 ungepaarte Elektronen) und der quadratisch-planaren und diamagnetischen Konfiguration (alle Elektronen gepaart) für ein d^8-Ion mit vier Liganden.

5.29 a) $Fe^{2+}(Cr_2^{3+})O_4$, $Fe^{3+}(Ni^{2+}Fe^{3+})O_4$, $Fe^{3+}(Fe^{2+}Fe^{3+})O_4$

b) Die Berechnung der „site-preference"-Energie (Ligandenfeldstabilisierungsenergie $E_{Okt} - E_{Tet}$) der Kationen ergibt einen Energiegewinn bei der Besetzung der Oktaederplätze für Cr^{3+} relativ zu Fe^{2+}, Ni^{2+} relativ zu Fe^{3+} und Fe^{2+} relativ zu Fe^{3+}.

Anhang 1
Einheiten · Konstanten · Umrechnungsfaktoren

Gesetzliche Einheiten im Messwesen sind die Einheiten des Internationalen Einheitensystems (SI), sowie die atomphysikalischen Einheiten für Masse (u) und Energie (eV).

1. Einheiten und Umrechnungsfaktoren

Größe	SI-Einheiten (mit * gekennzeichnet sind Basiseinheiten)		Andere zulässige Einheiten		Bis 31.12.1977 zugelassene Einheiten	
	Einheit	Einheitenzeichen				
Länge	*Meter	m			Ångström	$1\,Å = 10^{-10}\,m$
Volumen	Kubikmeter	m^3	Liter	$1\,l = 10^{-3}\,m^3$		
Masse	*Kilogramm	kg	atomare Masseneinheit	$1\,u = 1{,}660 \cdot 10^{-27}\,kg$		
			Gramm	$1\,g = 10^{-3}\,kg$		
			Tonne	$1\,t = 10^3\,kg$		
			Karat	$1\,Karat = 2 \cdot 10^{-4}\,kg$		

Einheiten und Umrechnungsfaktoren (Fortsetzung)

Größe	SI-Einheit	Einheitenzeichen	Andere zulässige Einheiten	Bis 31.12.1977 zugelassene Einheiten	
Zeit	*Sekunde	s	Minute $\quad$ 1 min = 60 s Stunde $\quad$ 1 h = 3600 s Tag $\quad$ 1 d = 86400 s		
Kraft	Newton	N (= kg m s^{-2})		dyn	1 dyn = 10^{-5} N
				pond	1 p = 9,81 · 10^{-3} N
Druck	Pascal	Pa (= N m^{-2})	bar $\quad$ 1 bar = 10^5 Pa	Atmosphäre	1 atm = 1,013 · 10^5 Pa 1 Torr = 1,33 · 10^2 Pa
Elektrische Stromstärke	*Ampere	A			
Ladung	Coulomb	C (= A s)	Amperestunde $\quad$ 1 A h = 3,6 · 10^3 C		

Einheiten und Umrechnungsfaktoren (Fortsetzung)

Größe	SI-Einheit	Einheitszeichen	Andere zulässige Einheiten	Bis 31. 12. 1977 zugelassene Einheiten
Energie	Joule	$J (= N\,m$ $= kg\,m^2\,s^{-2}$ $= Ws)$	Elektronenvolt $1\,eV$ $= 1{,}602 \cdot 10^{-19}\,J$ Kilowattstunde $1\,kWh$ $= 3{,}6 \cdot 10^6\,J$	erg $\quad 1\,erg = 10^{-7}\,J$ Kalorie $\quad 1\,cal = 4{,}187\,J$
Leistung	Watt	$W (= J\,s^{-1} = V\,A)$		Pferdestärke $\quad 1\,PS =$ $7{,}35 \cdot 10^2\,W$
Spannung	Volt	$V (J\,C^{-1})$		
Widerstand	Ohm	$\Omega (= V\,A^{-1})$		
Temperatur	*Kelvin	K	Grad Celsius $\quad °C$ für $\vartheta = T - T_0$ mit $T_0 = 273{,}15\,K$	
Stoffmenge	*Mol	mol		
Stoffmengen-konzentration	Mol pro Kubikmeter	$mol\,m^{-3}$	Mol pro Liter $\quad 1\,mol\,l^{-1}$ $= 10^3\,mol\,m^{-3}$	

2. Dezimale Vielfache und Teile von Einheiten

Zehner-potenz	Vorsatz	Vorsatz-zeichen	Zehner-potenz	Vorsatz	Vorsatz-zeichen
10^1	Deka	da	10^{-1}	Dezi	d
10^2	Hekto	h	10^{-2}	Zenti	c
10^3	Kilo	k	10^{-3}	Milli	m
10^6	Mega	M	10^{-6}	Mikro	μ
10^9	Giga	G	10^{-9}	Nano	n
10^{12}	Tera	T	10^{-1}	Piko	p

3. Konstanten

Größe	Symbol	Zahlenwert und Einheit
Lichtgeschwindigkeit	c	$2{,}99792 \cdot 10^8$ m s^{-1}
Elementarladung	e	$1{,}602 \cdot 10^{-19}$ C
Ruhemasse des Elektrons	m_e	$9{,}109 \cdot 10^{-31}$ kg
Planck'sches Wirkungsquantum	h	$6{,}626 \cdot 10^{-34}$ J s
Elektrische Feldkonstante	ε_o	$8{,}854 \cdot 10^{-12}$ C V^{-1} m^{-1}
Avogadro-Konstante	N_A	$6{,}022 \cdot 10^{23}$ mol^{-1}
Gaskonstante	R	$8{,}314$ J K^{-1} mol^{-1}
Faraday-Konstante	F	$9{,}649 \cdot 10^4$ C mol^{-1}
Normaldruck	p_o	$1{,}013 \cdot 10^5$ N m^{-2}
Gefrierpunkt des Wassers bei Normaldruck	T_0	$2{,}7315 \cdot 10^2$ K

Anhang 2
Tabellen

Tab. 1 Atommassen der Elemente
(Quelle: Angaben der Internationalen Union für Reine und Angewandte Chemie (IUPAC) nach *Pure Appl. Chem.* **2006**, *78*, 2051–2066)

Element	Symbol	Protonenzahl Z	Relative Atommasse A_r
Actinium*	Ac	89	(227)
Aluminium	Al +	13	26,981539
Americium*	Am	95	(243)
Antimon	Sb	51	121,757
Argon	Ar	18	39,948 a
Arsen	As +	33	74,92159
Astat*	At	85	(210)
Barium	Ba	56	137,327
Berkelium*	Bk	97	(247)
Beryllium	Be +	4	9,012182
Bismut	Bi +	83	208,98037
Blei	Pb	82	207,2 a
Bohrium*	Bh	107	(272)
Bor	B	5	10,811 a
Brom	Br	35	79,904
Cadmium	Cd	48	112,411
Caesium	Cs +	55	132,90543

* Elemente, von denen keine stabilen Nuklide existieren. Eingeklammerte Werte: Nukleonenzahlen des radioaktiven Isotops mit der längsten Halbwertszeit.

+ Die so gekennzeichneten Elemente sind Reinelemente.

a Die Atommassen haben infolge der natürlichen Schwankungen der Isotopenzusammensetzungen schwankende Werte.

Element	Symbol	Protonen-zahl Z	Relative Atommasse A_r
Calcium	Ca	20	40,078
Californium*	Cf	98	(251)
Cer	Ce	58	140,115
Chlor	Cl	17	35,4527
Chrom	Cr	24	51,9961
Cobalt	Co +	27	58,93320
Curium*	Cm	96	(247)
Darmstadtium*	Ds	110	(281)
Dubnium*	Db	105	(262)
Dysprosium	Dy	66	162,50
Einsteinium*	Es	99	(252)
Eisen	Fe	26	55,847
Erbium	Er	68	167,26
Europium	Eu	63	151,96
Fermium	Fm	100	(257)
Fluor	F +	9	18,998403
Francium*	Fr	87	(223)
Gadolinium	Gd	64	157,25
Gallium	Ga	31	69,723
Germanium	Ge	32	72,64
Gold	Au +	79	196,96654
Hafnium	Hf	72	178,49
Hassium*	Hs	108	(265)
Helium	He	2	4,002602 a
Holmium	Ho +	67	164,93032
Indium	In	49	114,818
Iod	I +	53	126,90447
Iridium	Ir	77	192,22
Kalium	K	19	39,0983
Kohlenstoff	C	6	12,011 a
Krypton	Kr	36	83,80
Kupfer	Cu	29	63,546 a
Lanthan	La	57	138,9055
Lawrencium*	Lr	103	(262)
Lithium	Li	3	6,941 a
Lutetium	Lu	71	174,967
Magnesium	Mg	12	24,3050

Element	Symbol	Protonen-zahl Z	Relative Atommasse A_r
Mangan	Mn +	25	54,9380
Meitnerium*	Mt	109	(266)
Mendelevium*	Md	101	(258)
Molybdän	Mo	42	95,94
Natrium	Na+	11	22,989768
Neodym	Nd	60	144,24
Neon	Ne	10	20,1797
Neptunium*	Np	93	(237)
Nickel	Ni	28	58,69
Niob	Nb +	41	92,90638
Nobelium	No	102	(259)
Osmium	Os	76	190,23
Palladium	Pd	46	106,42
Phosphor	P +	15	30,973762
Platin	Pt	78	195,08
Plutonium*	Pu	94	(244)
Polonium*	Po	84	(209)
Praseodym	Pr +	59	140,90765
Promethium*	Pm	61	(145)
Protactinium*	Pa	91	231,03588
Quecksilber	Hg	80	200,59
Radium*	Ra	88	(226)
Radon*	Rn	86	(222)
Rhenium	Re	75	186,21
Rhodium	Rh +	45	102,90550
Röntgenium*	Rg	111	(280)
Rubidium	Rb	37	85,4678
Ruthenium	Ru	44	101,07
Rutherfordium*	Rf	104	(261)
Samarium	Sm	62	150,36
Sauerstoff	O	8	15,9994 a
Scandium	Sc +	21	44,955910
Schwefel	S	16	32,065 a
Seaborgium*	Sg	106	(263)
Selen	Se	34	78,96
Silber	Ag	47	107,8682
Silicium	Si	14	28,0855 a

Element	Symbol	Protonen-zahl Z	Relative Atommasse A_r
Stickstoff	N	7	14,00674
Strontium	Sr	38	87,62
Tantal	Ta	73	180,9479
Technetium*	Tc	43	(98)
Tellur	Te	52	127,60
Terbium	Tb +	65	158,92534
Thallium	Tl	81	204,3833
Thorium*	Th	90	232,0381
Thulium	Tm +	69	168,93421
Titan	Ti	22	47,87
Uran*	U	92	238,0289
Vanadin	V	23	50,9415
Wasserstoff	H	1	1,00794 a
Wolfram	W	74	183,84
Xenon	Xe	54	131,29
Ytterbium	Yb	70	173,04
Yttrium	Y +	39	88,90585
Zink	Zn	30	65,41
Zinn	Sn	50	118,710
Zirkonium	Zr	40	91,224

Tab. 2   Periodensystem der Elemente (PSE)

	Hauptgruppen		Nebengruppen										Hauptgruppen					
	1	2	3	4	5	6	7	8	9	10	11	12	13	14	15	16	17	18
	Ia	IIa	IIIb	IVb	Vb	VIb	VIIb	VIIIb			Ib	IIb	IIIa	IVa	Va	VIa	VIIa	VIIIa
	s^1	s^2	d^1	d^2	d^3	d^4	d^5	d^6	d^7	d^8	d^9	d^{10}	p^1	p^2	p^3	p^4	p^5	p^6
1 1s	1 H																	2 He
2 2s 2p	3 Li	4 Be											5 B	6 C	7 N	8 O	9 F	10 Ne
3 3s 3p	11 Na	12 Mg											13 Al	14 Si	15 P	16 S	17 Cl	18 Ar
4 4s 3d 4p	19 K	20 Ca	21 Sc	22 Ti	23 V	24 *Cr	25 Mn	26 Fe	27 Co	28 Ni	29 *Cu	30 Zn	31 Ga	32 Ge	33 As	34 Se	35 Br	36 Kr
5 5s 4d 5p	37 Rb	38 Sr	39 Y	40 Zr	41 *Nb	42 *Mo	43 *Tc	44 *Ru	45 *Rh	46 *Pd	47 *Ag	48 Cd	49 In	50 Sn	51 Sb	52 Te	53 I	54 Xe
6 6s4f5d6p	55 Cs	56 Ba	57 *La	72 Hf	73 Ta	74 W	75 Re	76 Os	77 Ir	78 *Pt	79 *Au	80 Hg	81 Tl	82 Pb	83 Bi	84 Po	85 At	86 Rn
7 7s 5f 6d	87 Fr	88 Ra	89 *Ac	104 Rf	105 Db	106 Sg	107 Bh	108 Hs	109 Mt	110 Ds	111 Rg	112 Cn	113	114	115	116		118

Lanthanoide (4f-Elemente)	58 Ce	59 Pr	60 Nd	61 Pm	62 Sm	63 Eu	64 *Gd	65 Tb	66 Dy	67 Ho	68 Er	69 Tm	70 Yb	71 Lu
Actinoide (5f-Elemente)	90 *Th	91 *Pa	92 *U	93 *Np	94 Pu	95 Am	96 *Cm	97 Bk	98 Cf	99 Es	100 Fm	101 Md	102 No	103 Lr

Bei jeder Periode ist angegeben, welche Orbitale aufgefüllt werden. Bei jeder Gruppe ist die Bezeichnung für das jeweils letzte Elektron, das beim Aufbau der Elektronenschale hinzukommt, angegeben. Unregelmäßige Elektronenkonfigurationen, die von dem Aufbauprinzip abweichen, sind mit einem * markiert. Ihre Elektronenkonfigurationen sind in der Tabelle 3 angegeben.

Nichtmetalle sind durch dunkelgraue Kästchen gekennzeichnet, Metalle durch weiße Kästchen. Hellgraue Kästchen kennzeichnen Elemente, deren Eigenschaften zwischen Metallen und Nichtmetallen liegen.

Wasserstoff gehört nur hinsichtlich der Konfiguration s^1 zur Gruppe 1, den chemischen Eigenschaften nach gehört er keiner Gruppe an und hat eine Sonderstellung. Helium gehört zur Gruppe der Edelgase, da es als einziges s^2-Element eine abgeschlossene Schale besitzt.

Für die ab 1996 synthetisierten äußerst kurzlebigen Transactinoide 113–118 gibt es noch keine Namen und Symbole. Das Element 118 wurde 2006 hergestellt, der inoffizielle Name ist Moskowium. Im Jahre 2010 wurde die Synthese des Elements 117 berichtet.

Die IUPAC (International Union of Pure and Applied Chemistry) empfiehlt die Gruppen mit den Ziffern 1 bis 18 zu bezeichnen.

Tab. 3 Elektronenkonfigurationen der Elemente

Z	Element	K	L		M			N				O			
		1s	2s	2p	3s	3p	3d	4s	4p	4d	4f	5s	5p	5d	5f
1	H	1													
2	He	2													
3	Li	2	1												
4	Be	2	2												
5	B	2	2	1											
6	C	2	2	2											
7	N	2	2	3											
8	O	2	2	4											
9	F	2	2	5											
10	Ne	2	2	6											
11	Na	2	2	6	1										
12	Mg	2	2	6	2										
13	Al	2	2	6	2	1									
14	Si	2	2	6	2	2									
15	P	2	2	6	2	3									
16	S	2	2	6	2	4									
17	Cl	2	2	6	2	5									
18	Ar	2	2	6	2	6									
19	K	2	2	6	2	6		1							
20	Ca	2	2	6	2	6		2							
21	Sc	2	2	6	2	6	1	2							
22	Ti	2	2	6	2	6	2	2							
23	V	2	2	6	2	6	3	2							
24	*Cr	2	2	6	2	6	5	1							
25	Mn	2	2	6	2	6	5	2							

Tab. 3 (Fortsetzung)

Z	Element	K	L		M			N				O			
		1s	2s	2p	3s	3p	3d	4s	4p	4d	4f	5s	5p	5d	5f
26	Fe	2	2	6	2	6	6	2							
27	Co	2	2	6	2	6	7	2							
28	Ni	2	2	6	2	6	8	2							
29	* Cu	2	2	6	2	6	10	1							
30	Zn	2	2	6	2	6	10	2							
31	Ga	2	2	6	2	6	10	2	1						
32	Ge	2	2	6	2	6	10	2	2						
33	As	2	2	6	2	6	10	2	3						
34	Se	2	2	6	2	6	10	2	4						
35	Br	2	2	6	2	6	10	2	5						
36	Kr	2	2	6	2	6	10	2	6						

Z	Element	K	L	M	N				O				P						Q
					4s	4p	4d	4f	5s	5p	5d	5f	5g	6s	6p	6d	6f	6g	6h	7s
37	Rb	2	8	18	2	6			1											
38	Sr	2	8	18	2	6			2											
39	Y	2	8	18	2	6	1		2											
40	Zr	2	8	18	2	6	2		2											
41	* Nb	2	8	18	2	6	4		1											
42	* Mo	2	8	18	2	6	5		1											
43	* Tc	2	8	18	2	6	6		1											
44	* Ru	2	8	18	2	6	7		1											
45	* Rh	2	8	18	2	6	8		1											
46	* Pd	2	8	18	2	6	10													
47	* Ag	2	8	18	2	6	10		1											
48	Cd	2	8	18	2	6	10		2											
49	In	2	8	18	2	6	10		2	1										

Tab. 3 (Fortsetzung)

Z	Element	K	L	M	N				O					P						Q
					4s	4p	4d	4f	5s	5p	5d	5f	5g	6s	6p	6d	6f	6g	6h	7s
50	Sn	2	8	18	2	6	10		2	2										
51	Sb	2	8	18	2	6	10		2	3										
52	Te	2	8	18	2	6	10		2	4										
53	I	2	8	18	2	6	10		2	5										
54	Xe	2	8	18	2	6	10		2	6										
55	Cs	2	8	18	2	6	10		2	6				1						
56	Ba	2	8	18	2	6	10		2	6				2						
57	* La	2	8	18	2	6	10		2	6	1			2						
58	Ce	2	8	18	2	6	10	2	2	6				2						
59	Pr	2	8	18	2	6	10	3	2	6				2						
60	Nd	2	8	18	2	6	10	4	2	6				2						
61	Pm	2	8	18	2	6	10	5	2	6				2						
62	Sm	2	8	18	2	6	10	6	2	6				2						
63	Eu	2	8	18	2	6	10	7	2	6				2						
64	* Gd	2	8	18	2	6	10	7	2	6	1			2						
65	Tb	2	8	18	2	6	10	9	2	6				2						
66	Dy	2	8	18	2	6	10	10	2	6				2						
67	Ho	2	8	18	2	6	10	11	2	6				2						
68	Er	2	8	18	2	6	10	12	2	6				2						
69	Tm	2	8	18	2	6	10	13	2	6				2						
70	Yb	2	8	18	2	6	10	14	2	6				2						
71	Lu	2	8	18	2	6	10	14	2	6	1			2						
72	Hf	2	8	18	2	6	10	14	2	6	2			2						
73	Ta	2	8	18	2	6	10	14	2	6	3			2						
74	W	2	8	18	2	6	10	14	2	6	4			2						
75	Re	2	8	18	2	6	10	14	2	6	5			2						
76	Os	2	8	18	2	6	10	14	2	6	6			2						
77	Ir	2	8	18	2	6	10	14	2	6	7			2						

Tab. 3 (Fortsetzung)

Z	Element	K	L	M	N				O					P						Q
					4s	4p	4d	4f	5s	5p	5d	5f	5g	6s	6p	6d	6f	6g	6h	7s
78	* Pt	2	8	18	2	6	10	14	2	6	9			1						
79	* Au	2	8	18	2	6	10	14	2	6	10			1						
80	Hg	2	8	18	2	6	10	14	2	6	10			2						
81	Tl	2	8	18	2	6	10	14	2	6	10			2	1					
82	Pb	2	8	18	2	6	10	14	2	6	10			2	2					
83	Bi	2	8	18	2	6	10	14	2	6	10			2	3					
84	Po	2	8	18	2	6	10	14	2	6	10			2	4					
85	At	2	8	18	2	6	10	14	2	6	10			2	5					
86	Rn	2	8	18	2	6	10	14	2	6	10			2	6					
87	Fr	2	8	18	2	6	10	14	2	6	10			2	6					1
88	Ra	2	8	18	2	6	10	14	2	6	10			2	6					2
89	* Ac	2	8	18	2	6	10	14	2	6	10			2	6	1				2
90	* Th	2	8	18	2	6	10	14	2	6	10			2	6	2				2
91	* Pa	2	8	18	2	6	10	14	2	6	10	2		2	6	1				2
92	* U	2	8	18	2	6	10	14	2	6	10	3		2	6	1				2
93	* Np	2	8	18	2	6	10	14	2	6	10	4		2	6	1				2
94	Pu	2	8	18	2	6	10	14	2	6	10	6		2	6					2
95	Am	2	8	18	2	6	10	14	2	6	10	7		2	6					2
96	* Cm	2	8	18	2	6	10	14	2	6	10	7		2	6	1				2
97	Bk	2	8	18	2	6	10	14	2	6	10	9		2	6					2
98	Cf	2	8	18	2	6	10	14	2	6	10	10		2	6					2
99	Es	2	8	18	2	6	10	14	2	6	10	11		2	6					2
100	Fm	2	8	18	2	6	10	14	2	6	10	12		2	6					2
101	Md	2	8	18	2	6	10	14	2	6	10	13		2	6					2
102	No	2	8	18	2	6	10	14	2	6	10	14		2	6					2
103	Lr	2	8	18	2	6	10	14	2	6	10	14		2	6	1				2
104	Rf	2	8	18	2	6	10	14	2	6	10	14		2	6	2				2

* Unregelmäßige Elektronenkonfigurationen

Tab. 4 Elektronegativitäten der Elemente (nach Pauling)

H
2,1

Li	Be	B	C	N	O	F
1,0	1,5	2,0	2,5	3,0	3,5	4,0
Na	Mg	Al	Si	P	S	Cl
0,9	1,2	1,5	1,8	2,1	2,5	3,0
K	Ca	Ga	Ge	As	Se	Br
0,8	1,0	1,6	1,8	2,0	2,4	2,8
Rb	Sr	In	Sn	Sb	Te	I
0,8	1,0	1,7	1,8	1,9	2,1	2,5
Cs	Ba	Tl	Pb	Bi		
0,7	0,9	1,8	1,9	1,9		

Nebengruppen

Sc	Ti	V	Cr	Mn	Fe	Co	Ni	Cu	Zn
1,3	1,5	1,6	1,6	1,5	1,8	1,9	1,9	1,9	1,6
Y	Zr	Nb	Mo	Tc	Ru	Rh	Pd	Ag	Cd
1,2	1,4	1,6	1,8	1,9	2,2	2,2	2,2	1,9	1,9
La	Hf	Ta	W	Re	Os	Ir	Pt	Au	Hg
1,0	1,3	1,5	1,7	1,9	2,2	2,2	2,2	2,4	1,9

Tab. 5 Ionenradien (in 10^{-10} m = Å)

Ion	Radius	Ion	Radius	Ion	Radius
F^-	1,33	Be^{2+}	0,45	Al^{3+}	0,54
Cl^-	1,81	Mg^{2+}	0,72	La^{3+}	1,03
Br^-	1,96	Ca^{2+}	1,00	V^{3+}	0,64
I^-	2,20	Sr^{2+}	1,18	Cr^{3+}	0,62
O^{2-}	1,40	Ba^{2+}	1,35	Fe^{3+}	0,65
S^{2-}	1,84	Pb^{2+}	1,19	Co^{3+}	0,61
Li^+	0,76	Zn^{2+}	0,74	Ni^{3+}	0,60
Na^+	1,02	Cd^{2+}	0,95	Si^{4+}	0,40
K^+	1,38	Mn^{2+}	0,83	Ti^+	0,61
Rb^+	1,52	Fe^{2+}	0,87	Sn^{4+}	0,69
Cs^+	1,67	Co^{2+}	0,75	Pb^{4+}	0,78
NH_4^+	1,43	Ni^{2+}	0,69	U^{4+}	0,89

Die Radien gelten für die Koordinationszahl 6. Die Radien der Kationen sind empirische Radien, die aus Oxiden und Fluoriden bestimmt wurden.

Tab. 6 Standardbildungsenthalpien (ΔH_B^o in kJ/mol)

H$_2$O (g)	−242,0	MgO (s)	−602,3
H$_2$O (l)	−286,0	CaO (s)	−636,0
O$_3$	+142,8	FeO (s)	−266,5
HF	−271,3	Fe$_3$O$_4$ (s)	−1119
HCl	−92,4	α-Al$_2$O$_3$ (s)	−1677
HBr	−36,4	α-Fe$_2$O$_3$ (s)	−825
HI	+26,5	SiO$_2$ (s)	−912
SO$_2$	−297,0	CuO (s)	−157
SO$_3$ (g)	−396,0	NaF (s)	−569
H$_2$S	−20,6	NaCl (s)	−411,3
NO	+90,3	H	+218,1
NO$_2$	+33,2	N	+473,0
NH$_3$	−46,1	O	+249,3
CO	−110,6	F	+79,1
CO$_2$	−393,8	Cl	+121,8
CaCO$_3$ (s)	−1208	Br	+112,0
MgCO$_3$ (s)	−1114	I	+106,9

(g) = gasförmig, (l) = flüssig, „liquid", (s) = fest, „solid"

Tab. 7 pK_S-Werte einiger Säure-Base-Paare bei 25 °C
pK_S = – lg K_S

Säure	Base	pK_S
$HClO_4$	ClO_4^-	–10
HCl	Cl^-	– 7
H_3O^+	H_2O	– 1,74
H_2SO_4	HSO_4^-	– 3,0
HNO_3	NO_3^-	– 1,37
HSO_4^-	SO_4^{2-}	+ 1,96
H_2SO_3	HSO_3^-	+ 1,90
H_3PO_4	$H_2PO_4^-$	+ 2,16
$[Fe(H_2O)_6]^{3+}$	$[Fe(OH)(H_2O)_5]^{2+}$	+ 2,46
HF	F^-	+ 3,18
CH_3COOH	CH_3COO^-	+ 4,75
$[Al(H_2O)_6]^{3+}$	$[Al(OH)(H_2O)_5]^{2+}$	+ 4,97
$CO_2 + H_2O$	HCO_3^-	+ 6,35
H_2S	HS^-	+ 6,99
HSO_3^-	SO_3^{2-}	+ 7,20
$H_2PO_4^-$	HPO_4^{2-}	+ 7,21
HCN	CN^-	+ 9,21
NH_4^+	NH_3	+ 9,25
HCO_3^-	CO_3^{2-}	+10,33
H_2O_2	HO_2^-	+11,65
HPO_4^{2-}	PO_4^{3-}	+12,32
HS^-	S^{2-}	+12,89
H_2O	OH^-	+15,74
OH^-	O^{2-}	+29

Tab. 8 Löslichkeitsprodukte einiger schwerlöslicher Verbindungen in Wasser bei 25 °C

Verbindung	L	Verbindung	L
Halogenide		Sulfate	
AgCl	$2 \cdot 10^{-10}$ mol^2/l^2	CaSO$_4$	$2 \cdot 10^{-5}$ mol^2/l^2
AgBr	$5 \cdot 10^{-13}$ mol^2/l^2	BaSO$_4$	10^{-9} mol^2/l^2
AgI	$8 \cdot 10^{-17}$ mol^2/l^2	PbSO$_4$	10^{-8} mol^2/l^2
PbCl$_2$	$2 \cdot 10^{-5}$ mol^3/l^3		
CaF$_2$	$2 \cdot 10^{-10}$ mol^3/l^3	Chromate	
BaF$_2$	$2 \cdot 10^{-6}$ mol^3/l^3	BaCrO$_4$	10^{-10} mol^2/l^2
		PbCrO$_4$	$2 \cdot 10^{-14}$ mol^2/l^2
		Ag$_2$CrO$_4$	$4 \cdot 10^{-12}$ mol^3/l^3
Carbonate		Sulfide	
CaCO$_3$	$5 \cdot 10^{-9}$ mol^2/l^2	HgS	10^{-54} mol^2/l^2
BaCO$_3$	$2 \cdot 10^{-9}$ mol^2/l^2	CuS	10^{-44} mol^2/l^2
		CdS	10^{-28} mol^2/l^2
Hydroxide		PbS	10^{-28} mol^2/l^2
Mg(OH)$_2$	10^{-12} mol^3/l^3	ZnS	10^{-24} mol^2/l^2
Al(OH)$_3$	10^{-33} mol^4/l^4	FeS	10^{-19} mol^2/l^2
Fe(OH)$_2$	10^{-15} mol^3/l^3	NiS	10^{-21} mol^2/l^2
Fe(OH)$_3$	10^{-38} mol^4/l^4	MnS	10^{-15} mol^2/l^2
Cr(OH)$_3$	10^{-30} mol^4/l^4	Ag$_2$S	10^{-50} mol^3/l^3

Tab. 9 Spannungsreihe

Reduzierte Form	⇌	Oxidierte Form	+z e^-	Standardpotential $E°$ (V)
Li	⇌	Li^+	+ e^-	–3,04
K	⇌	K^+	+ e^-	–2,92
Ca	⇌	Ca^{2+}	+2 e^-	–2,87
Na	⇌	Na^+	+ e^-	–2,71
Al	⇌	Al^{3+}	+3 e^-	–1,68
Mn	⇌	Mn^{2+}	+2 e^-	–1,19
Zn	⇌	Zn^{2+}	+2 e^-	–0,76
S^{2-}	⇌	S	+2 e^-	–0,48
Fe	⇌	Fe^{2+}	+2 e^-	–0,41
Cd	⇌	Cd^{2+}	+2 e^-	–0,40
Sn	⇌	Sn^{2+}	+2 e^-	–0,14
Pb	⇌	Pb^{2+}	+2 e^-	–0,31
$H_2 + 2 H_2O$	⇌	$2 H_3O^+$	+2 e^-	0
Sn^{2+}	⇌	Sn^{4+}	+2 e^-	+0,15
Cu	⇌	Cu^{2+}	+2 e^-	+0,34
$2 I^-$	⇌	I_2	+2 e^-	+0,54
Fe^{2+}	⇌	Fe^{3+}	+ e^-	+0,77
Ag	⇌	Ag^+	+ e^-	+0,80
$NO + 6 H_2O$	⇌	$NO_3^- + 4 H_3O^+$	+3 e^-	+0,96
$2 Br^-$	⇌	Br_2	+2 e^-	+1,07
$6 H_2O$	⇌	$O_2 + 4 H_3O^+$	+4 e^-	+1,23
$2 Cr^{3+} + 21 H_2O$	⇌	$Cr_2O_7^{2-} + 14 H_3O^+$	+6 e^-	+1,33
$2 Cl^-$	⇌	Cl_2	+2 e^-	+1,36
$Pb^{2+} + 6 H_2O$	⇌	$PbO_2 + 4 H_3O^+$	+2 e^-	+1,46
Au	⇌	Au^{3+}	+3 e^-	+1,50
$Mn^{2+} + 12 H_2O$	⇌	$MnO_4^- + 8 H_3O^+$	+5 e^-	+1,51
$2 F^-$	⇌	F_2	+2 e^-	+2,87